河川の水質と生態系
―新しい河川環境創出に向けて―

監 修
大垣 眞一郎
編 集
財団法人 河川環境管理財団

技報堂出版

監修にあたって

　新しい河川環境を創り出すためには，人と河川の豊かなふれあいが重要となります．具体的には，豊かな生態系とは何か，そのための水質はどのようなものかなど，生態系と水質の関係をより深く理解したうえで，新しい河川環境を設計し，管理するための政策を進めなければなりません．

　本書は，河川における生態系と水質の相互的な関係に関する研究をとりまとめたものです．河川を考える時，水質も生態系もごく普通に使用される用語ですが，いざその相互の関係を説明しようとすると容易ではありません．なぜならば，生態系と水質の両者とも，個別の要素と全体的な構造で構成されているため，互いに影響し合うその相互関係を把握しにくいからです．

　河川の生態系は，光合成を担う藻類や水生植物，あるいは動物プランクトン，昆虫，魚類，鳥類など個々の要素を構成する生物がいる一方，食物連鎖や生息環境の相互提供など，全体としての構造も持っています．水質も，BODなどで表示される有機物や栄養塩類である窒素やリン，あるいは，農薬，重金属などの有害物質が個々の要素物質として存在します．しかし同時に，水温や流速など河川環境の場に深く影響する因子も含めた水質全体としての構造としても理解しなければなりません．

　このような生態系と水質の全体と個が，空間的にミクロなものからマクロまで，時間的にも秒の現象から数百年にわたる現象まで，あるいは，定常的な状態から洪水のように激しく変化する非定常な状態まで，複雑に関係し合っているのが河川環境の全体的な姿です．この相互関係をできる限り新しい知見に基づき，河川環境の新しい創出への応用も考慮に入れて，研究した成

果をまとめたものがこの本です．生態系と水質あるいは河川管理など様々な分野の専門家が集まり，分野を超えた相互の理解を深めた成果ともいえます．できる限り具体的な政策実施，あるいは今後の研究調査活動に反映できるように，第1章の最後に提言の形で全体の成果をとりまとめてあります．提言は次の4つの範疇に分けてあります．河川生態系からみた有機物・栄養塩の動態把握に関する提言，毒性物質の影響評価に関する提言，河川環境のモニタリングに関する提言部分と生物指標の必要性に関する提言，および停滞水域における生態系機能を利用した水質浄化に関する提言です．

　人と河川の豊かなふれあいを形作るために，本書が，今後の新しい河川環境の創出に生かされることを心より期待します．

平成19年4月

大垣　眞一郎

序

　河川の生態系は，水質を基礎として，プランクトン，底生動物，水生生物などの階層構造の上に成立していますが，この生態系に対して，有機物，栄養塩類や農薬などの個々の水質成分が複合的な影響を及ぼしています．また，一方で，生態系は，食物連鎖などによる物質循環によって河川の水質に大きく影響を及ぼしています．

　上記の視点に基づき，河川水の水質環境を河川生態系の観点から，BODに加えて付着藻類，底生動物などの新たな水質指標で記述する方法を探るとともに，河川の生態系を支配する重要な水質要因を解明するため，平成15年度から2ヵ年の期間で『河川における生態系と水質の相互的な関係に関する研究』を実施してまいりました．

　この研究では，新しく組織された，大垣眞一郎先生を座長とする研究会のメンバーによって，はじめに河川における生態系と水質の相互関係を理解するための重要なキーワードが整理され，次にこれらに関係する分野について，各研究者が分担して現象の把握とその解析がなされました．また，当財団の河川環境総合研究所のスタッフも本研究の基礎となる河川における底生動物と水質の関係に関するデータのとりまとめなどに協力いたしました．そして，得られた各分野の研究成果をベースに研究会での熱心な議論を経て，健全な生態系の保全を目指した今後の河川水質管理のための提言がまとめられました．

　(財)河川環境管理財団では，昭和63年に設立された「河川整備基金」により，河川生態系や水質浄化に関する研究，あるいは，河川をテーマとする市

民の交流活動や啓発活動等に対し助成事業を実施してまいりました．また，同時に全国的・総合的な視点で当財団が主体となって行う基金事業による調査研究も継続して実施してまいりました．今回の研究は，こうした基金事業の一環としてなされたものです．

　本書は，こうした河川整備基金による研究成果をより広く知っていただくために出版物として発行したものです．執筆者である先生方のご努力に深く感謝いたしますとともに，本書が広く関係者に活用され，河川水質ならびに河川環境に関する保全の進展の一助となることを期待します．

平成 19 年 4 月

（財）河川環境管理財団 理事長
鈴木　藤一郎

名　簿 (2007年4月現在，50音順，太字は担当箇所)

監修者	大垣　眞一郎（おおがきしんいちろう）	［東京大学大学院工学系研究科都市工学専攻　教授］
執筆者	浅枝　　隆（あさえだたかし）	［埼玉大学大学院理工学研究科環境科学領域　教授］
		1.1／1.2／1.5.2／2章
	阿部　　徹（あべとおる）	［財団法人河川環境管理財団河川環境総合研究所研究第二部　部長］**12章**
	大垣　眞一郎	［前　　出］　**1.6**
	角野　康郎（かどのやすろう）	［神戸大学大学院理学研究科生物学専攻　教授］　**1.4.1／1.4.2／9章**
	佐藤　和明（さとうかずあき）	［元・財団法人河川環境管理財団　技術参与］　**1.3.4(8)／8章**
		［現・日本上下水道設計(株)技術本部　技術顧問］
	関根　雅彦（せきねまさひこ）	［山口大学工学部社会建設工学科　教授］
		1.3.1／1.3.4(1)〜(4), (9)／6章
	谷田　一三（たにだかずみ）	［大阪府立大学大学院理学系研究科生物科学専攻　教授］
		1.2／1.4.1／1.4.3／1.4.4／7章
	戸田　任重（とだひでしげ）	［信州大学理学部物質循環学科　教授］　**1.3.2(2)／4章**
	並木　嘉男（なみきよしお）	［元・財団法人河川環境管理財団河川環境総合研究所研究第二部］　**10章**
		［現・パシフィックコンサルタンツ(株)国土保全技術本部河川部］
	西村　　修（にしむらおさむ）	［東北大学大学院工学研究科土木工学専攻　教授］
		1.1／1.3.2(1)／1.3.4(7)／3章
	花里　孝幸（はなざとたかゆき）	［信州大学山岳科学総合研究所　教授］　**1.3.4(5), (6)／1.5.1／11章**
	古米　弘明（ふるまいひろあき）	［東京大学大学院工学系研究科水環境制御研究センター　教授］
		1.3.3／5章
	吉村　千洋（よしむらちひろ）	［岐阜大学工学部社会基盤工学科　助教］　**5章**

v

目　　次

1章　河川における生態系と水質の相互関係　*1*

1.1　河川生態系の成り立ち　*1*
  1.1.1　河川の場と生態系　*1*
  1.1.2　生態系と水質成分の関係　*3*

1.2　河川における生態系の構造　*5*
  1.2.1　河川における有機物の動態　*5*
    (1)　河川における有機物の起源と形態　*5*
    (2)　流入の時間　*6*
  1.2.2　河川内の有機物と消費者の関係　*6*
    (1)　CPOMの消費　*6*
    (2)　FPOMの消費　*6*
    (3)　DOMの消費　*7*
    (4)　付着藻食　*7*
    (5)　消費者の食性の特性と消化吸収効率　*8*
  1.2.3　高次捕食者　*9*
    (1)　摂餌の特性　*9*
    (2)　栄養のカスケードダウンの影響　*9*
  1.2.4　栄養塩の動態　*10*
  1.2.5　伏　流　水　*11*
  1.2.6　洪水攪乱の影響　*12*
  1.2.7　河川生態系の枠組み　*12*

1.3　生態系に対する重要な水質因子　*14*
  1.3.1　基礎的な水質項目　*14*
    (1)　生物の生息を規定する因子　*14*
    (2)　生物の成長段階に応じた保全対策　*15*
    (3)　種々の水質項目の特性　*16*
  1.3.2　栄養塩類　*20*
    (1)　河川生態系と栄養塩類の関わり　*20*
    (2)　発生源特定のための窒素安定同位体比の利用　*24*
  1.3.3　粒状有機物（POM）　*26*

- (1) 粒状有機物の重要性　26
- (2) 粒状有機物の分類および既存指標との関係　26
- (3) 粗大粒状有機物と微細粒状有機物　29
- (4) 粒状有機物と生態系との相互作用　31
- (5) 河川環境や生態系の管理との関わり　32

1.3.4　毒性物質，農薬　33
- (1) 毒性物質の種類　33
- (2) 毒性の発現形態　34
- (3) 毒性の試験方法　34
- (4) 水生生物への影響に配慮した水質目標の現状　35
- (5) 生物群集に及ぼす毒性物質の複合影響　36
- (6) 生物群集に及ぼす毒性物質の生物間相互作用を介した影響　37
- (7) アンモニア　39
- (8) 農薬の使用実態と水系への影響　41
- (9) 内分泌攪乱化学物質　45

1.4　生物モニタリングの意義とその方法　51

1.4.1　生物モニタリング　51

1.4.2　水生植物　53
- (1) 河川に生育する水生植物の生育を規定する要因　54
- (2) 水生植物の生育と水質項目　54

1.4.3　底生生物　56
- (1) 底生動物を使った水質スコア法　56
- (2) 河川ベントスによる水質判定をめぐって　59
- (3) 河川性マクロ動物ベントスを使った生物モニタリングの展開　62

1.4.4　重金属，特に亜鉛の生態影響評価について　63

1.5　生態系と水質のダイナミックな相互関係　66

1.5.1　停滞水域における生態系構造と水質変化　66
- (1) 停滞水域の生態系に及ぼす水質変化の影響　66
- (2) 生態系構造を決める要因としての生物たちの食う・食われる関係　67
- (3) 停滞水域の水質に及ぼす生態系変化の影響　69
- (4) 停滞水域の水質に及ぼす底生魚の影響　71

1.5.2　大型植物が湖内の栄養塩類循環に与える影響　71
- (1) 大型植物の生活史を介した栄養塩循環　71
- (2) 栄養塩循環における大型植物の間接的な影響　73
- (3) 大型植物が他の生物相に与える影響　73
- (4) 大型植物による底質再浮上防止および浮遊物質沈降促進効果　75

　　　　　　(5) 湖沼の栄養塩レベルの変化による植物相の遷移と排他的安定状態　*76*
1.6　提　　言　*78*
　　1.6.1　河川生態系からみた有機物・栄養塩の動態把握に関する提言　*78*
　　1.6.2　毒性物質の影響評価に関する提言　*79*
　　1.6.3　河川環境モニタリングに関する提言　*80*
　　1.6.4　生物指標の必要性に関する提言　*81*
　　1.6.5　停滞水域における生態系機能を利用した水質浄化に関する提言　*82*
参考文献　*83*

2章　大型植物が湖沼内の栄養塩の循環に与える影響　*89*

2.1　調査場所および方法　*90*
　　2.1.1　植物および骸泥(gyttja)の分布調査　*91*
　　2.1.2　植物の分解実験　*91*
　　2.1.3　カルシウム濃度を増加させた室内実験　*91*
2.2　結　　果　*92*
　　2.2.1　植物相の年間変化　*92*
　　2.2.2　骸泥の堆積状況　*93*
　　2.2.3　湖底の特性と植物相　*93*
　　　　　　(1) 車軸藻類　*93*
　　　　　　(2) イバラモ　*94*
　　　　　　(3) フサモ　*94*
　　2.2.4　植物量　*94*
　　2.2.5　種間競争　*95*
　　2.2.6　分解実験の結果　*96*
　　2.2.7　湖内の栄養塩濃度変化および栄養塩循環の機構　*97*
　　2.2.8　車軸藻が水中のリン濃度に与える影響　*98*
2.3　考　　察　*99*
　　2.3.1　車軸藻の生態的特性　*99*
　　　　　　(1) 植物種同士の競合と骸泥関係　*99*
　　　　　　(2) 車軸藻と深度との関係　*100*
　　2.3.2　栄養塩循環への影響　*100*

　　　　（1）水質の安定化に対する骸泥の役割　100
　　　　（2）車軸藻によるカルシウムの固定がリンの濃度に与える影響　101
　　　　（3）車軸藻を介した栄養塩循環量　101
　　2.3.3　湖沼の管理に向けた示唆　102

参考文献　103

3章　河床生態系の水質変換機能と栄養塩濃度の関係　105
3.1　方　　法　105
3.2　結果と考察　106
　　3.2.1　夏季の明条件における栄養塩フラックス　106
　　3.2.2　秋季の明条件における栄養塩フラックス　108
　　3.2.3　夏季の暗条件における栄養塩フラックス　109
　　3.2.4　秋季の暗条件における栄養塩フラックス　110
　　3.2.5　まとめ　111

4章　付着藻類の窒素安定同位体比から河川の汚染源を探る　113
4.1　窒素安定同位体比　113
4.2　千曲川における付着藻類の窒素安定同位体比　114
4.3　天竜川における付着藻類の窒素安定同位体比　117

参考文献　119

5章　粒状有機物の動態と水生生物との相互関係　121
5.1　浮遊性粒状有機物の動態　122
　　5.1.1　季節変化　122
　　5.1.2　洪水時の変化　123
　　5.1.3　微細粒状有機物の起源　125
5.2　堆積性粒状有機物の動態　127
5.3　微細粒状有機物の生成過程　128
5.4　微細粒状有機物の分解過程　129
5.5　堆積性粒状有機物と底生動物群集の関係　132

        5.5.1 底生動物現存量　*133*
        5.5.2 底生動物群集と微細粒状有機物の関係　*134*
5.6 まとめ　*136*
参考文献　*137*

6章　河川の微量有害物質と水生生物生息状況　*139*

6.1 濃縮毒性試験方法　*139*
6.2 ヒメダカ仔魚とヌマエビの有害物質に対する感度の違い　*140*
6.3 生物生息状況の評価方法　*141*
6.4 濃縮毒性と水生生物生息状況の関係　*145*
6.5 農薬流出モニタリング調査　*149*
参考文献　*151*

7章　鉱山跡周辺の亜鉛等の汚染水路・渓流における底生動物相：兵庫県旧多田銀山跡　*153*

7.1 調査方法　*153*
7.2 結　果　*157*
        7.2.1 水　質　*157*
        7.2.2 ベントス　*157*
            (1) カゲロウ目　*158*
            (2) カワゲラ目　*158*
            (3) トビケラ目　*158*
        7.2.3 考　察　*159*
参考文献　*160*

8章　河川水への農薬の影響　*161*

8.1 使用実態と課題となる農薬成分　*161*
        8.1.1 我が国における農薬の使用実態　*161*
        8.1.2 課題となる農薬成分の抽出　*162*
        8.1.3 毒性等からの課題農薬成分の絞込み　*163*

    (1) 魚毒性による判定 *163*
    (2) 他の生物毒性データの活用 *163*
  8.1.4 課題となる農薬成分の選定結果 *166*
  8.1.5 主要な農薬成分の国内使用量の経年変化 *166*
8.2 水生生物への影響試験 *170*
  8.2.1 登録保留条件および安全使用基準 *170*
  8.2.2 新しい生態影響試験法 *170*
  8.2.3 登録保留基準の改定の内容 *172*
    (1) 基本的考え方 *172*
    (2) 評価手法 *172*
    (3) PEC の算定 *173*
    (4) 登録保留基準値としての AEC *174*
8.3 河川における農薬のモニタリング *175*
  8.3.1 河川における農薬濃度データ *175*
  8.3.2 農薬の河川への流出データ *176*

参考文献 *178*

9章 水生植物相の変遷と水質：兵庫県加古川の事例 *181*

9.1 調査の方法 *182*

9.2 23 定点における過去約 15 年間の水生植物相の変化 *182*

9.3 近年の水質の変化 *186*

9.4 水生植物相の変化とその原因 *187*
  9.4.1 物理的要因 *187*
  9.4.2 水質の影響 *188*

参考文献 *189*

10章 河川における底生生物と水質の関係 *191*

10.1 検討対象データ *191*
  10.1.1 底生生物データ *191*
  10.1.2 水質データ *192*
  10.1.3 底生生物調査地点と水質調査地点の整合 *192*

10.2 検討対象地点の底生生物と水質の状況　*194*
　　10.2.1 底生生物の状況　*194*
　　10.2.2 水質の状況　*195*
　　10.2.3 底生生物の種数と水質値　*197*
10.3 底生生物と水質項目との相関　*197*
　　10.3.1 近似式による検討　*197*
　　10.3.2 底生生物の生息に関わる水質　*203*
参考文献　*205*

11章　停滞水域での生態系と水質の関わり　*207*

11.1 白樺湖でのバイオマニピュレーション　*207*
11.2 お堀でのバイオマニピュレーション　*213*
11.3 水質浄化に伴う生態系の変化　*216*
11.4 有害化学物質汚染が生態系に及ぼす間接影響　*219*
参考文献　*222*

12章　EUにおける河川の水環境評価の手法　*223*

12.1 WFD　*224*
12.2 EUにおける水環境の評価の現状とWFDの適用　*225*
12.3 AQEMとSTAR　*227*
12.4 AQEMについて　*228*
　　12.4.1 目的　*228*
　　12.4.2 AQEMの進め方　*229*
　　12.4.3 AQEMの河川タイプ分けについて　*229*
　　12.4.4 基準条件と劣化のクラス分けについて　*230*
　　12.4.5 河川の生態学的ステータスの評価について　*231*
　　　　(1) multimetric indexについて　*231*
　　　　(2) AQEMによる評価方法　*231*
　　12.4.6 AQEMによる評価事例　*233*
　　　　(1) 評価の事例1：砂底河川　*233*

(2)　評価の事例2：砂底の小河川　　*233*

12.5　STARについて　　*234*

12.6　おわりに　　*235*

参考文献　　*236*

略　語　表　　*237*

索　　引　　*239*

英語索引　　*245*

1章
河川における生態系と水質の相互関係

1.1 河川生態系の成り立ち

1.1.1 河川の場と生態系

　上流部に森林を頂く我が国の河川では，河川の有機物の動態やそれに伴う生物群集の特性は，上流から下流に下るに従って大きく変化する．

　最上流部では，河道は河岸の植生に覆われ，河岸の植生起源のリターや小動物が河道内に落下したり，また，雨天時に流域の森林中に堆積した落葉や落枝等のリターが大量に河道内に流入する．これらの有機物片は，一般に大型であるが，地下水や表流水の流入に伴い，流域で生物の死骸が分解途上で細かくなったもの，動物の排泄物等の細粒分，さらに細かい数 μm の溶存態有機物片も含まれる．

　ところが，こうした水域は，日射が遮られ栄養塩濃度も低い．さらに，河床が急で流速が速く，基盤が岩で構成され，生産性の高い植物は生育できない．

　そのため，河道内で消費される有機物の大半は，外部から流入するものによることになり，河川自体が高い従属栄養の傾向を示す．

　こうした特性は，河道内の生物群集による総生産量 P_c と呼吸による総消費量 R_c の比 P_c/R_c や，有機物（エネルギー）の流入量 I と下流に流下していく量 E との関係等で表現される．最上流区間では，河道内の一次生産が少ないために前者はきわめて小さい値となり，また，有機物の流入が多いことから I の値は E よりも大きくなる．

　川幅が広がり河岸の樹木で覆われる面積が減少し，栄養塩類濃度が増加するのに伴い，河道内の一次生産は飛躍的に増大する．こうした区間では，一次生産量は日

射の当たる割合に大きく依存することが知られ，草原を流れる河川のように，樹木で覆われる部分がない場合には，特に大きな値となる．

　一次生産の担い手は，上流部では，河床が岩や大きな石で覆われていることから，珪藻類等の流れに対する耐性の高い付着藻類や地衣類，コケ類が主体となる．特に上流の樹木に覆われた区間では，これらの生物量は樹木が葉をつける前や枯れた時期に多くなる．

　流域からのリターの流入は，徐々に減少し，また流下する有機物片も徐々に分解され細かくなる．そのため，大型の有機物片は，徐々に分解され細かくなり，また剝離した付着藻類等が多くなることで，細粒有機物片や溶存態の有機物片の割合が増加し，これに伴って動物群集も変化する．しかし，一方では，大雨時には，流域からの有機物流入は急激に増加する．また，洪水時に氾濫によって湛水域から大量の有機物が流入する．こうした流入は，上流域からの流入をはるかに上回ることもあり，動物群集にも影響を与える．

　下流に下ると，河床の勾配が減少し，流れが穏やかになり，川幅が広がり，十分な日射が差し込むようになる．また，流域の土地利用が畑や水田に変化し，周囲からの栄養塩類の流入が増加し，上流で流入した有機物やそれらが分解して生ずる無機栄養塩量をはるかに上回る．それに伴って河川中の栄養塩濃度も急激に増加する．さらに，河床は岩の割合が減り，礫や砂で構成されるようになる．また，河川敷や湛水域では大型の抽水植物や外来種の群落が形成され，大量のリターを生産し，また洪水時に細粒土砂を捕捉する．砂礫によって構成される砂州に粘性の高い土を堆積させ，表面がコケ類に覆われて，安定化，樹林化のきっかけとなる．しかし，大洪水時には砂礫も大量に流出することから，頻繁に洪水のある川では，砂礫砂州が保たれる．

　植物群落の発達によって河道内の生物群集による総一次生産量 P_c は急激に増加し，群集全体の呼吸量 R_c の増加量を上回り，P_c/R_c の値は1に近づき，さらに，1より大きな値になる．有機物の流入と流出の関係では，流入流出ともに増加するものの，流出が流入を凌ぐようになる．このように，河川の生物群集の栄養源は，上流の流域からの流入にたよる従属栄養の状態から，徐々に独立栄養の状態へと移行していく．

　さらに下流に下ると，河川は緩やかになり，流速は低下し，水深は増大する．また，流域人口の増加に伴い，有機物，栄養塩，濁質の流入が増し，一部は河床に沈殿する．そのため，河川は富栄養化し，濁度が上昇し，透明度が低下する．また，

河床の構成材料は，泥分に変化し，有機物流入の多い都市河川では，高濃度の有機物が堆積し，腐泥化する．この層はきわめて嫌気的で，硫化水素やメタンが生成し，アンモニア濃度も高くなる．

1.1.2 生態系と水質成分の関係

河川水質の変化は河川の生物相に大きく影響を与える．

上流部では，本来，河床は，岩や巨礫で構成され，溶存酸素濃度が高く，日照が遮られ，栄養塩濃度が低いために，付着藻類等の量は限られ，イワナ，やや下ってヤマメ，アマゴ，カジカ，アカザ，サワガニ等の清涼な水を好む種が生息する．こうした区間における動物群集の主体は，カワゲラ目の幼虫等の大型の有機物片を嚙み砕いて餌とする破砕食者である．

ところが，周辺の樹林帯が伐採されると，水面での日照が増大し，水温が上昇し，さらに栄養塩濃度が増加する．そのため，藻類の量が増加し，流速が低い場所では，沈水植物の量が増加し，場合によっては窪地に抽水植物群落も形成され，リターによる有機物量が増大する．また，底生動物相ではカワニナやヒラタドロムシが，魚類相ではカワムツ等が優占する．

中流部では，栄養塩濃度は上流域と比較して高く，付着藻の量も多い．まず，破砕食の水生昆虫が姿を消し，付着藻の刈取食者や濾過摂食者，デトリタス食者が増加する．

流域からの栄養塩負荷の増大とともに付着藻類では珪藻は糸状のものへ変化し，緑藻や糸状の藍藻等，より生産性の高い付着藻が増加，これらが河川の一次生産の主体を占めるようになる．枯死した死骸は河底に堆積し，礫の間隙を埋める．底生動物もデトリタス食者や濾過摂食者が増加する．底生動物相としては，カワゲラ，カゲロウ，トビケラ等が，魚類相としてはカワムツやアユ，ウグイ等の比較的汚濁にも強く，早い流速にも耐える魚が多くなる．

下流部では，魚類相ではコイやフナ，モツゴ，タナゴ類といった比較的緩流速を好むコイ科の魚が主流となる．栄養塩負荷が増加すると，底質は有機質が腐泥化し，きわめて嫌気的になる．これに伴い，沈水植物では，湛水域において富栄養に強い種が支配的に現れ，水位の変化が少ない場所では，浮葉植物の群落も発達する．また，河岸には，地下茎への酸素供給能力の高い抽水植物群落が発達する．こうした群落をハビタットとしたエビ類や貝類も豊富になる．底生動物相はイトミミズやユ

1章　河川における生態系と水質の相互関係

スリカ等の貧酸素状態や富栄養化に耐性のある生物相へと変化する．

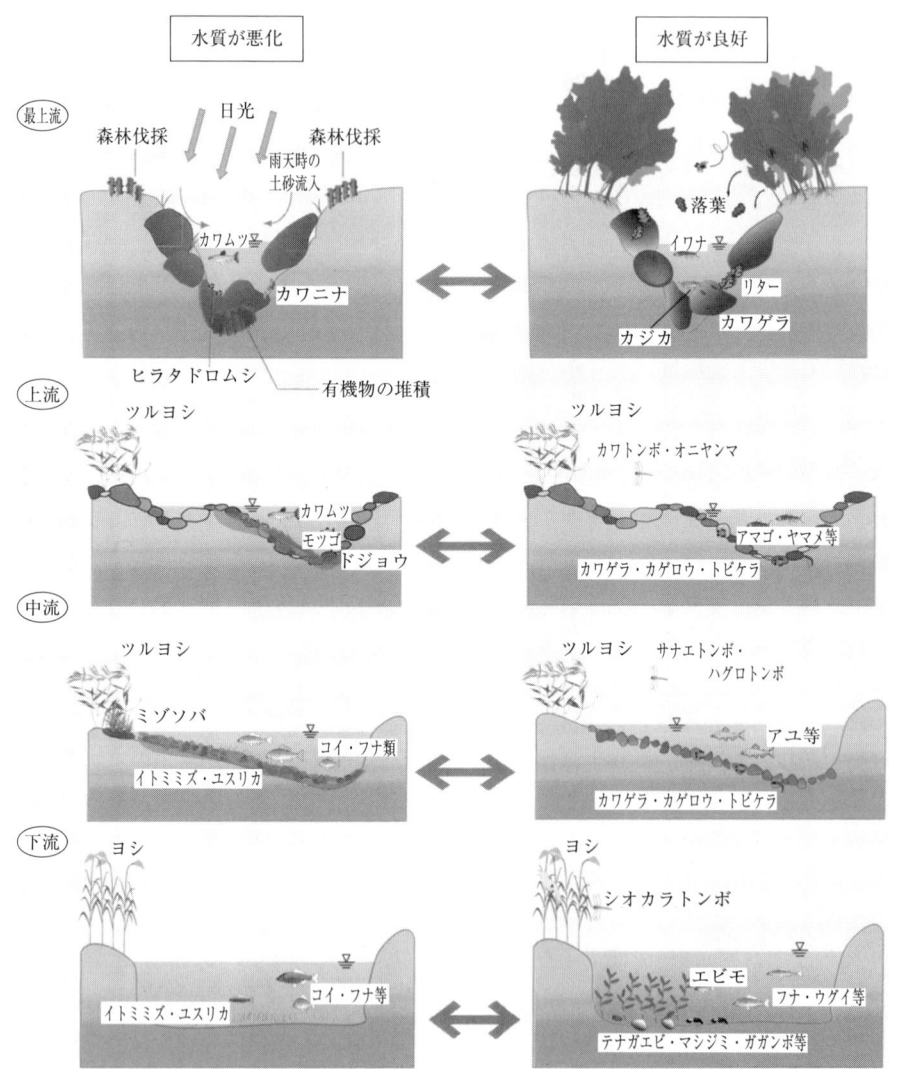

図-1.1　河川の上流から下流に至る生態系と水質との関係

1.2 河川における生態系の構造

河川における生物相や生物活動は，河川における有機物の動態と大きく関わっている．

1.2.1 河川における有機物の動態

(1) 河川における有機物の起源と形態

河道内を流れ下る有機物量は，上流や流域から流入する量と河道内で一次生産される量の和として与えられる．これらの有機物片の大きさは様々であり，通常，粗粒片（$1\mu m$ 以下，CPOM），細粒片（$0.45\mu m$ から $1mm$，FPOM）の粒子態のもの（POM），および溶存態のもの（$0.45\mu m$ 以下，DOM）に分けて取り扱われる．この中では，DOMの量が最も多く，これまで河川の有機物の指標として用いられてきたBODやCODは，DOMへの依存度が高い．ところが，生物群集への利用あるいは転換率の視点で見ると，CPOMやFPOMの方が重要である．CPOMとFPOMではFPOMの量の方が多い．なお，有機物片の大きさの分類も，底生動物による利用という視点からはもっと細かい分類が必要であり，利用の目的に応じて異なった定義も用いられる．河川内の有機物量は，こうした有機物の総量として与えられ，しばしば流域からの流入量が河道内での生産量を上回る．

CPOMには，流域の植生に起源を持つリターや，動植物の死骸に起源を持つもの，また流入形態も，水面に直接落下するもの，陸域に堆積していたものが降雨の流入や地下水等によって河川内に運び込まれるもの等である．FPOMには，機械的，生物的作用でCPOMがより細かいサイズに分解されたもの，動物の排泄物，剥離した付着藻や生物膜中に含まれていた有機物，バクテリア，湖沼やダムで発生した動植物プランクトン等が含まれる．

河川を流下する有機物の 2/3 はDOMで占められ，表流水や地下水で流域から流入するものと河道内で生産されるものとがある．これらの成分には，脂肪酸や炭水化物，ウイルス等の微細生物，フミン質の物質，FPOMがさらに細かく分解されたもの，そのほか動植物から分泌されるもの等がある．流域から流入するもののなかでは，地下水の流入に伴って流入するDOMの割合が多く，特に，有機物に富ん

だ浅い土壌からの流出が多い．また，下流河川では人工的な汚濁に起因する割合が多い．また，流域の土地利用の変化や森林伐採や植林は，流入する有機物の量と形態を大きく変える．

(2) 流入の時期

POM の河川への流入は，自然河川では，梅雨期や台風等の大量の降雨時と落葉期に多くなる．特に，落葉期に降雨が重なると飛躍的に多くなる．また，洪水期に流域が冠水すると，そこに堆積していた有機物が大量に河川内に流入する．この量はしばしば通常の流入を上回り，年間の総輸送量の大部分を占めることがある．こうした流域からの流入のために，洪水時には CPOM 流下量は，流量の増加時期に最大となり，その後は減少する．DOM については，洪水流量との間に明確な相関はない．

都市下水等の人工的な起源を持つ有機物は，季節的な差よりも日変動の方が大きい．

1.2.2　河川内の有機物と消費者の関係

(1) CPOM の消費

枯葉等の大型の有機物片の主成分は炭水化物であり，水中で徐々に分解され細片化する．この過程では，数日以内に重量の 5〜12％ にあたる溶解性の炭水化物が溶出し，DOM 源となる．その後，有機物表面に菌類や微細無脊椎動物が繁殖し，細かく柔らかく窒素分の高い栄養化の高い餌へと変質させ，高等動物による消化・吸収を助ける．微生物の繁殖は，リター自体の栄養価を高めるだけでなく，リグニンやセルロース等の消化しにくい物質も，微生物によって消化しやすい物質にまで分解されることから利用率は高まる．しかし，それでも無脊椎動物の摂取するエネルギーの中で微生物の占める割合は 10〜20％ にとどまっており，大部分は元のリターの成分に依存している．

この微生物の働きが重要な期間は，2〜3ヶ月程度で，その後はリグニンやセルロース等の消化しにくい物質が残留し，徐々に機械的に分解されていく．

(2) FPOM の消費

FPOM は，造網性の水生昆虫類や，濾過摂食者，デトリタス食者等の無脊椎動

物に利用される．

多くの雑食性，腐食性の有機物片を収集して濾過摂食するコレクターにより 0.1〜0.5 mm の大きさの有機物片が利用されると考えられる．特に，造網性のトビケラ類（ヒゲナガカワトビケラ，シマトビケラ等）はこのサイズを集中的に利用する．なお，摂食する有機物のサイズは，濾過器官のメッシュサイズに依存する．原生動物の繊毛間隔や貝類の濾過器官のメッシュサイズは $0.5〜10\,\mu m$ であり，造網性のトビケラ類のメッシュサイズが $1〜数100\,\mu m$ であることから，取り込む有機物のサイズもそれぞれこうしたサイズとなっている．

FPOM を摂食するデトリタス食の動物群集にとっては FPOM 濃度が高いことが重要である．そのため，付近に CPOM 食の破砕食者が多いと成長が促進される．また，湖沼やダム湖では流入した CPOM が分解し，植物プランクトンとして微細な有機物が生産される．そのために，大量の FPOM が下流に流下し，濾過摂食者の個体数密度が高くなる．

(3) DOM の消費

DOM を利用する生物は限られる．微細な DOM は主にバクテリアに利用される．また，一部はフロックを形成し，サイズが増大した後利用される．そのため，DOM の利用は，微細なものが最も利用され，次に大型のもの，中間サイズのものは最も利用されにくい．

バクテリアは水中よりも生物膜内に，また，底質内においては，砂質の場所よりも有機質の土壌に多く存在する．そのため DOM も水中より底質内で多く消費される．特に，河底の礫内では，間隙中を流れる伏流水のため生物膜が発達，間隙水中の DOM が盛んに利用される．DOM を利用するバクテリアも繊毛虫類や鞭毛虫類の原生動物等に捕食され，生態系内の微生物ループに入り，これらも濾過摂食の動物に捕食され，さらに大きな動物に捕食されることで，高等生物の食物網の中に組み込まれる．このほかにも，DOM は生物膜等の様々なものに吸着され，また，フロックを形成して大粒径になったものは湛水域で沈降することで水中から失われる．

(4) 付着藻食

流下有機物片ではないものの，河床の付着藻類は河道内の主要な一次生産であり，消費者にとって重要な有機物源である．

付着藻は付着藻を剥ぎ取ったり（スクレーパー），かじりとる（グレイザー）草食動物の餌となる．ユスリカ類は *Gomphonema*，*Navicula*，*Cymbella*，*Epithemia* 属の珪藻を，トビケラ類は *Gomphonema*，*Cocconeis* 属を，コカゲロウ，ヒラタカゲロウ，マダラカゲロウでは *Cocconeis* 属の珪藻を中心に摂食することが知られている．

　同じ付着藻でも，珪藻や単細胞の緑藻は水生昆虫や珪藻食の魚，貝類に好んで摂食される．しかし，珪藻と比較すると，糸状緑藻や糸状藍藻は餌の質としては低い．

　こうした餌としての質を示す指標として，餌に含まれる C/N 比があげられる．動物の餌としては，この比が 17 程度以下であることが望ましく，付着藻はこの基準をおおむね満たすものの，維管束植物の中にはこの比が大きすぎ，枯死後もデトリタス食者の餌とならないものも多い．このため，付着藻類の利用効率は，維管束の大型植物と比して高くなる．

　以上のように，付着藻類は一次生産性が高く，底生生物だけでなく，我が国の河川魚類として格段の生産効率を示すアユの主要な餌でもある．そのため，河道内における付着藻類を介した生産性はきわめて高く，付着藻類の河川内の一次生産に果たす役割は大きい．

　付着藻食の動物と付着藻の生物量の関係は寿命や生産速度によって支配されるため，生物量の比は常に食物連鎖のピラミッドに従うわけではない．そのため，付着藻食の動物の現存量の方が付着藻類の量より大きくなることもある．また，古い細胞が除かれ，光環境が改善されること，若い細胞に代わること等の理由から，付着藻の生産速度は適度に摂食される場合の方が大きくなる．ところが，安定な流況が継続すると，付着藻類の群落は 2〜3 週間かけて，背の低い珪藻から，糸状藻類の群落に遷移する．そのため，付着藻類の群落の更新のためには，洪水等の定期的な攪乱が必要である．

(5) 消費者の食性の特性と消化吸収効率

　河川の底生生物，特に，水生昆虫の幼虫については雑食性のものが多い．これは河川環境は，他の環境と比較して攪乱頻度が格段に高いために，適応進化した結果であると考えられる．同時に，多くの種において，デトリタス食から動物食への食性転換が行われる．濾過摂食のシマトビケラ類や肉食傾向の強いアミメシマトビケラ類でも，若齢では雑食，終齢では肉食と，選択性が変化する．特に，デトリタス

を主とするランダム摂食に近い造網性のヒゲナガカワトビケラについては生産性がきわめて高い．

　動物の成長は，餌の消化吸収される割合に依存する．この割合は，肉食のもので平均 70 〜 95 ％程度，藻類食のものは 30 〜 60 ％程度，デトリタス食者では 5 〜 30 ％程度と低い．しかし，同じ藻類食のものでも，珪藻食者は消化吸収効率が高く，糸状藻類食では低い．木片は，リグニンやセルロース等の消化酵素を有する生物の餌にしかなりえず，木片の有機物源としての役割は低い．

1.2.3　高次捕食者

(1) 摂餌の特性

　草食の無脊椎動物の多くは，大型の肉食無脊椎動物や魚に捕食される．

　肉食，雑食魚の食性も，河底の石の間に生息する無脊椎動物食のもの，流下する餌を捕獲するもの等様々である．流れにのって流下する昆虫の数は，昼間より夜間，特に日没期に多くなる．そのため，魚の摂餌活動も，流下する個体数が多く，かつ視覚で摂餌が可能で，捕食者から逃れるのに有利な日没期に活発に行われる．流れに逆らって遊泳，捕食行動を行うには大量のエネルギーを必要とし，個体の成長や繁殖力を低下させる．そのため，河床の石の間や淵，倒木の陰等を利用しエネルギー消費量を最小限に抑えている．こうした場所は，捕食者からの逃れる隠れ家（レフージ）としても利用される．水生昆虫の場合には，特に，餌の量が多い場所に集中，パッチ状の分布をすることが知られている．

　捕食者の代謝量は水温とともに上昇し，また，成長は春から夏にかけて大きく大量のエネルギーを必要とするため，この時期の摂餌量は大きく条件の悪い餌も採る．

(2) 栄養のカスケードダウンの影響

　捕食者が増加すると，被捕食者である小型生物の個体数は減少し，被捕食者は捕食圧を避けて生息場所を変えようとする．そのため摂餌環境が悪化し成長が抑制されることが多い．ところが，河川の場合には，ハビタットが淵と瀬といったきわめて明確な差を持っており，瀬や石に覆われて多様性が高いため，他の生態系と比較して隠れ家になる場所も多く，流れ自体も捕食の障害になることから，他の生態系と比較すると，上位の捕食者による影響が下位の生物群集に及ぼす影響は少ない．

1.2.4　栄養塩の動態

　河川水中に含まれる栄養塩は，一次生産者に吸収され，高次の消費者に取り込まれ，排泄物や，その死骸が分解されることで再び水中に回帰される．そのため，栄養塩を構成する窒素やリンの元素は水中を流れ下る期間と河底の生物体内にある期間を交互に繰り返しながら流下する（図-1.2 参照）．こうした現象を栄養塩のスパイラル現象と呼んでいる．

　このスパイラルの長さは，水中を流下し移動する長さ S_w と生物体内で移動する長さ S_B に分けられる．この長さは，上流域では，概略，前者が 200 m 程度，後者が 20 m 程度といわれ，下流河川では人工的な影響がない範囲では 1 000 ～ 2 000 m 程度になる[1]．

　しかし，この長さは，物理化学的過程，水文過程，生物に摂取される過程によっても大きく変化する．まず，酸素が豊富な状態では，窒素はほとんど影響されないが，溶存態のリン酸は，鉄やカルシウムと化合し，沈殿しやすくなり，S_w が短縮される．洪水時には生物群集が大きく影響を受け，生物群集に吸収される量が減る．また，CPOM の量が多い時期の方が S_w の長さは短い．さらに，渇水時には，河底の間隙を流下する伏流水の割合が増加し，礫や砂の表面に吸着されたり生物膜に取り込まれる量の割合が増加する．生物群集の変化も S_w の値に大きく影響する．付着藻の群落は新しい間は急速に生長し，栄養塩の吸収量も多い．しかし，群落が十分に発達した後は，吸収量と枯死による回帰量がバランスし，S_w は長くなる．

　大型植物も生長期に大量の栄養塩を吸収する．窒素量は生物量の 2 ％程度，リン

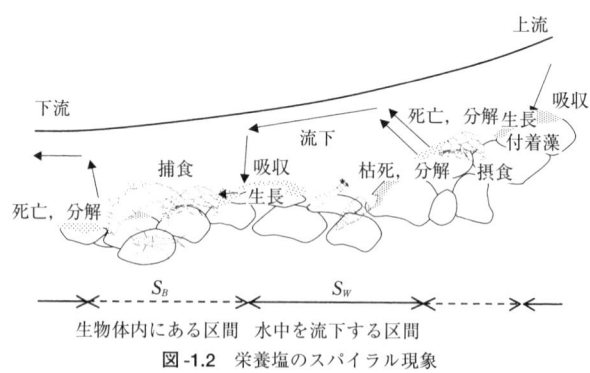

図-1.2　栄養塩のスパイラル現象

の量は 0.2 ％程度である．しかし，抽水植物は土壌中から栄養塩を摂取し，沈水植物も土壌中に十分な栄養塩が存在している間は大部分を土壌中から吸収する．こうした栄養塩も枯死後は，枯死体の分解のよって水中に回帰される．しかし，地下茎による栄養繁殖を行う植物の多くは，老化期に地上部（水中部）組織の栄養塩類の大部分を地下茎に移動させており，地上部（水中部）からの回帰量は少ない．

流域の農地化や都市化，河岸の植生の減少によって栄養塩の河川への流入量は飛躍的に増大する．そのため，水中の窒素やリン濃度が上昇し，吸収可能な量に比して流下する栄養塩フラックス量が多くなる．そのため S_w の長さも河口に近づくほど長くなる．また，都市化は地表面の舗装面積を増大させ舗装面の連続性を増すため，降った雨は自然地で止められることなく河川に直接流れ込む．そのため，小河川の流量の変動は拡大し，側岸や河底を削り，栄養塩の回帰量が増加し，底生の生態系に影響を与える．これによっても S_w は増加する．

河川中の窒素の形態は無機態のものと有機態窒素に分けられる．無機態の窒素の流入は，水文的な状況や季節的，また，流域の開発の程度等に大きく影響される．一般に，大量の降雨があった時期に流入が多く，また，頻繁に降雨があると減る．また，植物の活動の盛んな時期の流入量は減少する．有機態窒素の流入量は，人工的な影響が少ない範囲では比較的一定である．有機態の窒素は大きさによって，さらに溶存態窒素（DON）と粒子態窒素（PON）に分けられる．炭素と窒素の比は，溶存態で 8～41 程度，粒子態では 8～10 でほぼ一定である．

1.2.5 伏流水

河川の生態系にとって，伏流水も大きな役割を果たしている．伏流水は長い滞留時間を持ち，生物群集に対して表流水と異なった役割を担う．生物群集や栄養塩類に関して，表流水より深い場所を流れる地下水や土壌間隙との間のインターフェイスとしての働きを果たしているだけでなく，栄養塩の吸収源としての働きを担っている（**図-1.3** 参照）．

砂州や河床の間隙中では，伏流水が酸素の豊富な水を土壌中深くまで運搬することで，

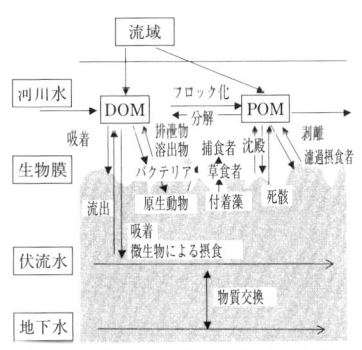

図-1.3 河川水，伏流水，地下水間での物質輸送

本来嫌気的な環境になるべき深さの場所においても好気的な環境が維持され，表在性のベントスや魚類の卵や若齢の稚魚の棲みかとなる．例えば，木津川では，1 m以上の深さの場所においても，好気的環境が維持され，間隙には水生貧毛類，甲虫類，カワゲラ類，ムカシエビ等の微少甲殻類の生息も確認されている．

1.2.6　洪水攪乱の影響

河川生態環境は，流量がきわめて短い期間に数百倍に変化することも普通で，他の生態系と比較すると格段に攪乱が多い．洪水期には，河川自体の流量の増加，浸水，周辺地域の攪乱の相乗効果として，栄養塩やPOMの流下量は桁違いに増加する．こうした増加は，河川自体だけでなく，氾濫原に存在する湖沼，ワンド，タマリに大量の栄養塩や有機物を供給することから栄養塩量や有機物量に対しては大きな影響を与える．

しかし，生物群集に対してこうした変化がどの程度の影響を与えるかという点については必ずしも明確になっているわけではない．河川水質の変化が生物群集の変化をもたらすためにはかなりの時間が必要であり，また，洪水時には生物群集自体の栄養塩吸収能力が低下することから，河川流量の変化ほどには大きな変化が生じない可能性もある．特に，頻繁に洪水が生ずる河川では，生物群集の変化の時間スケールに比較して，洪水の生起確率の時間スケールはきわめて短い．今後の研究が望まれる点である．

1.2.7　河川生態系の枠組み

以上のような河川生態系の枠組みを示す仮説（概念）としては，河川連続体仮説（RCC ； river continuum concept)[2]，洪水パルス仮説（FPC ； flood pulse concept)[3]，河川内生産モデル（RPM ； riverine productivity model)[4] が存在する（図-1.4 および1.5 参照）．これらはいずれも POMの動態と内部での一次生産の形態やその量に基づいている．すなわち，河川の生態系を支える有機物の生産場所を，河川連続体仮説では上流域の森林地帯に，洪水パルス仮説では周辺の氾濫原に，また，河川内生産モデルでは河道内に求めている．すなわち，河川連続体仮説では河川の上下流の連続性を，洪水パルス仮説では横断方向の連続性を，また，河川内生産モデルでは河床における生産と水深方向の連続性を強調したものと考えることができる．

1.2 河川における生態系の構造

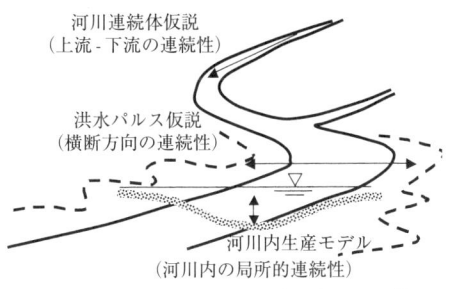

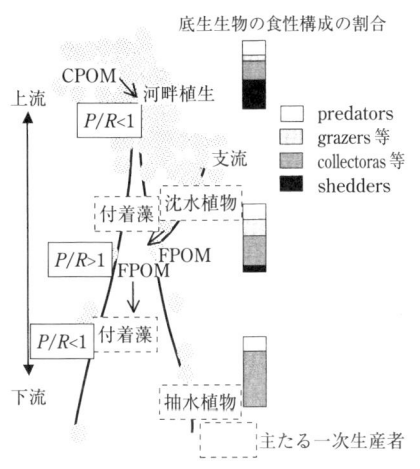

図-1.4 河川内の有機物片の動態と河川連続体仮説

図-1.5 河川の枠組みを示す仮説相互の関係

そのため，これらの仮説の適応性は，上流か下流，流域の特性に応じて異なる．自然河川の多い北米の河川では，上流地域での有機物の流入やサケの遡上に基づく有機物の動態が重要で，河川連続体仮説の適用性が高い．しかし，元々上流地帯に森林のない河川や乾燥地帯の河川，様々な河川構造物によって過度に分断された河川は河川連続体仮説には従わない．

我が国の河川では，上流から中流にかけて内部生産が高く，河川内生産モデルの適用性が高いと考えられる．また，ダム湖や氾濫原の湖沼や，また小規模な形態であるワンドやタマリといった止水的な環境が形成され，そこから供給される植物プランクトンが下流の動物群集の餌となり，河川生態系の構造に大きな影響を与えている．さらに，河道自体が，堰やダムで細かく区切られるために，河川連続体仮説の基本となる有機物の動態の連続性が途切れている．このため，河川連続体仮説よりもむしろ河川内生産モデルに近い状態にある．

河床勾配が急な我が国の河川では，アマゾン川やメコン川下流域のように季節的な洪水によって広大な氾濫域が形成されることはない．しかし，一方では我が国の多くの大河川では高水敷と低水路を持った複断面水路が造られ，洪水による周囲の冠水の頻度が極端に少なくなっている．このような横断方向の連続性が絶たれた我が国の河川においては，洪水パルスによる流域や河川敷との間での有機物や栄養塩交換の重要性はきわめて高い．

1.3 生態系に対する重要な水質因子

1.3.1 基礎的な水質項目

(1) 生物の生息を規定する因子

　河川に棲む生物に最も強く影響する基礎的な水質項目は，水温，溶存酸素(DO)，pH，濁質(濁度，SS)であろう．これらについては別途述べる．水産用水基準(**表-1.1**)では，これらのほか，BOD，大腸菌群数，油分，着色，底質等が定められている．BODはDOを低下させる因子，大腸菌群数は水産物を生食してもよいかどうかという視点から定められた因子，油分は水産物への着臭という視点から定められた因子，着色は濁度と類似した視点から定められた因子であり，先述の4因子と比べると，生物の生息を規定する因子としてはいくぶん副次的といえるかもしれない．また，底質が1因子となっているが，底質がDOの低下の原因となったり，産卵場の物理的，化学的，生物的環境条件を支配したりするなど，考えようによっては水質と匹敵する広がりを持つ複合的な因子である．

表-1.1　水産用水基準

生活環境項目	河川における基準値
BOD	自然繁殖条件：3 mg/L以下．ただし，サケ，マス，アユ：2 mg/L以下． 生育条件：5 mg/L以下．ただし，サケ，マス，アユ：3 mg/L以下．
DO	一般：6 mg/L以上．サケ，マス，アユ：7 mg/L以下．
pH	6.7～7.5 生息する生物に悪影響を及ぼすほどpHの急激な変化がないこと．
SS	25 mg/L以下(人為的に加えられる懸濁物質は5 mg/L以下)．忌避行動等の反応を起こさせる原因とならないこと．日光の透過を妨げ，水生植物の繁殖，生長に影響を及ぼさないこと．
着色	光合成に必要な光の透過が妨げられないこと．忌避行動の原因とならないこと．
水温	水産生物に悪影響を及ぼすほどの水温の変化がないこと．
大腸菌群数	100 mL当り1 000 MPN以下であること．ただし，生食用カキを飼育するためには100 mL当り70 MPN以下であること．
油分	水中には油分が検出されないこと．水面に油膜が認められないこと．
有害物質	有害物質の基準値は別表に掲げる物質ごとに同表の基準値の欄に掲げるとおり(略)．
底質	有機物等による汚泥床，みずわた等の発生を起こさないこと．

1.3 生態系に対する重要な水質因子

　一方，水質以外にも，流速，水深，カバー（遮蔽物），河床材料等の物理的な要因や，捕食者，競争者，被食者（餌料）等の生物的な因子も生物の生息を強く規定している．現在のところ，魚類に関する生息環境の保全については，物理環境の整備に重点が置かれており，水質については，生息に適しているか適していないかという閾値として扱われる場合がほとんどである．また，物理的な要因については，河川の縦断方向，横断方向の2次元的に変化するもの（マイクロ生息場）として扱われるが，水質は縦断方向のみに変化するもの（マクロ生息場）として扱われることが多い．これは，上流は低水温，低栄養塩，大きな河床礫，急勾配，下流は，温水域，高栄養塩，砂河床，緩勾配で，それに応じて生息する生物も変化するというShelfordの流程遷移の考え[11]に基づくものである．しかし，産卵場や仔稚魚の保育場等の重要な場所が局所的な貧酸素化等の水質影響を受けることで，生物に大きな打撃を与えることもある．河川改修等の際には，保全対象とする生物の生態をよく調べ，必要に応じて適切な環境影響評価を行う必要がある．

(2) 生物の成長段階に応じた保全対策

　生物の水質に対する反応は，その成長段階により変化する．例えば，濁水に48時間曝露した時，斃死が見られる最低の濁度は，アユ仔魚では740 mg/Lだが，アユ稚魚では2 420 mg/Lとなる．また，95〜156 mg/L以上では産卵が見られず，347 mg/L以上では摂餌が見られなくなる[12]．このような成長段階に応じた水質に対する反応の変化を環境管理に取り込む方法の参考になるものとして，近年河川の魚類生息場保全手法として注目を集めているIFIM（Instream Flow Incremental Methodology）/PHABSIM（Physical HABitat SIMulation system）がある[13]．この手法では，その解析に際して，対象生物の生活環を次のような方法で考慮している．

　まず，図-1.6のように産卵，孵化，稚魚，生魚のどの成長段階が重要となるかを月ごとにチェックする．例えば，図-1.6よりSteelhead Troutにとって2月は産卵と稚魚が重要な成長段階であることがわかる．続いて，産卵と稚魚それぞれにとって必要環境因子の値（例えば，流量）を求め，そのうちより安全側の値をその月の必

	1月	2月	3月	4月	5月	6月	7月	8月	9月	10月	11月	12月
成魚	×										×	×
産卵期		×	×									
孵化期				×	×							
稚魚	×	×	×	×	×	×	×	×	×	×	×	×

図-1.6　Steelhead Troutの月ごとの重要な成長段階

要な環境条件とする．この作業をすべての月に対して行えば，年間の環境管理計画ができ上がる．例えば，図-1.7 は，Steelhead Trout の生息にとって現状の生息場面積を減少させない最低流量を解析した結果をバーグラフで示してい

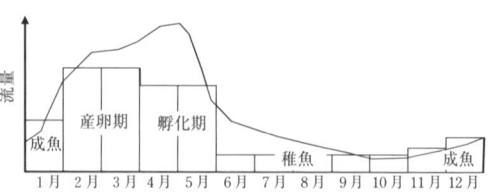

図-1.7 Steelhead Trout にとって現状の生息場面積を減少させない最低流量[14]

る．2月は産卵に対する流量の要求が稚魚に対する流量の要求より厳しいため，産卵の条件が選択されている．オーバーレイされたハイドログラフとの差から，各月ごとに取水可能な流量等を読み取ることができる．

水質に関してこれほど明確に生活環を意識した管理手法は寡聞にして知らないが，水質についても同様に各月ごとに満たさなければならない水質目標を定める，といった手法が可能であると考えられる．

(3) 種々の水質項目の特性

a. 溶存酸素（DO）　溶存酸素は，水生生物の基礎的な代謝を司る酸素の供給源としてきわめて重要な水質項目である．溶存酸素が不足すると，魚は水面に顔を出して空気を水とともに吸い込み，空気中の酸素を利用する（鼻上げ）が，この状態が長く続くと窒息死する．溶存酸素が低下すると，自らの代謝を低下させて低酸素に耐えることのできる魚（フナ等）と，代謝を変化させることができず，早期に危険な状態に陥る魚（カマツカ等）があり，生物種によって耐性が異なる．

良好な環境かどうかを判断する一般的基準としては，水産用水基準の 6 mg/L 以上（サケ，マス，アユでは 7 mg/L 以上）が参考になる．また，飽和度50％でオイカワの逃避，25％でコイの逃避，20％でアユの斃死が始まるとされる[15]．

なお，一般向け書籍では，水中で生息する魚にとっては絶対的に溶存酸素が不足しており，少しでも溶存酸素の多い場所を求めて落込みの下部等に渓流魚が集まる，と述べているものがあるが，それはいささか言いすぎであろう．落込みの見られるような河川上流域で溶存酸素濃度が低下することは滅多になく，落込みの下部に渓流魚が集まるのは，むしろ餌料を獲得するのに有利だからである．溶存酸素が成魚にとって問題となるのは，流れの停滞域や，中下流部の落込みが存在しない（再曝気量の少ない）区間についてである．ただし，一般には成魚より卵稚仔の方が低酸素に弱く，上流部であっても有機物の堆積に伴う産卵場近傍の局所的な貧酸素化が

1.3 生態系に対する重要な水質因子

悪影響を及ぼすおそれもある．

溶存酸素の減少の主要因は，水中や底泥中のBOD，CODで代表される有機物が水中の酸素を消費しながら分解することである．そのほかにも，瀬や落差部での物理的な曝気による増加や，日中の植物プランクトンの光合成による増加，夜間の水生生物の呼吸による減少等，種々の要因により溶存酸素濃度は短い時空間スケールで変化している．このため，溶存酸素は他の水質項目と比較しても特に局所的な水質問題を引き起こしやすい．また，このように変動しやすい性質のため，水質基準としては，溶存酸素そのものではなく，より制御対象としやすいBODやCODが選ばれることが多い．

例として図-1.8に多摩川日野橋におけるBODと溶存酸素の日間変動を示す[16]．この例は，BOD濃度があまり変化していないのに対して，付着藻類の光合成により日中の溶存酸素濃度が極端に高く，逆に夜間には水産用水基準を下回り，オイカワの逃避が始まる濃度レベルとなっている．このように，溶存酸素濃度の測定にあたっては，調査時間や天候等にも注意しなければならない．

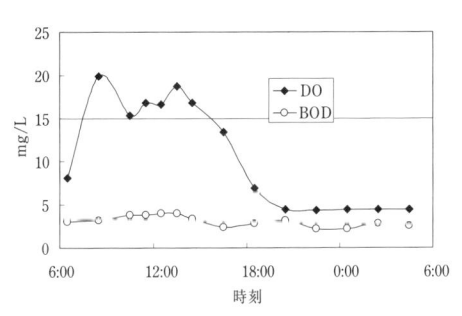

図-1.8 多摩川日野橋におけるBODと溶存酸素(DO)の日間変動（1972年8月15～16日）[文献16]より作成

b. 濁質 濁質には，土砂等の無機質と，植物プランクトンやデトリタス等の有機質のものがある．河川改修等の土木工事に付随して問題となるのは，主に無機の濁質である．有機の濁質はBOD成分でもあり，適量であれば食物連鎖の基盤となり，生物生産に寄与する一方で，過大であれば溶存酸素の減少の原因ともなる．河川流水部においては一般に植物プランクトンの増殖は少なく，無機の濁質が問題となることが多いが，ダムの下流や極度に汚染された下流域等では植物プランクトン起源の濁質が多い場合がある．

魚は一般的には濁りに対してかなり耐性を有しており，短期的にはその生存に直接的な影響が及ぶことはない．しかし，斃死に結びつかない低濃度であっても濁水を忌避するという報告は多い．長期曝露により摂餌障害が現れるという報告もある．また，産卵場に懸濁物質が堆積すると，卵の発生の障害になったり，産卵場として必要な砂礫や浮き石を覆い隠し，産卵場自体を消滅させたりする．一方，魚種によっては濁水を強く選好する，という報告もある[17]．これは，濁水にはカバー（遮蔽

濁質と魚類の関係については種々の報告があるが，アユ等が忌避行動を起こすとされる 25 mg/L が一つの目安となる．また，88 mg/L で遡上率が半減し，250

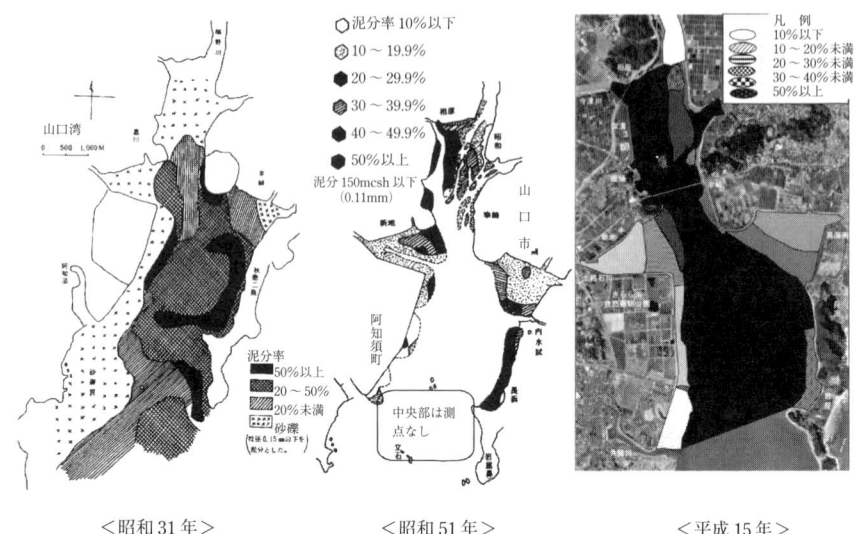

<昭和31年>　　　　<昭和51年>　　　　<平成15年>

図-1.9　椹野川河口域の泥分変化[18]

mg/L で遡上停止，4 360 mg/L でアユ稚魚の半数が 24 時間で斃死，などの報告[12]がある．

一方，河口域の干潟の細泥化とそれに伴うとみられる生物相の変化が近年いくつも報告されている．図-1.9 に山口湾の泥分変化を，図-1.10 に昭和51年の山口湾のアサリ生息状況を示す．平成15年現在，山口湾のアサリはほぼ壊滅状態である．この理由はいまだ明らかになっていないが，山林の荒廃や農業の水使用形態の変化，治水の進展による洪水流量の低下等により，河川から海域にもたらされる濁質の量や

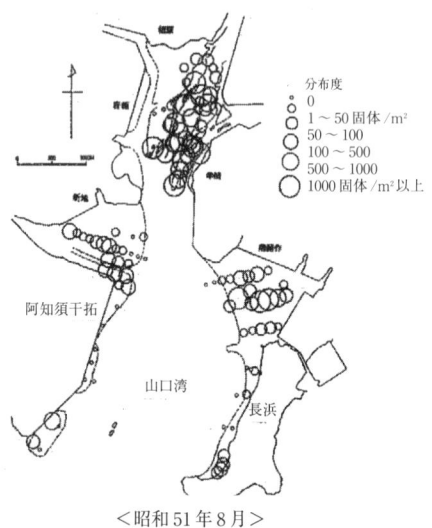

<昭和51年8月>

図-1.10　椹野川河口域のアサリ生息状況[19]

粒度分布が変化したことが原因ではないかと考えられている．これまで河川の濁質は単に SS 濃度として測定されることがほとんどであったが，このような問題の原因を解明してより有効な対策を講じるためには，平水時だけでなく，濁質の流出の多い洪水時をも含めた粒度分布の情報を蓄積することが必要である．

c．pH　　水域の pH を変化させる要因は，地質的なものを除けば，鉱山廃水，工場廃水および酸性雨であろう．また，湖沼や海域では植物プランクトンの光合成が盛んに行われている時，炭酸の消費により pH の上昇が見られることはよく知られているが，河川においても同様の現象が見られることが報告されている．図-1.11 に藻類の光合成による pH 変化の事例を示す．

pH の低下は，卵の発生に影響を与える．また，稚魚では鰓の粘膜の分泌

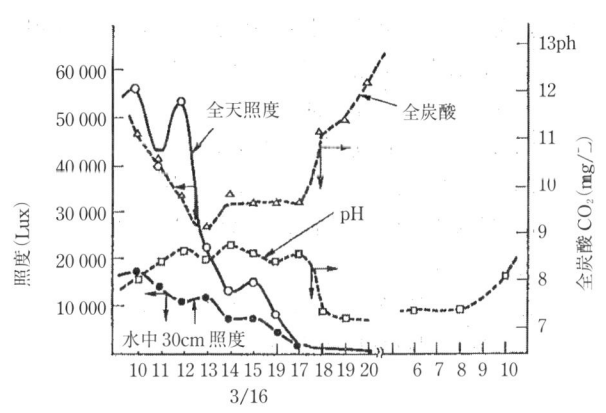

図-1.11　忠別川東橋における藻類の光合成による pH と炭酸濃度の変化[20]

が過剰になり，鰓の上皮を通して酸素移動量が抑制されて呼吸困難になる，との報告がある．さらに，アンモニア態窒素濃度の高い水域では，pH によって毒性の強い遊離アンモニア濃度が変化する，といった間接的影響もある．

pH と水生生物の関係についての具体的数値としては，アユの 48 時間半数死亡濃度が孵化直後仔魚で pH 4.3，摂餌開始期仔魚で pH 4.5[21]，稚魚は pH 4 で 3 時間後にすべて斃死[22]，といった報告がある．水産用水基準の 6.7〜7.5 は，正常な河川の自然環境という観点から定められた．また，同基準では，植物の栄養塩摂取機能の低下による餌料生物の生産性低下という観点から 6.5〜8.5 という値が指摘されている．

d．水温　　一般には，水温は上流から下流に穏やかに変化し，河川全体の魚の分布を決定づけているものの，局所的に変化することはほとんどなく，問題を起こすことは少ないように思われている．ただし，ダムからの冷水の放流や工場からの温排水の放流等，人為的な原因による急激な温度変化は，魚類の生息に決定的な影響を与えるおそれがある．また最近では，治水を目的とした河川改修による河積の増

大から，平水時の水深が浅くなっている河川が多く，水温の上昇を招いている．さらに，護岸天端や高水敷の植栽の省略による日陰の減少が水温上昇に拍車をかけている．

魚にとって水温の2℃の変化は，人間にとっての気温10℃の変化に相当するといわれている．関根らの室内実験[17]でも，水温は魚の行動にきわめて強い影響を与えた．これは，他の要因の何にも勝るほどの強さであった．温度の上昇によって産卵等の再生産活動が停止する生物も多い．地球温暖化問題も含め，水温上昇の要因が増えている現在，水温のモニタリングの必要性が改めて増大しているといえよう．

水温と魚類の関係についての具体的な数値としては，アユは1℃の水温低下で忌避行動，17～19℃では0.2℃の低下に対しても忌避行動を示す場合があり[23]，コイ科のsquawfishは20℃では16 cm/s，10℃では10 cm/sで遊泳維持できなくなる[24]，ブルーギルは38℃前後で横転する[25]，などの報告がある．

1.3.2 栄養塩類

(1) 河川生態系と栄養塩類の関わり

a. 河川生態系の生産力と栄養塩濃度の関係　　河川の水質成分は，一般的に水源から流下とともに濃度を増加させる．湖沼に比較すれば濃度は低いが，常に水が流下しているので，河床に付着する藻類や水生植物には絶えず栄養が供給され，同じ栄養塩濃度の湖沼よりも高い生産力を維持することができる．従属栄養の傾向を示す上流部を除き，河川生態系においては付着藻類と水生植物の生産力が基礎となっている[26]．

図-1.12は，千曲川中流域での物質の流れを生物の現存量でつないで示したものである．圧倒的な量の物質が通過していくことが特徴である．例えば，河川における重要な基礎生産者である付着藻類の1 m²当りの現存量は，炭素量にして3～20 gでしかないが，懸濁物質として1日に通過する炭素量は77 kgにもなる．しかし，付着藻類を餌として利用する剥取り食水生昆虫，懸濁物質を利用する濾過食水生昆虫および沈殿物食水生昆虫の現存量を見ると，両者とも数十～数千mgであり，その場での生産有機物と上流からの供給有機物は同等に重要と評価される．

水中の窒素，リン等の栄養塩類に影響されながら成長する付着藻類に関して，付着藻類量が全リン，全窒素濃度と相関を持つこと[27,28]などが報告されている．しかしながら，相関がないという報告もあり，Lohman[27]は，調査地点の水質の特徴と

1.3 生態系に対する重要な水質因子

して水質濃度範囲が1から3オーダーと広範であることが付着藻類現存量にも明確な影響を及ぼしたとしている．すなわち，わずかな栄養塩濃度変化では付着藻類量への影響は見られず，一方で，付着藻類量は，洪水後減少するなど水理学的な条件の影響が大きいため，水質と付着藻類量の関係は複雑であることに注意を要する．

栄養塩濃度が生産力に影響を及ぼす一方で，付着膜類の生産力が河川水質に及ぼす影響は，光合成による有機物の生産・剥離，pHの上昇，DOの上昇といった形で顕在化する．長良川下流部では，夏の渇水期に河川棲浮遊珪藻 *Cyclotella atomus*，*C. meneghiniana* が多量に発生し，BODとして4 mg/Lに達した[29]．このような浮遊珪藻の異常増殖は，河川下流部の緩流域等，特殊な場に限られるが，河川水中の栄養塩濃度が増加すると，礫上の付着藻類や水生植物の光合成が活発になり，水中のpH，DOが日周変化する現象が見られるようになる．例えば，河川流量の少ない冬に付着藻類の光合成により環境基準を超える高 pH 現象が出現し，下流の浄水場で障害を発生した事例が報告されている[30]．また，付着藻類がDOの日周変化をもたらし，近年は水質保全対策により透視度が改善した一方で，光合成も上昇し，夜間の低DO化が新たに問題視されている[31]．

b. 付着藻類への影響　付着藻類は，水中の食物網の基礎となる植物群で，その

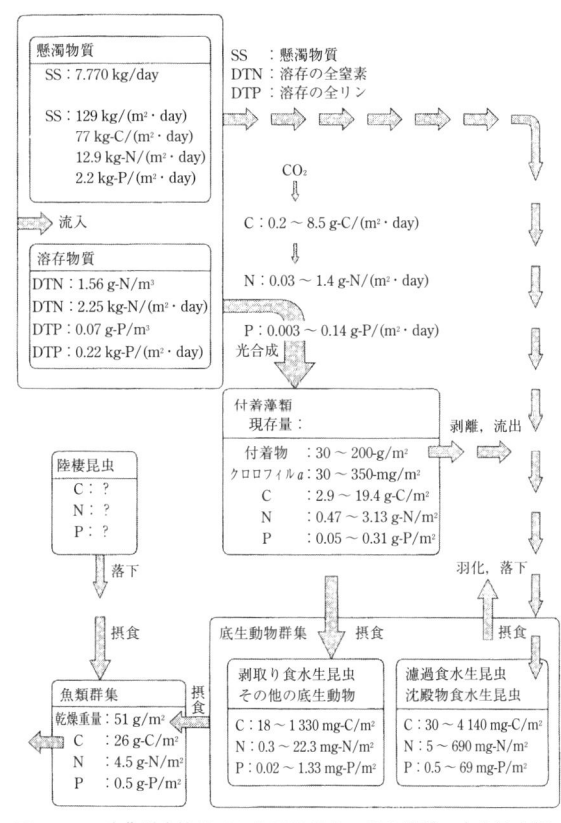

図-1.12　千曲川中流域での物産通過量，付着藻類，水生昆虫類，魚類の現存量を中心とした物質の流れ[26]

主なものは珪藻類である．特に川は流水であることから，珪藻類の中でも付着性珪藻が主体となって，河床の砂礫，木片あるいは水生植物に付着した形で生活している．

異なった栄養塩状態(全リン 6～130 μg/L，全窒素 179～1 837 μg/L)にある河川の付着藻類量は，全リン濃度と高い相関にあるものの，藻類種との関係は明確でなく，栄養塩濃度が低く藻類現存量の低い所では紅藻類が，中程度の富栄養地点では緑藻類が多く，最も高い栄養塩濃度の地点で緑藻 *Cladophora*，珪藻 *Melosira*，紅藻 *Audouinella* が優占していた[28]．

一方，糸状に発育する緑藻 *Cladophora* は，水質の良い上流部によく見られ，藍藻類の *Ocillatoria* は，やや水質の汚れた地域に発生するともいわれている[26]．また，下水処理水の流入する河川では，栄養塩濃度の上昇により藍藻類，特に *Ocillatoria* が優占し，藻類の種多様性が低下し，藍藻類が河川の富栄養化状態を監視する指標になることが示された[32]．

汚濁指標種として知られる珪藻 *Nitzschia palea* は，窒素濃度の高い地点で出現するが，*N. palea* の窒素源としてはアンモニアより硝酸が適しており，アンモニアの減少(硝酸の増加)で珪藻群集に汚濁に適応性のない種が見られた[33]．下水処理水を維持用水とする河川でも，アンモニア濃度を低くすることで多様な藻類群集の形成が可能となることが示唆されている[34]．

また，下水処理水合流地点前後の小河川において，細胞数や種類数でやや減少，多様性指数では明確な変化が認められない場合でも種構成が大きく変化したことが報告されている[35]．このように栄養塩の濃度および形態(アンモニア，硝酸等)は，付着藻類の現存量および種構成に大きな影響を及ぼすため，河川生態系への影響も大きいと考えられる．しかし，このような生態影響の知見は少ない．

c. 底生動物への影響 河川に棲む底生動物も栄養塩濃度の影響を大きく受ける．河川環境管理財団のまとめによれば，日本全国の河川のカゲロウ，カワゲラ，トビケラの出現数は，NH_4-N 濃度で 1 mg/L を超えると急激に減少する(**図-1.13**)．

アンモニア態窒素濃度が高くなると，トンボ科，モノアラガイ科は出現しなくなる．一方，ミズムシ科，イトミミズ科は，ある程度の濃度(5 mg/L 程度)でも出現が可能である[35]．これらの出現傾向には水深や流速も関係するが，底生動物の生息に対してアンモニア態窒素濃度の影響が大きいことは確実である．

また，実験的にリン濃度を高めたことで，クロロフィル a (特に藍藻類)，底生昆虫の羽化した個体数，密度が増加した結果[36]は，栄養塩の増加が付着藻類を増加

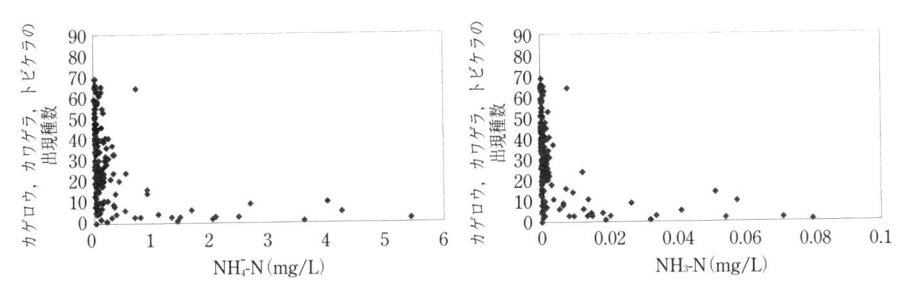

図 -1.13　日本の河川の NH_4-N，NH_3-N 濃度とカゲロウ，カワゲラ，トビケラ出現種数との関係（河川環境管理財団調べ）

させ，それが食物連鎖を通して底生動物に影響をもたらすことを示している．

d. 付着藻類の底生動物・魚類への影響　　河川において付着藻類の量が多ければ，それを餌とする底生動物も多く生息できるが，藻類量が藻食魚の生産に直接的な影響を及ぼすのは，出水後の限定された短期であるといわれている[37]．

しかし，付着藻類種が底生動物等に及ぼす影響は無視できない．例えば，中流域から下流域にかけて繁茂する糸状の緑藻等は高い現存量に比してあまり底生動物に利用されない[38]．

栄養塩濃度は，付着藻類を巡る底生動物の競争にも影響を与える．巻貝とトビケラ幼虫が共存する系に栄養塩を添加したところ，クロロフィル a が増加し，その後，巻貝の密度が高くなり，巻貝の捕食による付着藻類現存量，生産力の低下につながった[39]．

魚類への影響に関し，久慈川支流の清流を保つ山田川中流水域と生活排水の流入する源氏川下流水域においてオイカワの食性を比較したところ，山田川ではすべての個体が付着藻類，特に珪藻類を食し，源氏川下流域ではほとんどの個体が底生動物を食しており，著しい相違があることがわかった．両水域とも珪藻類が大半を占め，優占種(属)，現存量および季節変化とも大きな差異はない．底生動物は，源氏川下流で汚水性種類の現存量が多く，出現種が少ないのに対し，山田川中流では多様な種類が出現し，現存量で源氏川下流を凌いでいる．これらのことは水質が底生動物の出現に影響を及ぼし，食物連鎖の構造にも影響を及ぼすことを示唆している[40]．

サケ産卵区域の付着藻類，水生昆虫は，産卵回帰したサケの窒素，炭素を主要な起源としており，このような栄養塩循環も河川生態系においては重要である[41,42]．

(2) 発生源特定のための窒素安定同位体比の利用

a. 流入負荷管理の必要性 河川には流域から様々な物質が水とともに流れ込む．流域に降り注いだ降水は，森林，農耕地を潤し，地下浸透して地下水・渓流水を経て河川に至る．この間に水には，地殻起源のカルシウムやマグネシウム，ケイ酸等が溶け込む．これらの地殻起源の物質は，最近では牛乳よりも高く売られているミネラルウオーターの構成成分であり，水のおいしさを左右する重要な因子である．一方，流域での人間活動が活発な所では，肥料，農薬，人・家畜由来の汚水，洗剤，揮発性有機物，重金属等が入ってくる．産業廃棄物やゴミ処分場からの滲出物が社会問題になっている地域もある．工業地帯や都市域では，降水そのものに硫黄酸化物や窒素酸化物が溶け込んで酸性雨になり，陸上生態系に様々な影響を及ぼしている．

生物にとって必須栄養素である窒素に関しては，降水，土壌，肥料，畜産排泄物，人屎尿，家庭雑排水に由来する窒素が河川へ流入する．これらの流入した窒素は，河川水質に影響を及ぼし，またそこに生息する生物に利用されている．栄養塩負荷は，あるレベルまでは河川の生物生産力を高め，水生昆虫や魚類生産の増加に寄与し，プラスの効果をもたらす．しかし，過度の栄養塩負荷は，二次的に生産された有機物の分解に伴う溶存酸素の低下，溶存物質による白濁，底質の嫌気化に伴う悪臭の発生，生息種の変化・種数の低下を招く．また，窒素(硝酸態窒素)濃度が高すぎれば，飲用水として不適になるし，それがダムや湖沼，内湾等に流入すれば植物プランクトンの大増殖を引き起こし，アオコや赤潮の原因にもなる．河川水の窒素レベルを適切に保ち，下流域を含む河川生態系を健全な状態で維持管理していくうえで，流域の窒素の起源の特定は重要である．

b. 付着藻類の窒素安定同位体比を用いた解析 流域から河川に流入した様々な起源の窒素は，河川水中では混ざり合って，懸濁態，硝酸態，アンモニア態，溶存有機態等の窒素化合物として存在する．どのような起源の窒素であろうと，窒素分子あるいは窒素原子としての化学的性質は同じである．ところが，窒素原子には化学的性質は全く同じで質量数(中性子数)の異なる原子が存在する．質量数が14の原子(^{14}N)と15の原子(^{15}N)であり，それらは放射崩壊はしないので安定同位体と呼ばれている．地球表層では質量数が14の原子が99.64％と圧倒的に多いが，中性子が1つ多い質量数が15の原子もわずかに存在する．地球全体としては，両者の存在割合は一定であるが，植物や動物，あるいは肥料等の物質ごとにその存在比はわずかではあるが明らかに異なる．ごくわずかの違いなので，窒素の場合は大気中

の窒素を基準にしてそれよりも ^{15}N が多ければ(重ければ)プラス,少なければ(軽ければ)マイナスの符号をつけて千分率(‰, パーミル)で表す.

$$\text{窒素安定同位体比 } \delta^{15}N(‰) = (R_{試料}/R_{大気}) \times 1\,000$$

ここで,R:$^{15}N/^{14}N$ 比.

この表示方法で示した場合,例えば,化学肥料由来の窒素の $\delta^{15}N$ 値は $-3 \sim +3$ ‰の低い値を,人尿尿・畜産排泄物由来の $\delta^{15}N$ 値は $+10 \sim +20$ ‰の高い値を,降雨由来の $\delta^{15}N$ 値は $-15 \sim +8$ ‰の広い範囲を示すことが知られている[43].

河川での有機物生産者は付着藻類であり,付着藻類は河川水から窒素をはじめとする栄養塩類を直接吸収し,その生育期間は数週間にわたる.付着藻類の窒素安定同位体比はその間の河川水中の無機態窒素の同位体比を平均化したものになると考えられる.付着藻類の持つこのような特徴は,流域の窒素供給源と河川生態系内の窒素との結びつきを解明するうえで非常に優れた特質である[44].

c. 付着藻類の窒素安定同位体比の利用上の問題点,展望　付着藻類の生育期間は数週間であり,付着藻類の $\delta^{15}N$ 値はその間の河川水中窒素の $\delta^{15}N$ 値を平均化している.その点では,河川水中の窒素の $\delta^{15}N$ 値が瞬間値であるのに対し,付着藻類の $\delta^{15}N$ 値はある期間の平均値を表しているものと考えられる.河川水中の窒素の $\delta^{15}N$ 値が一時的な窒素流出等の影響を受けやすいのに対し,付着藻類の $\delta^{15}N$ 値はより長期的な窒素源の変化を反映しているものと考えられる.この点で,付着藻類の $\delta^{15}N$ 値は,流域の人間活動をより的確に反映しているものと考えられる.

McClelland ら[45]は,海洋沿岸域での窒素負荷と水生植物や浮遊藻類の $\delta^{15}N$ 値との関連を解析し,都市化に伴う下水負荷の増加により,それらの植物の $\delta^{15}N$ 値が上昇することを指摘した.しかし,水生植物の場合,水中だけでなく底質中からも栄養塩を吸収するため,その窒素同位体比の解釈は複雑になる.その点,付着藻類の栄養塩源は河川水のみであり単純な系を考えればよい.ただし,付着藻類の同位体比も,窒素源の $\delta^{15}N$ 値のほかに,栄養塩吸収・同化の際の同位体分別,照度・流速や種組成の影響を受ける[46].また,河川河床部では,脱窒が起きている可能性もある.脱窒の際には大きな同位体分別が起こり,残された硝酸態窒素の同位体比は上昇する.河川水中の窒素,あるいは付着物の窒素同位体比を解釈する際には,脱窒も念頭に置く必要がある.

河川付着藻類の安定同位体比の利用は,測定手法上のメリットもある.河川水中の溶存態窒素を測定する場合,通常は試料水を濃縮する必要がある[47].特に窒素濃度の低い河川水の場合は大量の試水の濃縮が必要である.それに対して,付着藻類

の場合は，藻類により既に濃縮済みであり，有機物燃焼装置を接続した質量分析計で測定する場合には，前処理は基本的には試料の乾燥だけということになる．

付着藻類の窒素安定同位体比は，流域からの窒素源と密接に関連している．土地利用や人口，家畜飼養頭数等の統計資料に加えて，付着藻類の窒素安定同位体比を測定することで，流域の窒素負荷源のより的確な特定が可能となろう．

1.3.3　粒状有機物(POM)

(1) 粒状有機物の重要性

平野部の自然状態にある河川では，種多様性の高い貴重な生態系が保持されている．これは，河川生態系の空間的多様性に加えて，様々な餌資源が河川内外より供給されるためである．したがって，生息条件の空間的と生物相の関係を明らかにしたり，河川生物相の種多様性やその分布を評価・保全するためには，その供給量や組成が変化する粒状有機物との対応関係を理解しておくことが重要となる．特に，増水時に懸濁態成分の濃度は急激に上昇するが，濁質としてだけでなく粒状有機物の輸送現象としても捉えられるため，流量変動が河川生態系に与える影響について，粒状有機物の動態や存在形態を含めて評価が必要となる．

したがって，本項では，河川における粒状有機物の起源や存在形態等について解説するとともに，河川水質や生態系との相互関係における粒状有機物の役割や重要性について説明する．

(2) 粒状有機物の分類および既存指標との関係

河川環境に存在する有機物は，その粒径により分類することができる．溶存態を定義するために使用されるろ紙の孔径(例として，メンブレンろ紙の孔径 $0.45\mu m$ やガラスろ紙の保持粒径 $0.7\mu m$ 等)を境として，粒径がそれ以上のものを粒状有機物(Particulate organic matter：POM)と呼び，動植物プランクトン，落葉や種子等の高等植物を起源とする物質等を含むことになる．また，都市域では下水処理水や工場排水中に由来する懸濁成分も POM に含まれることになる．そして，**図-1.14** に示すように，POM の粒径分布は非常に幅広いため，河川生態学ではさらに倒流木(Large woody debris：LWD)，粗大粒状有機物(Coarse particulate organic matter：CPOM，$> 1\,mm$)，微細粒状有機物(Fine particulate organic matter：FPOM，$0.45\mu m \sim 1\,mm$)に分類される．この分類方法は，有機物の化学的または

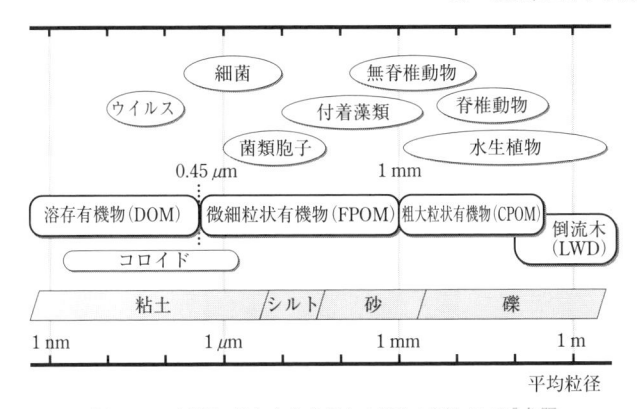

1.3 生態系に対する重要な水質因子

図-1.14 河川に存在する多様な有機物［文献 48,49）］参照

その起源に関する情報とは直接関連がないものの，有機物の粒径は，それを利用する生物にとって重要な要素なので，有機物と生物の相互作用を理解するための情報を提供するといえる．なお，このような POM の濃度や堆積量は，有機炭素濃度（もしくは量）や強熱減量により定量することができる．

また，河川に存在する有機物には，河川内で藻類や水生植物等により生産されたもの(内生)と，落葉やフミン質等のように河畔林や土壌より流入するもの(外生)があり，この有機物の起源に着目し分類されることもある．Degens[50] は，この2つの分類に加えて，農業や都市由来の有機物を第三の起源と考えている．**図-1.15** に

図-1.15 河川に存在する有機物とその起源

示したように，外生の有機物の起源は，河畔林，土壌，陸上動物等であり，内生の有機物は，藻類，水生植物，水生動物等を起源とする．このような考え方は，有機物のすべての画分に適用でき，河川だけでなく湖沼や海洋でも頻繁に使われ，着目する生態系が必要とする有機炭素源やエネルギー源が流域内のどこで生産されたものかを調べる時に有効となる．なお，外生の有機物は，内生の物質より通常長い分解過程を経ているため，難分解性であることが多い．

なお，既存の水質指標には，河川におけるPOMの存在量を示すものがある．例えば，揮発性懸濁物質(VSS)であるが，以下の議論を明確に進めるために，ここで簡単にVSSとPOMの関係，そして生物化学的酸素要求量(BOD)や全有機炭素(TOC)等の有機物指標との関係をまとめる．

まず，浮遊物質(SS)とは水中に懸濁している粒径2mm以下の不溶解性の粒子物質で，VSSはそのうち600℃で灰化した時に揮散する物質である[51,52]．この強熱減量分は，懸濁成分の有機物量の目安となり，POMの有機炭素量とVSSは強い相関関係を示す．なお，高濁度の河川のSS成分は，無機物が卓越しているが，そのような場合でもVSSは浮遊物質の有機炭素濃度と相関関係があると考えられる．したがって，河川水中に浮遊しているPOMのほとんどは粒径2mm以下であるため，VSSによりPOM濃度を評価することが可能である．ただし，SSやVSSが生活排水等の水質項目として採用された背景には，未処理の家庭雑排水や工場排水が河川へ流入することによる水質汚濁を防ぐという観点があり，河川生態系管理における視点とは異なる．

また，BODも河川水中の有機物濃度を示す指標であり，水質汚濁の監視や防止を目的に測定されている．この指標は，溶存態の有機物を含めて水中の有機物の中で5日間で微生物によって酸化分解されるに必要な溶存酸素量をもって間接的に有機物量を評価する指標である．したがって，河川の有機汚濁の程度を測る代表的な指標である．そのため，河川水中の溶存酸素(DO)の動態を理解するためにも重要な水質項目であり，DOとともに環境基準の生活環境項目として設定されている．POMとの関係では，未濾過の河川水のBODから，濾過した河川水のBOD(D-BOD)を差し引いたBODがPOMのうち生分解性成分量として扱われることもある．しかし，河川水中に存在しうる多くの自然由来の有機物は，長期間の分解過程を経ているため，5日間の培養に基づくBODは自然由来の有機物の定量には適切ではない．

一方で，TOCは，生分解性に関係なく，全有機物の濃度を炭素量として示す水

質項目である．したがって，粒状有機炭素と溶存有機炭素を POC と DOC とすると TOC = POC + DOC という関係にある．ただし通常，河川水中の TOC を測定する場合には，流量安定時に採水された試料を対象とするため，堆積性の有機物や流量が増加した時の有機物量は考慮されない．

以上より，増水時には大量の POM が輸送されること，また河床に堆積している POM には粒径が大きいものが比較的多いため，既存の水質測定項目では十分な生態学的評価が期待できない．よって，POM の生態学的役割を念頭に置いて河川をモニタリングする場合には，粒径も考慮に入れて CPOM と FPOM それぞれの強熱減量や有機炭素量を測定することが重要となる．

(3) 粗大粒状有機物と微細粒状有機物

a. 粗大粒状有機物　粗大粒状有機物(CPOM)の自然界における起源は主に植物であり，CPOM は落葉や果実等の陸上の植物体，水生植物，糸状藻類，水生動物等の内生の物質の混合物である．一般的に CPOM は，河川に流入した直後は溶解性成分を多く溶出し，その後，微生物や水生動物との相互作用(破砕や化学的分解)を通じてそのサイズや質を変化させる．そして，最終的には難分解性の分子構造を多く含む有機性の残留物へと変化する．

森林域を流れる上流域では，一次生産が抑制される条件下にあるため，陸上植物由来の落葉や小枝等の外生有機物の流入量が，河川内での一次生産量を凌ぐことが多い．流水中の CPOM の濃度を測定した事例は少ないが，森林域の小河川ではその有機炭素濃度で 0.02〜0.12 mg/L[53]，また温帯域の洪水氾濫原では洪水時の変動を含めて 0.001〜3 mg/L[54] であることが報告されている．また，降雨時には流域内の森林域や河原等からも POM が流入し，流量の増加に伴い河床堆積物の巻上げも生じるため，河川水中の有機物の存在量は季節と流況により大きく変化する．

CPOM の堆積は，河川内の倒流木や礫等の障害物や流速の低下により生じる．例えば，倒流木の上流側には落葉や小枝等が堆積することが多く，また流れが浅く大きな礫が多い瀬には局所的に CPOM が堆積することもある．また，淵やワンドでは流速の低下に伴い上流から流入する CPOM が多く堆積する．このように堆積している CPOM は，温帯域の洪水氾濫原の河道内では強熱減量で 1〜10 g/m^2 程度であることが報告されている[54]．

なお，主要な CPOM 成分である落葉は木質の CPOM に比べて分解速度が速く，微生物や水生動物の増殖への寄与が大きい．微生物は細胞外酵素により CPOM を

分解し，分解された有機成分を取り込む．また，水生動物(特にトビケラやカワゲラ等の破砕食者)は微生物が付着増殖したCPOMを好んで摂取する[55]．河川水中での分解過程における落葉の半減期は，一般に10〜1 000日程度であり，草本類は木本類よりも分解が速い傾向にある[56]．木本類の中で分解が速いのは，トネリコ属やミズキ属等の葉であり，一方，ポプラ属やコナラ属等の葉は，生物に分解されにくいことが知られている．

b．微細粒状有機物　微細粒状有機物(FPOM)は，浮遊性のPOMの約9割を占める画分であり，CPOM以上に多様な起源や組成を持つ有機物により構成される．それはFPOMの粒径が，例えば0.45μm〜1 mmと定義されているように，この分画はCPOMが破砕・分解されたものだけでなく，水生動物の消化管を通過した粒子やDOMの凝集によっても微細粒子が形成されるためである[57]．しかも，様々な分解段階を含むことが多く，易分解性と難分解性有機物の混合物ともいえる．

FPOMの有機炭素濃度は，温帯域の河川水中では0.05〜1 mg/Lであることが多い[58,59]．その中でも粒径100μm以下の粒子はPOMの大部分を占める．そして，CPOM同様にFPOMも流量の増加により2〜3桁の濃度変化を示し，その変動幅はDOMよりも大きい．一方，FPOMの堆積量はCPOMと同様に流れの影響を強く受け，流速が低下する淵やワンドまた倒流木により形成される堰に多く堆積する．増水前半に見られるFPOMの急激な増加は，このような河川内の堆積物が主な原因となる．

FPOMは，微生物と水生動物の重要な餌資源である．浮遊性のFPOMは，シマトビケラやブユ等の濾過食者に，また河床に堆積しているFPOMは，コカゲロウやユスリカ等の堆積物収集者に取り込まれる[60]．このようなFPOMと生物との相互作用に着目した研究は少ないが，FisherとGray[61]は米国アリゾナ州の小河川に堆積しているすべてのFPOMが2〜3日に1度の速度で，水生動物に摂取そして排出されることを推定している．ただし，CPOMに比べると，微生物によるFPOMの分解速度は一般的に非常に遅い．つまり，FPOMは比較的長い分解過程を経た有機物が多く含まれるため，その大部分がCPOMに比べると難分解性である．なお，100μm〜1 mmの粒径に着目すると，粒径が小さくなるほど重量当りのリグニン含量が減少するが，逆に多糖類や窒素・リン量含量が増加し，微生物現存量やその呼吸量が増加することが報告されている[62,63]．ここで解説したCPOMとFPOMにDOMや水生生物群集を加えて，水中や河床におけるそれらの関係を**図-1.16**に整理した．

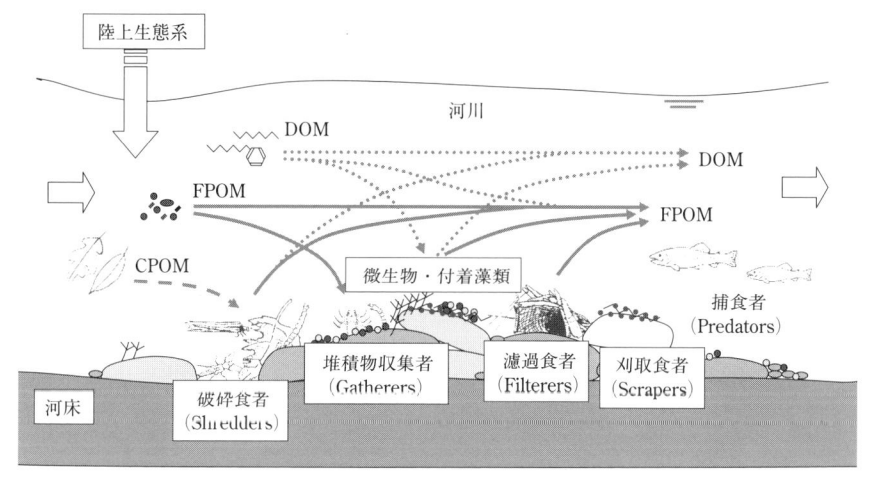

1.3 生態系に対する重要な水質因子

図-1.16 餌資源としての有機物と河床における水生生物群集との主な関係

(4) 粒状有機物と生態系との相互作用

　河川における流況・水理的条件により POM の存在状態は大きく変化する．その分布状態が利用可能な生物種の分布を決定することから，生物が利用可能な POM の存在状態と底生生物との関係を理解することは，水質と生態系の相互作用の一つとして重要となる．したがって，河川生物相の種多様性やその分布を評価・保全するためには，流量変動によりその存在状態や組成に影響を受けやすい POM について理解を深めることが必要である．

　流量や流速の変動過程は，瀬と淵の構造変化，砂河床の泥化，河床内の水生植物の発達，河口付近での砂州の発達，砂州での植物群落形成とリターの堆積現象等にも影響を与える．流況変化に依存しながら POM の存在量や組成が変化するとともに，多様な生息場が絶えず変化をしている．例えば，増水時に POM が消失した後，流量安定期に供給がなされ，多様な生息場が再生されることになる．したがって，流量変動前後において，河床堆積物や底質が形成される過程での POM の位置づけ，堆積物の質を決定づける因子としての POM の重要性を整理する必要がある．また，河川での POM の濃度は流量安定時には DOM より低いが，増水時には大幅に増加する．増水時に集中的に輸送される POM は，下流域生態系へ与える影響という観点からの評価も必要となる．

　図-1.17 に示すように，水生動物相の重要な餌資源となっている POM は，河川

1章　河川における生態系と水質の相互関係

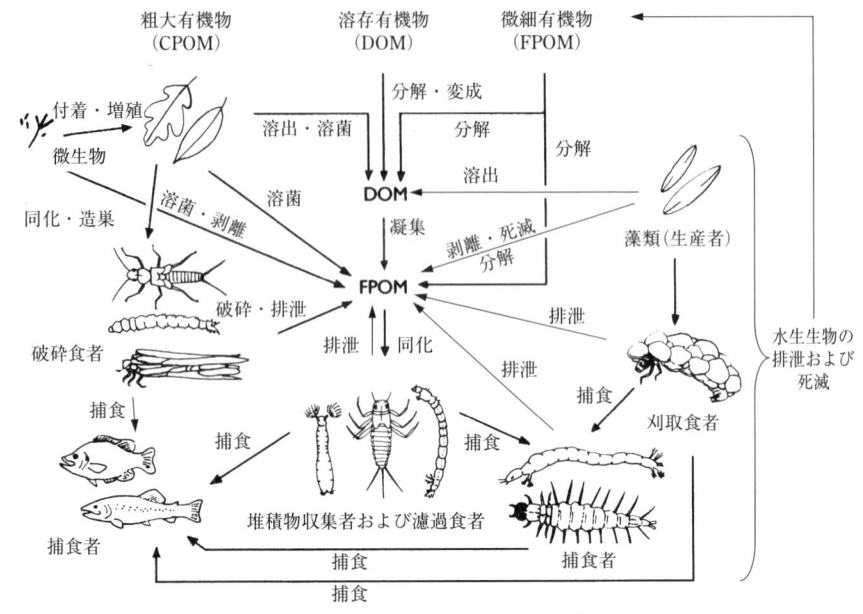

図-1.17　河川生態系における食物連鎖[48] 参照

生態系における食物連鎖の中で重要な位置づけにある．河畔林からの落葉，河床の付着藻類，底生動物により生産されるFPOM，これらの粒子表面に付着増殖する微生物群集自体も水生動物の栄養源になる．また，このような多様な有機物の存在が河川の高い種多様性を維持しているとも考えられる．例えば，破砕食者(Shredders)は河床のCPOMを餌とし，また濾過食者(Filterers)は浮遊性のFPOMを網により選択的に摂取する．さらに，このような有機物と微生物や水生動物の相互作用を考えると，生物学的作用により形成されるより小さな有機物が他の生物の餌資源となっており，有機物の粒径が変化する過程で繰り返し生物に利用されていることがわかる．この過程は，生態学的循環（スパイラリング）と呼ばれる[64,65]．なお，都市河川における有機物の動態は，取水堰でのCPOMの除去や下水処理水由来の易分解性有機物の流入等の影響も受けていると考えられる．

(5) 河川環境や生態系の管理との関わり

ここで，粒状有機物の動態に関連して河川環境や生態系の管理を行ううえでの重要な点をまとめる．

- 粒状有機物(POM)は，水生生物にとっての重要な餌資源であることから，河川環境や生態系の管理において大事な水質項目である．従来の河川水質測定項目にあるSSを測定した後，さらに強熱減量を測定することにより河川水中のPOM濃度をある程度評価することは可能である．しかし，2mm以上の落葉等も粗大有機物の供給量や河床等へのPOM堆積量も把握することが重要となる．
- 炭素と栄養塩の重要な供給源としての粒状有機物の起源とその動態を流況変化や増水時と結びつけて明らかにして，河川水質や河川環境，さらには生態系の管理へと進める学術研究や順応的管理の知見を蓄積することが求められる．
- POMを水質の一要素と考えると，懸濁態成分は増水時の短時間に集中的に輸送されるため，POMとそれに伴う栄養塩や有害物質が下流域生態系(湖沼，汽水域，沿岸域)へ与える影響という観点からの評価も重要である．
- 河川生態系の開放性や変動性，速い物質循環速度等を考慮すると，平均的な水質だけでなく流量変動に対応した水質や底質の変化を適切に評価することが生態系と水質の関係を理解するうえで重要である．それによりPOMの存在量やその状態を意識して生物相の保全を検討することが可能となる．

1.3.4 毒性物質，農薬

(1) 毒性物質の種類

　毒性物質と一口に言っても，アンモニア等の単純な化学物質から，重金属，農薬，有機塩素化合物，内分泌攪乱化学物質まで，多様な物質，多様な分類の切り口がある．『水生生物の保全に係る水質目標について』[66]では，国内外の法律に基づく規制対象物質と専門家の意見を合わせた787物質を有害性の考えられる物質として選定し，そのうち製造，生産，使用，輸入量の多い物質，水環境中において検出されている物質を曝露可能性の高い物質として332物質に絞り込んだ．さらに，①水環境中濃度が安全性を考慮した主要魚介類の急性毒性・慢性毒性試験の毒性最小値を上回る物質(41物質)，②安全性を考慮した主要魚介類の急性毒性・慢性毒性試験の毒性最小値が環境基準値，要監視項目指針値未満の物質(29物質)，③PRTR法の第一種指定化学物質のうち，生態毒性クラスが1または2の物質で，平成10年度のPRTRパイロット事業で環境排出量の多い物質(30物質)，④専門家の意見により検討が必要と考えられる物質(16物質)，以上の計81物質を優先的に検討すべき物質として選定した．これらの物質には，接着剤，塗料，染料，染料中間物，顔料

原料，防腐剤，殺虫剤，防虫剤，殺菌剤，除草剤，溶剤，消毒剤，有機合成原料，医療品合成原料，樹脂原料，繊維原料，プラスチック可塑剤，ゴム添加剤，合金，合金の硬さ増加剤，電池材料，界面活性剤等が含まれており，多様な物質が水生生物に影響を与えているおそれがあることがわかる．

(2) 毒性の発現形態

化学物質の生物に対する投与量と生物による反応との間には，一般に図-1.18のような関係が存在する．このように，死亡や中毒等の明らかな形で表れる毒性を一般毒性と呼ぶ．

水生生物の場合には，横軸に水中の化学物質の濃度をとり，半数致死用量LD_{50}の代わりに半数致死濃度LC_{50}と表す．曝露時間についても，水生生物では急性(3〜96時間)，亜急性(4〜21日間)，慢性(〜生涯)と区分することが多いようである．

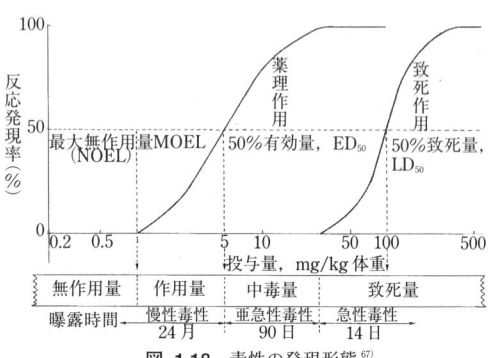

図-1.18 毒性の発現形態[67]

一方，皮膚や粘膜に炎症を引き起こす「刺激性」，免疫機能を抑制したりアレルギー反応を亢進させたりする「免疫毒性」，ガンの原因となる「発ガン性」，遺伝子または染色体の異常を起こす「変異原性」，胎児に奇形を起こす「催奇性」，動物の繁殖に影響する「繁殖毒性」，体内に摂取後に光が当たることで皮膚に影響が現れる「光毒性」等一般毒性以外にも様々な毒性の発現形態があり，これらを特殊毒性と呼ぶ．一般毒性では，普通，毒性が発現するための閾値があると考え，これを無影響量(No Observed Effect Level：NOEL)と呼ぶが，発ガン性や変異原性の視点では，無影響量はないと考えられている．

(3) 毒性の試験方法

化学物質の毒性については，60年代半ばのPCBによる環境汚染問題を契機として，1973年に『化学物質審査規制法』が制定され，難分解性，高蓄積性，長期毒性を有するかどうかを審査し，規制する制度が設けられた．1986年には，トリクロロエチレン等を念頭に，高蓄積性を欠く等それ以前には対象とならなかった化学物

質についてもその特性に応じた規制が導入された．2003年の改正では，生態系保全に関する国際的な世論の高まりを背景に，それまでの人の健康の保護と並んで，環境中の生物への影響(生態毒性)が審査項目に追加されるに至った．

　毒性の試験方法は，対象とする毒性の発現形態に応じて多数存在しており，OECDテストガイドラインとして統一的な方法も定められている．生態毒性の評価の方法としては，『化学物質審査規制法』では，藻類生長阻害試験，ミジンコ急性遊泳阻害試験，魚類急性毒性試験がスクリーニング試験としてあげられている．毒性試験のエンドポイントとしては，先述のLC_{50}のほか，一定期間内に供試生物の生長，遊泳，繁殖等を50％減少させる化学物質濃度EC_{50}，曝露期間中に，対照区と比較して，被験物質が供試生物の繁殖等に統計的に有意な影響を与える最低の試験濃度LOEC，LOECより一段階下の試験濃度で，対照区と比較した時曝露期間中に統計的に有意な影響を与えない最高の試験濃度NOEC，等がある．

(4) 水生生物への影響に配慮した水質目標の現状

　諸外国における水生生物への影響に配慮した水質目標の設定は，米国では1976年，カナダでは1987年，英国では1989年より開始され，既に全体で100を超える化学物質に対して目標値が定められている．ドイツ，フランス，オーストラリア等でも同様である．

　一方，我が国では，これまで人の健康の保護や有機汚濁および栄養塩類による富栄養化防止の観点からの規制に施策の重点が置かれてきたため，水生生物の保全の観点からの化学物質汚染に係る水質目標は最近まで設定されてこなかった．1993年1月の中央環境審議会答申『水質汚濁に係る人の健康の保護に関する環境基準の項目追加等について』において，「水生生物や生態系への影響についての考慮も重要であり，化学物質による水生生物等への影響の防止といった新たな観点からの環境基準の設定の考え方は，我が国においても早急に検討していく必要がある」と指摘されていたものの，ほぼ10年を経た2002年8月，環境省水生生物保全水質検討会より『水生生物の保全に係る水質目標について』報告書が提出され，目標値設定作業の枠組みと，優先して検討すべき81物質が提示された．2002年暮れからの中央環境審議会水生生物保全環境基準専門委員会における審議を経て，2003年6月に亜鉛，ホルムアルデヒド，フェノール，クロロホルム，アニリン，カドミウム，2,4-ジクロロフェノール，ナフタレンの8物質についての水質目標値(表-1.2)が導出され，そのうち亜鉛については2003年11月より水質目標値が環境基準として設定さ

表-1.2 『水生生物の保全に係る水質環境基準の設定について』(第一次報告)で導出された検討対象物質の水質目標値(淡水域のみ抽出)

物質名	区分	目標値(μg/L)
全亜鉛	A：イワナ・サケマス域	30
	B：コイ・フナ域	30
	A-S：イワナ・サケマス特別域	30
	B-S：コイ・フナ特別域	30
アニリン	A：イワナ・サケマス域	20
	B：コイ・フナ域	20
	A-S：イワナ・サケマス特別域	20
	B-S：コイ・フナ域特別	20
カドミウム	A：イワナ・サケマス域	0.1
	B：コイ・フナ域	0.2
	A-S：イワナ・サケマス特別域	0.03
	B-S：コイ・フナ特別域	0.2
クロロホルム	A：イワナ・サケマス域	700
	B：コイ・フナ域	3 000
	A-S：イワナ・サケマス特別域	6
	B-S：コイ・フナ特別域	3 000
2,4-ジクロロフェノール	A：イワナ・サケマス域	30
	B：コイ・フナ域	800
	A-S：イワナ・サケマス特別域	3
	B-S：コイ・フナ特別域	20
ナフタレン	A：イワナ・サケマス域	20
	B：コイ・フナ域	300
	A-S：イワナ・サケマス特別域	20
	B-S：コイ・フナ特別域	300
フェノール	A：イワナ・サケマス域	50
	B：コイ・フナ域	80
	A-S：イワナ・サケマス特別域	10
	B-S：コイ・フナ特別域	10
ホルムアルデヒド	A：イワナ・サケマス域	1 000
	B：コイ・フナ域	1 000
	A-S：イワナ・サケマス特別域	1 000
	B-S：コイ・フナ特別域	1 000

れた．

(5) 生物群集に及ぼす毒性物質の複合影響

以上述べてきたように，環境中の個々の毒性物質を監視し，管理する仕組みは，

我が国においても次第に整いつつある．しかし，理念としては生態系への影響を防ぐことを意識しているものの，これまで述べてきた個々の化学物質の毒性や目標値を定める方法では，実質的には単一の毒性物質が単一あるいはごく少数の生物種に対して作用する状況に対応しているにすぎない点に注意すべきである[68]．

今では様々な人工の化学物質が作られ，意図的・非意図的に環境中に放出されている．したがって，野外の環境中の生物は複数の人工化学物質に同時にさらされている．ある化学物質が他の化学物質とともに存在することで生じる生物への毒性影響は，化学物質の組合せによって相加的になったり，相乗的あるいは拮抗的になったりすることが知られている．このような化学物質の複合影響を解明することが有害化学物質の生態系影響を評価するうえで重要な課題となっている．

また，生態毒性試験が実験室内のよくコントロールされた好環境下で行われているということも，試験結果を野外に生息する生物に適応する際に問題と考えられる．なぜなら，野外の生物は，毒性物質汚染等の人為的な環境ストレスだけでなく，餌不足，高温，低温，溶存酸素不足等の自然の環境ストレスにもさらされている．生物達がこれら自然の環境ストレスを受けている状況で毒性物質にさらされることになれば，室内での毒性試験の結果から推定された毒性影響よりももっと強い影響を受ける可能性が考えられる．

これらのことから，野外に生息する生物がそこの環境を汚染する毒性物質によって被っている影響を評価するためには，これまで行われているような，多種多様な化学物質のそれぞれに基準値を設定し，その濃度をモニタリングするだけでは不十分である．濃縮環境水を用いたバイオアッセイ等の包括的な慢性毒性のスクリーニング手法を用いて，頻度高く，また多数の地点での毒性発現の有無を調査する必要がある．また，それと同時に，種々の生物の生息状況やそれらの生物がさらされている環境条件を測定し，それらの条件下での毒性影響を評価していくことが必要である．

(6) 生物群集に及ぼす毒性物質の生物間相互作用を介した影響

自然界には多種多様な生物が生息しており，彼らの毒性物質に対する感受性は種によって大きく異なる（**表-1.3**）．

すると，環境が毒性物質によって汚染された場合，一部の感受性の高い生物種だけが毒性影響を受けることが容易に予想される．一方で，一部の毒性物質は餌を介して生物体内に取り込まれ，食物連鎖を通して高次の栄養段階の生物に濃縮される

表-1.3 種々の毒性物質に対する種々の水生生物の反応［文献69）より作成］

	急性毒性(48時間, LC_{50})(ppm)						
	淡水生物			海水生物			
	コイ	ヒメダカ	ミジンコ	ハマチ	イシガニ	アサリ	クルマエビ
殺虫剤							
有機リン系							
ダイアジノン	1.8～8.4	5.3	0.00041	0.081(24)	0.026	1.3(96)	0.062
ディプテレックス	10～40	0.1～2.5	0.75(3)	0.23(24)	0.12		
マラソン	19～23	0.75～1.0	0.0008		0.078	7.2(96)	
スミチオン	2.8～8.2	2.1～7.0	0.00082	2.1(24)	0.021	5.6	0.0007～3
パプチオン	1.2～5.5	0.17	0.00017	0.0045(24)		2.3	
カーバメート系							
バッサ	1.6～3.0	1.0～1.7	0.02～0.32(3)	0.42(24)		6.1(96)	
メオバール	10～40	7.5	0.03	2.5(24)	0.032	3.8	
ツマサイド	10～40	27	0.073		0.056	4.6	
NAC	2.5～13	2.8～10	0.052	0.42(24)	0.028	0.82(96)	
有機塩素系							
アルドリン	0.12～0.55	0.081	1.8～23(3)			0.51(96)	
ディルドリン	0.018～0.32	0.035	7.3(3)			1.4(96)	
BHC	0.17～1.3	0.12～0.17	1～40(3)			0.81(96)	
殺菌剤							
キタジンP	6.7～40	3.7～7.2	0.013	3.5(24)	0.2		15
マンセブ	4.0	2.1	＞100(3)	0.23(24)			
除草剤							
ベンチオカーブ	1.5～2.8	1.6～4.4	0.75(3)	2.4(24)			1.1
CNP	10～40	＞40	＞40(3)	＜10		2.8	
トリフルラリン	0.65～1.0	0.43～1.1	＞40(3)			3.9	

＊ （ ）内の数字は処理時間．

ようになる(図-1.19)．その結果，高濃度の毒性物質を蓄積した生物で毒性影響が発現することになる．これも生態系の中の一部の生物だけが毒性物質の直接的な影響を受ける要因となる．しかし，生物群集に及ぼす毒性物質の影響はそれだけではない．

自然界に生息する多種多様な生物は，皆，他の生物と生物間相互作用(競争関係や，食う-食われる関係等)を介して関わり合っている．そのため，一部の生物種個体群が環境を汚染する化学物質の毒性影響(直接影響)を受けて変化すると，その生物種と関わりを持っている他の生物種個体群も変化することになる．この変化は，生物間相互作用を介した化学物質の間接影響ということができる．毒性物質の影響

1.3 生態系に対する重要な水質因子

クリヤ湖における DDD の食物連鎖による水生生物への濃縮

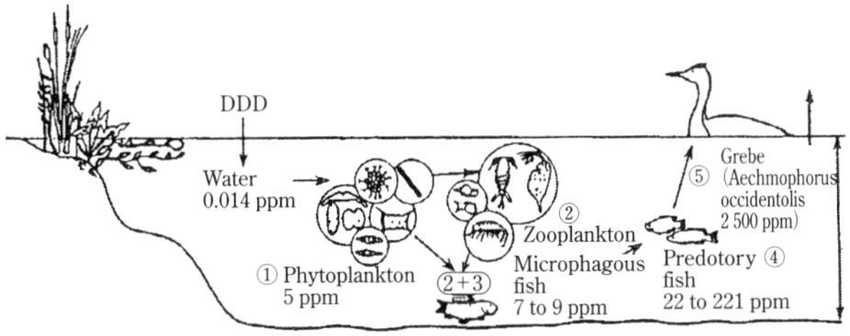

クリヤ湖の食物連鎖の各栄養段階の水中生物中の DDD 濃度と生物濃縮

要素または水生生物	栄養段階	DDD 濃度(ppm)	BCF
水	0	0.014	
植物プランクトン	1	5	360
プランクトン食性魚類	2 & 3	7～9	500～640
捕食性魚類	3 & 4		
Micropterus salmoides		22～25	1 570～1 790
Ameirus catus		22～221	1 570～15 790
魚食性鳥類（カイツブリ）	5	2 500(脂肪中)	178 500

図-1.19 食物連鎖による生物濃縮の例（Hunt and Bischoff, 1960）

は，この間接影響によって生態系の中の思わぬ生物群に及ぶおそれがある．そのため，この間接影響を理解することは毒性物質の生物群集，ひいては生態系への影響評価を行ううえできわめて重要である．しかし，この評価はこれまで生態影響試験と称して行われてきた単一種を用いた毒性試験では不可能である．したがって，この間接影響を解明するための研究の進展が強く望まれている．

(7) アンモニア

a. アンモニアの毒性と生物種との関連　　非イオン化アンモニアは，血中のヘモグロビンと酸素の結合を阻害する作用があり，酸素欠乏の原因となる．半数致死濃度は，数百 μg-NH_3/L～数 mg-NH_3/L の範囲にあり，サケ科の魚類は敏感であり，無脊椎動物はやや感受性が低い[70]．水生昆虫は，魚に比べ鈍感である[71]が，淡水イガイ(Unionidae)は，より低い濃度でも影響を受ける可能性がある[72]．

下水処理水放流先の調査において非イオン化アンモニアと底生動物の関係は，イオン化アンモニアとの関係より明確で，イトミミズ科(Tubificidae)，ユスリカ科(Chironomidae)等は高濃度でも出現したが，トンボ科(Odonata)やシマトビケラ科(Hydropsychidae)，コカゲロウ科(Baetidae)等は一定の濃度(非イオン化アンモニ

ア濃度として 0.02 mg-NH$_3$/L 程度)で出現しなかった[73].

　甲殻類 *Gammarus pulex* と *Asellus aquaticus* を用いて低酸素と非イオン化アンモニアへの短期曝露の影響を調査した例では，後者で低酸素に 5 倍，非イオン化アンモニアに 2 倍耐性が大きかった．この差は，換気速度と血液の特性の差によって生まれる[74].

　水中でなく河川堆積物中のアンモニア濃度が底生動物に対して毒性として働くことを明らかにした研究も多く，ミジンコ *Ceriodaphnia dubia* は，間隙水中のアンモニア態窒素で 20 mg-NH$_4^+$-N/L 以上になると，再生産できないという結果が得られている[75].

b. アンモニアの毒性に及ぼす水質との関連　　アンモニアは，他の水質成分と複合的に生物に作用することが知られている．

　塩分の影響に関しては，ボラ *Mugil platanus* の稚魚を用いた毒性試験の結果，非イオン化アンモニアの毒性は淡水の方が高まり，安全濃度は急性毒性(LC$_{50}$) 0.08 mg-NH$_3$-N/L，慢性毒性 0.04 mg-NH$_3$-N/L であった[76].

　また，化学物質との複合作用も重要であり，カゲロウ *Baetis rhodani* の幼生に対する LC$_{50}$ は，非イオン化アンモニアで 8.2 mg-NH$_3$/L であり，フェノールと相乗的な作用をもたらすこと[77]，アンモニア(NOEC が 0.024 mg-NH$_3$/L)あるいは LAS が単独では影響しない濃度レベルで共存することにより，ニジマスの稚魚への慢性的な影響が甚大になることなどが明らかになっている[78].

　一方，排水処理水の流入する河川水のファットヘッドミノー *Pimephales promelas* による毒性試験の結果，アンモニアと残留塩素濃度，DO の相互作用が認められ，アンモニアの毒性に対してはこれらの影響も考慮した管理が必要であることを示唆している[79].

c. アンモニア濃度の現状　　公共用水域の河川水質データから考えると，河川水中のアンモニア濃度は，水生生物に影響を与える可能性があるレベルにある．0.02 mg-NH$_3$/L を評価指針値とすると，都市河川レベルでは有害なレベルにあると評価される所もある．例えば，野川(多摩川合流点)，隅田川(小台橋)では有害なレベルにある[70].

　日本の河川の全窒素濃度，アンモニア態窒素濃度は**図-1.20** のように分布しているが，これを非イオン化アンモニア濃度で整理すると，**表-1.4** のように米国のアンモニアのガイドライン[80]を超過する地点が幾つか見られる．

d. アンモニアの規制動向　　水生生物が正常に生息するには，少なくとも 0.02

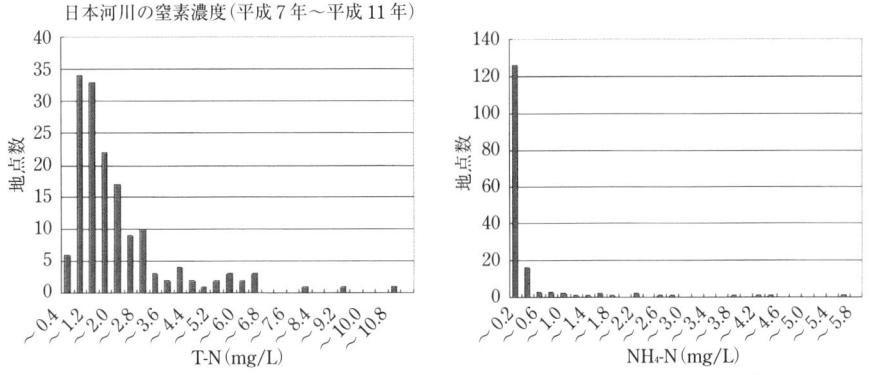

1.3 生態系に対する重要な水質因子

図-1.20 日本の河川の窒素濃度(平成7年～平成11年,河川環境管理財団調べ)

表-1.4 日本におけるUSEPAのアンモニアガイドラインを超過する地点

年度(平成)	地方	水系	地点名	温度(℃)	pH	NH_4-N(mg/L)	USEPAガイドライン* (mg-N/L)
10	近畿	大和川	遠里水野橋	20.2	7.5	5.44	2.99
11	関東	鶴見川	亀の子橋	20.0	7.4	4.26	3.29
11	四国	重信川	出会橋	18.6	7.6	4.00	3.01
14	東北	貞山運河	貞山橋	26.2	7.6	2.30	1.86

* 淡水のアンモニア基準：全アンモニア窒素の30日間平均濃度(稚仔魚が存在する場合)

mg-NH_3/L以下を維持することが望ましい．米国では水生生物の保護を目的にpH 6.5～9.0までの0.1刻み，水温0℃および14～30℃までの2℃刻みにおいて全アンモニア(イオン化+非イオン化アンモニア)濃度が6.67～0.179 mg-total ammonia nitrogen/Lでガイドラインを設定している[80]．

これは非イオン化アンモニア濃度として0.002～0.097 mg-NH_3/Lとなり，0.02 mg-NH_3/LはpH 7，水温20℃の場合に相当する．特徴としては，サケ科魚類の存在する河川で規制が厳しいことがあげられる．

カナダでも米国と同様に値が定められている．英国やオランダも全アンモニアの目標値が示されており，米国のガイドラインと比べても同等以上の指針が出されている(表-1.5)．

今後，我が国でもアンモニアに関する検討は重要であると思われる．

(8) 農薬の使用実態と水系への影響

a. 我が国における農薬の使用実態 法律(農薬取締法)でいう農薬には，殺虫剤，

1章 河川における生態系と水質の相互関係

表-1.5 諸外国のアンモニアに関する水質基準

国 名	アンモニアに関する環境基準	出典
カナダ	水生生物環境基準　淡水で 0.019 mg-NH$_3$/L	Canadian Environmental Quality Guideline http://www.ec.gc.ca/ceqg-rcqe/English/ceqg/default.cfm
EU	指針値　0.04 mg-NH$_4$/L(0.005 mg-NH$_3$/L) （コイ科：0.2 mg-NH$_4$/L） 最大許容値　1.0 mg-NH$_4$/L(0.025 mg-NH$_3$/L)	Directive 78/659/EEC Nutrienta in European Ecosystem, European Environmetbal Agency http://www.reports.eea.eu.int/ENVIASSRPO1/en/enviassrp04.pdf

殺菌剤，除草剤で代表される外敵防除の薬剤のほか，作物の生長，開花等を制御する成長調整剤が含まれる．図-1.21 は，このうち殺虫剤について過去から現在までの我が国の主要農薬原体生産量の経年変化を見たものである．有機塩素系殺虫剤のDDT，BHC 等の過去に代表的であった殺虫剤は，その残留性の問題が指摘され，1969 年に生産中止となっている．その代わりに低毒性の有機リン剤である MEP（フェニトロチオン）等の使用が一般的になった経緯がある．

我が国における平成14年農業年度（平成13年10月～平成14年9月）の農薬生産額は3 951億円，出荷額は3 616億円である[81]．生産額と出荷額の差は農薬について輸出入があるからで，平成14年農業年度の輸出額は801億円，輸入額は549億円であり，（農薬生産額）＋（輸入額）＝（出荷額）＋（輸出額）の関係がほぼ成立する．

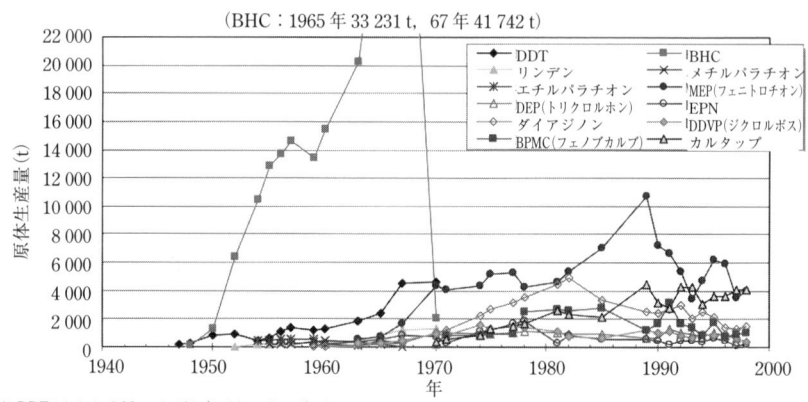

※ DDT：1, 1, 1-trichloro-2, 2-bis (4-chlorophenyl) ethane
BHC：ベンゼンヘキサクロライド
EPN：エチルパラニトロフェニルチオノベンゼンホスホネート

図-1.21 殺虫剤に関する主要農薬原体生産量の経年変化［文献81］の主要原体生産実績表より作成］

1.3 生態系に対する重要な水質因子

すなわち，出荷額には輸出額が含まれず，出荷額に相当する農薬が1年間に日本国内で使用されたこととなる．この農薬出荷額を外国のそれと比較したのが**表-1.6**である．統計データは少し前のものになるが，我が国は米国に次いで農薬の出荷額が高い国となっている．

図-1.22は，農薬原体の最近の使用量の推移を除草剤を例に示したものである．この20年間においても，農薬原体の種類によって，新たに使われ始めたもの，使用量が大きく減少したもの等多様であることがうかがわれる．そして，使用量の総量としては減少している．この傾向は，殺虫剤，殺菌剤でも同様である．

表-1.6 主な農業国における農薬出荷額比率 [82]

順位	国名	比率(%)
1	米国	27.7
2	日本	16.4
3	フランス	7.6
4	ブラジル	4.4
5	ドイツ	3.3
6	イタリア	3.3
7	カナダ	2.9
8	韓国	2.9
9	中国	2.8
	その他	28.7

＊ 1993年総出荷額は26 544億円．

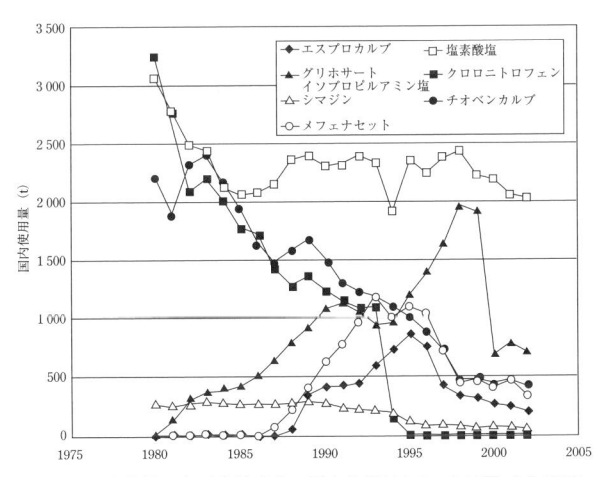

図-1.22 除草剤の主要有効成分の国内使用量（データは**表-8.5**参照）

b. 農薬の水生生物への影響：登録保留要件および安全使用基準ならびに新たな登録保留基準 昭和30年代，エンドリン，ディルドリン等の有機塩素系殺虫剤，PCP除草剤（ペンタクロロフェノール）により水生生物の大量斃死問題が起き，農薬による水質汚濁が社会問題として取り上げられるようになった．昭和38年，『農薬取締法』の一部改正が行われ，すべての農薬は登録に際し，水生生物に対する毒性を一律に検査することとなり，魚類への毒性の高い農薬の水田使用は禁止された．

また，昭和40年にはコイを用いる魚類毒性の標準試験法が定められ，農薬は水生生物への毒性に応じてA，B，Cに分類されることとなった．昭和46年の『農薬取締法』の大幅改正に伴い，PCP除草剤等は水質汚濁性農薬として指定され，許可なしには使用できないこととなった．同様に毒性の比較的高いB類($0.5\ \text{ppm} < \text{LC}_{50} \leqq 10\ \text{ppm}$)，高いC類($\text{LC}_{50} \leqq 0.5\ \text{ppm}$)および指定農薬については，必ず製剤容器ごとのラベル表示が義務づけられ，一層の安全使用の注意が喚起された．

登録保留要件については，農薬の残留性と並んで，水産動植物に対する毒性が基準を超える場合(コイ $\text{LC}_{50} \leqq 0.1\ \text{ppm}$)，登録が保留される．もう一つは水質汚濁に関する要件で，水田における水中の平均濃度か水質環境基準の10倍を超える場合，保留されることとなる．

また，農薬の安全かつ適正な使用を確保するという意味から，必要がある場合は各農薬について安全使用基準を定め，これを公表するものとされている．この範疇で水質汚濁の防止に関する安全使用基準が2000年9月現在4農薬に設定されている(シマジン，1,3-ジクロロペロペン，チウラム，チオベンカルブ)．同じく水産動物の被害の防止という観点から49農薬に安全使用基準が設定されている．

以上がごく最近までの農薬の水生生物への影響に関する使用規制の概要であるが，現在，新規の生態影響試験法を適用した新たな登録保留基準が定められている．農薬の水生生物への影響については，世界的な課題ともなっており，OECDでは魚以外にも，藻類，ミジンコ等の試験生物による生態影響試験法を整備してきている．これをOECDテストガイドラインという．我が国においてても，環境省に設置された農薬生態影響評価検討会は，2002年水産動植物とその餌生物の代表である魚類，甲殻類(ミジンコ)，藻類への毒性測定を求めた[83]．これを受けて2003年に『農薬取締法』が改正され，これら3種の生物に対する毒性値を勘案して，農薬の登録が保留されることとなった．公共用水域中での当該農薬の環境中予測濃度(PEC)と，藻類，甲殻類および魚類の代表種の急性毒性試験から得られる急性影響濃度(AEC)とを比較することによりリスク評価が行われる．そして農薬の成分ごとのAECが登録保留基準となる．こうした新しい生態影響試験法ならびにリスク評価に基づく改正法の施行により，水生生物に対する影響を最小限とする農薬原体の開発あるいは使用現場での適切な農薬散布の実施が望まれている．

c．河川における農薬のモニタリング　河川中の農薬成分濃度影響については，これまでもゴルフ場使用農薬問題の顕在化(1989年)，環境基準への農薬項目の追加(1993年)，ならびに水道水質基準の改正(2003年)等により検討調査が行われて

きた．現在，公共用水域の農薬濃度の測定については，環境基準項目および要監視項目に位置づけられている項目について，環境基準点を基本に測定が継続されてきている．平成14年度の調査実績では公共用水域69地点，ゴルフ場関連地点(排水口等)81地点，計150地点で，総検体数4877であった．これらの地点でもすべての地点で指針値を満足していたと報告されている[84]．このような状況が近年の実態であるので，公共用水域の測定データから，各農薬成分の濃度範囲を議論することは実質的にできない．

『水道統計』[85]には，水道原水中の飲料水水質基準の各項目の基準値達成状況および検出濃度状況が報告されている．平成12年度の統計によれば，農薬で基準値が設けられていた1,3-ジクロロプロペン，シマジン，チウラム，チオベンカルブの4項目についてのデータが示されている．約5000箇所の浄水場に対して，基準値を上回ったのは，1,3-ジクロロプロペンの項目で1箇所であった．また，基準値の10分の1の濃度までで検出された農薬の項目，浄水場数は，1,3-ジクロロプロペンで3，シマジンで2，チウラムで2，チオベンカルブで1であった．このように限られた情報であるが，河川水の農薬濃度について『水道統計』より得ることができる．

また，こうした統計資料以外にも，公共用水域，農業用排水路，田面水に関して農薬濃度を計測した文献が幾つか見つかる．さらに農薬の水系における動態に関して試験田やライシメータを用いた研究結果が見られる．これらの文献からは，水系への農薬の流出に関しては，総じて稲作の水田からの負荷が卓越すること，水田農薬の流出は田植えの時期や降雨の期間と一致すること，農薬の水溶性が使用量より流出に大きな影響を与えること等が明らかになっている．こうした農薬の水系における動態の特性を勘案し，農薬流出の影響を極力少なくする農薬の選択，施用，田面水管理が必要である．

河川については，以上の農薬の使用実態，水系における動態を勘案して，水生生物に対する影響という観点から，より適切な方法でモニタリングを継続することが必要である．また，河川流域で使用される農薬の種類，量についてデータベースを構築し，使用実態をより正確に把握していくといった方法による監視も求められている．

(9) 内分泌攪乱化学物質

a. 内分泌攪乱化学物質の研究経過　　1996年に『Our Stolen Future(邦題：奪われし未来)』が刊行されて以来，内分泌攪乱化学物質(いわゆる環境ホルモン)に世界中

1章 河川における生態系と水質の相互関係

表-1.7 野生生物への

生物	場所	影響	
貝類	イボニシ	日本の海岸	雄性化，個体数の減少
魚類	ニジマス	英国の河川	雌性化，個体数の減少
	ローチ（鯉の一種）	英国の河川	雌雄同体化
	サケ	米国の五大湖	甲状腺過形成，個体数減少
爬虫類	ワニ	米フロリダ州の湖	オスのペニスの矮小化，卵の孵化率低下，個体数減少
鳥類	カモメ	米国の五大湖	雌性化，甲状腺の腫瘍
	メリケンアジサシ	米国ミシガン湖	卵の孵化の率低下
哺乳類	アザラシ	オランダ	個体数の減少，免疫機能の低下
	シロイルカ	カナダ	個体数の減少，免疫機能の低下
	ピューマ	米国	精巣停留，精子数減少
	ヒツジ	オーストラリア（1940年代）	死産の多発，奇形の発生

出典：外因性内分泌攪乱化学物質問題に関する研究班中間報告書
　　　若林明子：化学物質と生態毒性

の注目が集まった．内分泌攪乱化学物質は，ごく微量でも人や野生生物の内分泌作用を攪乱し，生殖機能阻害や悪性腫瘍等を引き起こすおそれがあるとされ，実際に内外で水生生物を中心として雄の雌化，あるいはその逆の事例が報告されたことから，一般市民にまで恐怖感が広がった．報告された事例を表-1.7に示す．このため，「内分泌攪乱化学物質は，子供の健康へのさしせまった脅威である」（第5回環境大臣会合，1997.5）という認識のもと，各国で緊急対策が開始された．我が国でも，1998年5月には環境庁により内分泌攪乱化学物質問題についての対応方針がとりまとめられ，その判断根拠となる科学的知見の概要が「環境ホルモン戦略計画SPEED'98」[86]として発表された．SPEED'98では，優先して調査研究を進めていく必要性の高い物質群として化学物質67物質がリストアップされ，2000年11月には見直しを受けて65物質を対象として調査研究が進められた．

b. 内分泌攪乱化学物質の現況　　表-1.7にSPEED'98における環境実態調査・影響実態調査の実施状況を，表-1.8に2005年3月時点で魚類に対して評価が実施された28物質とその結果，また河川水質調査，河川底質調査での検出状況を併せて示す．表には示されていないが，本物の女性ホルモンであるエストロンが河川水117箇所中16箇所，底質13箇所中6箇所，17β-エストラジオールが河川水117箇所中1箇所，底質13箇所中1箇所で検出されていることにも注意しておかなくてはならない．

1.3 生態系に対する重要な水質因子

影響に関する報告[86]

推定される原因物質	報告した研究者等
有機スズ化合物	Horiguchi et al.（1994）
ノニルフェノール，人畜由来女性ホルモン　＊断定されず	英国環境庁（1995，1996）
ノニルフェノール，人畜由来女性ホルモン　＊断定されず	英国環境庁（1995，1996）
不明	Leatherland（1992）
湖内に流入したDDT等有機塩素系農薬	Guillette et al.（1994）
DDT，PCB　＊断定されず	Fry et al.（1987）
	Moccia et al.（1986）
DDT，PCB　＊断定されず	Kubiak（1989）
PCB	Reijinders（1986）
PCB	De Guise et al.（1995）
不明	Facemire at al.（1995）
植物エストロジェン（クローバー由来）	Bennetts（1946）

表-1.8　SPEED'98 における環境実態 調査・影響実態調査の実施状況[88]

	環境実態調査				室内空気調査	水生生物調査[*1] （魚類・貝類）	野生生物調査[*2]	食事調査
	水質	底質	土壌	大気				
測定物質数	61	61	59	38	12	61	41	43

*1　魚類：アイナメ，アユ，イボダイ，ウグイ，ウサギアイナメ，オイカワ，オオクチバス，カサゴ，カワムツ，ギンブナ，コイ，サケ，サンマ，シログチ，スズキ，セイゴ，テラピア，ニゴイ，ニジマス，ハゼ，ハヤ，フナ，ブルーギル，ヘラブナ，ボラ，マハゼ，マブナ，マルタ，マルタウグイ，ミナミクロダイ，モツゴ，ワカサギ，貝類：イガイ，ムラサキイガイ，ムラサキインコ，ヤマトシジミの測定結果（測定対象種は年度ごとに異なる）．

*2　ほ乳類：アカネズミ，ツキノワグマ，タヌキ，ニホンザル，ヒグマ，ゴマアザラシ，ゼニガタアザラシ，オウギハクジラ，カズハゴンドウ，カマイルカ，コブハクジラ，スナメリ，ナガスクジラ属，ネズミイルカ，ハップスオオギハクジラ，マイルカ，ミンククジラ，鳥類：アオバズク，イヌワシ，ウミネコ，エゾフクロウ，オオコノハズク，オオタカ，カワウ，カワウ卵，コミミズク，シマフクロウ，クマタカ，クマタカ卵，チュウヒ，チョウゲンボウ，ツミ，ドバト，トビ，ノスリ，ハイタカ，ハシブトガラス，ハヤブサ，ハヤブサ卵，フクロウ，フクロウ卵，ミサゴ，ムクドリ，両生類：トウキョウダルマガエル，トノサマガエル，ニホンアカガエル，ヤマアカガエルの測定結果（測定対象種は年度ごとに異なる）．

表-1.9 に示すように，既に評価が実施された28物質中，環境中の濃度を考慮した濃度で4-ノニルフェノール（分岐型）と4-t-オクチルフェノールでメダカに対し内分泌攪乱作用を有することが強く推察され，またビスフェノールΑでもメダカに対し内分泌攪乱作用を有することが推察された．これらの物質は河川中でも検出さ

1章　河川における生態系と水質の相互関係

表-1.9　これまでの水生生物に関わる評価結果，調査結果

物質名	メダカ試験（ビテロジェニンアッセイ，パーシャルライフサイクル試験）の結果（2005年3月現在）.	検出箇所 河川水質	検出箇所 河川底質
ヘキサクロロベンゼン（HCB）	頻度は低いものの，精巣卵の出現が確認されたが，受精率に悪影響を与えるとは考えられず，明らかな内分泌攪乱作用は認められなかった.		
ペンタクロロフェノール（PCP）	明らかな内分泌攪乱作用は認められなかった.		
アミトロール	明らかな内分泌攪乱作用は認められなかった.		
ヘキサクロロシクロヘキサン	頻度は低いものの，精巣卵の出現が確認されたが，受精率に悪影響を与えるとは考えられず，明らかな内分泌攪乱作用は認められなかった（β-ヘキサクロロシクロヘキサン）.		
クロルデン	明らかな内分泌攪乱作用は認められなかった（c-クロルデン）.		
t-ノナクロル	明らかな内分泌攪乱作用は認められなかった.		
DDT	肝臓中ビテロジェニン（卵黄タンパク前駆体）濃度の濃度依存的な上昇，精巣卵の濃度依存的な出現が認められたため，フルライフサイクル試験を実施後に評価の予定（o,p'-DDT）. 明らかな内分泌攪乱作用は認められなかった（（p,p'-DDT）.		
DDE	肝臓中ビテロジェニン（卵黄タンパク前駆体）濃度の濃度依存的な上昇，精巣卵の濃度依存的な出現が認められたため，フルライフサイクル試験を実施後に評価の予定（p,p'-DDE）		
DDD	頻度は低いものの，精巣卵の出現が確認されたが，受精率に悪影響を与えるとは考えられず，明らかな内分泌攪乱作用は認められなかった（p,p'-DDD）.		
トリブチルスズ	明らかな内分泌攪乱作用は認められなかった（塩化トリブチルスズ）.		
トリフェニルスズ	明らかな内分泌攪乱作用は認められなかった（塩化トリフェニルスズ）.		
ノニルフェノール，	①魚類の女性ホルモン受容体との結合性が強く，②肝臓中ビテロジェニン（卵黄タンパク前駆体）濃度の上昇，③精巣卵の出現，④受精率の低下が認められ，魚類に対して内分泌攪乱作用を有することが強く推察された［4-ノニルフェノール（分岐型）］	6/117	7/13
4-オクチルフェノール	①魚類の女性ホルモン受容体との結合性が強く，②肝臓中ビテロジェニン（卵黄タンパク前駆体）濃度の上昇，③精巣卵の出現，④産卵数・受精率の低下が認められ，魚類に対して内分泌攪乱作用を有することが強く推察された（4-t-オクチルフェノール）.	10/117	3/9
ビスフェノールA	魚類の女性ホルモン受容体との結合性が弱いながらも認められ，②肝臓中ビテロジェニン（卵黄タンパク前駆体）濃度の上昇，③精巣卵の出現，④孵化日数の高値（遅延）が認められ，魚類に対して内分泌攪乱作用を有することが推察された.	36/117	10/13
フタル酸ジ-2-エチルヘキシル	頻度は低いものの，精巣卵の出現が確認されたが，受精率に悪影響を与えるとは考えられず，明らかな内分泌攪乱作用は認められなかった.		
フタル酸ブチルベンジル	明らかな内分泌攪乱作用は認められなかった.		
フタル酸ジ-n-ブチル	頻度は低いものの，精巣卵の出現が確認されたが，受精率に悪影響を与えるとは考えられず，明らかな内分泌攪乱作用は認められなかった.	8/117	
フタル酸ジシクロヘキシル	頻度は低いものの，精巣卵の出現が確認されたが，受精率に悪影響を与えるとは考えられず，明らかな内分泌攪乱作用は認められなかった.		
フタル酸ジエチル	明らかな内分泌攪乱作用は認められなかった.		
2,4-ジクロロフェノール	明らかな内分泌攪乱作用は認められなかった.		
アジピン酸ジ-2-エチルヘキシル	頻度は低いものの，精巣卵の出現が確認されたが，受精率に悪影響を与えるとは考えられず，明らかな内分泌攪乱作用は認められなかった.		
ベンゾフェノン	頻度は低いものの，精巣卵の出現が確認されたが，受精率に悪影響を与えるとは考えられず，低濃度（文献情報等により得られた魚類推定曝露量を考慮した比較的低濃度）での明らかな内分泌攪乱作用は認められなかった.		3/13
4-ニトロトルエン	頻度は低いものの，精巣卵の出現が確認されたが，受精率に悪影響を与えるとは考えられず，明らかな内分泌攪乱作用は認められなかった.		
オクタクロロスチレン	明らかな内分泌攪乱作用は認められなかった.		
フタル酸ジペンチル	明らかな内分泌攪乱作用は認められなかった.		
フタル酸ジヘキシル	明らかな内分泌攪乱作用は認められなかった.		
フタル酸ジプロピル	明らかな内分泌攪乱作用は認められなかった.		

環境調査，用途，規制：内分泌攪乱化学物質問題への環境庁の対応方針について－環境ホルモン戦略計画 SPEED'98 －，200年11月版，p.33，環境庁，2000.
メダカ試験結果：化学物質の内分泌かく乱作用に関する環境省の今後の対応方針について－ExTEND2005－，環境省，p.83，2005.
河川水，河川底質：水環境における内分泌攪乱物質に関する実態調査結果，国土交通省河川局，p.87，2002.

れている．ただし，図-1.23 に見られるように，河川水の内分泌攪乱化学物質の濃度とコイの雌性化の間には有意な相関は認められていない．底質に対しても同様である．個々の物質ではなく，河川水の女性ホルモン類似の活性を示すエストロゲン活性様活性とコイの雌性化の間には図-1.24 に示すように正の相関があるように見えるが，これとても統計的には有意な相関とはいえないという結果が得られている．

なお，魚類に対する評価が実施された物質については哺乳類(ラット)を用いた試験も実施されているが，いずれの物質でもヒト推定曝露量を考慮した用量では明らかな内分泌攪乱作用は認められていない．

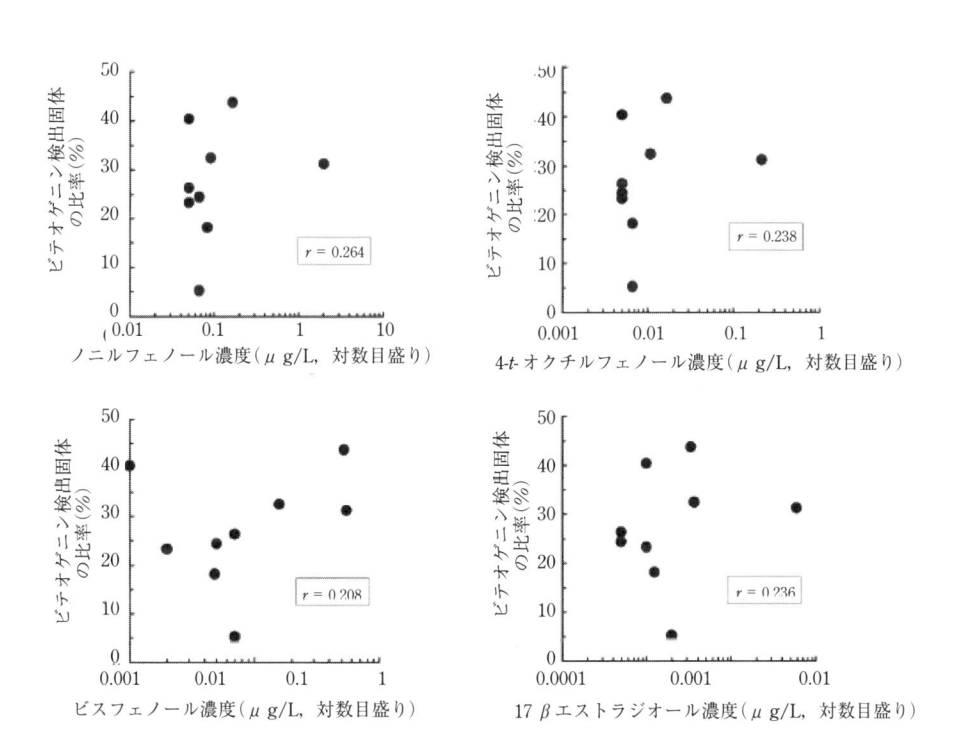

内分泌攪乱化学物質濃度は，1998〜2001年度調査結果の平均(検出下限未満の場合は検出下限の1/2)，ビテロゲニンの検出比率は，1998〜2001年度調査全体の比率．図中の数値(r)は相関係数．
ビテロゲニンは，通常，雌体内で生成された女性ホルモンの働きによって肝臓で生成され，血液を介して卵母細胞に取り込まれ蓄積される物質．ビテロゲニンの血清中濃度が一定以上（$0.1\ \mu g/mL$）である場合に，何らかの外的要因によりビテロゲニンが雄体内で生成されたと考えた．

図-1.23 河川水中の内分泌攪乱化学物質濃度とビテロゲニンが検出された雄コイの比率の関係[87]

1章 河川における生態系と水質の相互関係

図-1.24 河川水中のエストロゲン活性様活性（Sumpter株での酵母法で測定）とビテロゲニンが検出された雄コイの比率の関係[87]

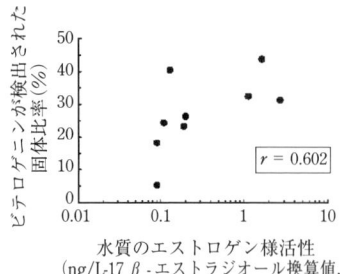

横軸：水質のエストロゲン様活性（ng/L-17β-エストラジオール換算値，対数目盛り）
縦軸：ビテロゲニンが検出された固体比率（％）
$r = 0.602$

・エストロゲン様活性は，2001年度調査．ビテロゲニンの検出比率は，1998～2001年度調査全体の比率．図中の数値（r）は相関係数．
・ビテロゲニンは，通常，雌体内で生成された女性ホルモンの働きによって肝臓で生成され，血液を介して卵母細胞に取り込まれ蓄積される物質．ビテロゲニンの血清中濃度が一定以上（0.1 μg/mL）である場合に，何らかの外的要因によりビテロゲニンが雄体内で生成されたと考えた．

c. 今後の方針 一般市民をも不安に巻き込んだ内分泌攪乱化学物質問題だが，上述のように現時点では河川中での明確な生物影響が見出されたとはいえない状況にある．

国土交通省では，2001年度までの研究結果に基づいて2002年12月に今後の調査方針を発表した[87]．これによると，内分泌攪乱作用が確認された**表-1.10**に示す5物質については，今後とも監視を続けていく必要がある物質と位置づけ，全国109水系の各水系1地点以上，および1回でも重点調査濃度以上が検出された地点を対象として3年で1巡するローリング調査を実施することとした．また，比較的検出率が高く，内分泌攪乱作用が疑われているフタル酸ジ-n-ブチル，フタル酸ジ-2-エチルヘキシルおよびアジピン酸ジ-2-エチルヘキシルについては，監視が望ましい物質と位置づけ，5～6年で1巡するローリング調査を実施することとした．底質についても同様に調査頻度を下げた計画としている．一方，魚類調査については，これまでの調査で有意な相関が得られなかったことから，今後は国土交通省としての同様の調査は実施せず，他機関の調査の知見を収集することとしている．

一方，環境省では，2004年までの研究結果に基づいて2005年3月に今後の方針を発表した[89]．ここでは，生態系という数多くの要因との関わりの上に成立している事象への化学物質の影響を実験によって直接検証することは困難であるとの立場から，継続的な野生生物の観察を前提として，観察された事象が正常か異常かを判断し，生物個体（群）の変化を捉えることが必要であるとした．これを実現し，不安のない社会へと繋ぐための今後の基本的な柱として，①野生生物の観察，②環境中濃度の実態把握および曝露の測定，③基盤的研究の推進，④影響評価，⑤リスク評価，⑥リスク管理，⑦情報提供とリスクコミュニケーション等の推進，の7点をあげている．

一段落した感のある内分泌攪乱化学物質問題ではあるが，本書でも既に指摘したように，未検討の化学物質や感受性の異なる生物の存在，複数の毒性物質や他の環

表-1.10　重点調査濃度案[87]

物質名	重点調査濃度 (μg/L)	備考
4-t-オクチルフェノール	0.496	環境庁リスク評価結果による
ノニルフェノール	0.304	
ビスフェノールA	0.4	Sohoni, P.ら：ファットヘッドミノー（*Pimephales promelas*）におけるビスフェノールAの長期曝露の生殖影響（*Environ. Sci. Technol.*, 35, No.14, pp.2917-2925, 2001)
17β-エストラジオール (LC/MS法)	0.0005	柏田ら：ヒメダカにおよぼす内分泌攪乱化学物質の世代影響．（日本水環境学会年会講演集, 34th, p.563, 2000)
エストロン	0.0005	17β-エストラジオール（LC/MS法）と同じとした

・生態系への影響が確認され，魚類等への予測無影響濃度（最大無作用濃度に安全係数の1/10を乗じた濃度）が，環境省の評価あるいは文献等により報告されている物質については，無影響濃度に水質の時間的変動に対する安全係数として1/2を乗じた値を重点調査濃度とする．
・その他の物質については，既往の最小影響濃度あるいは類似物質の最小影響濃度の1/10を乗じ，さらに1/4を乗じた値を重点調査濃度とする．
　なお，1/10を乗ずるのは 4-t-オクチルフェノール，ノニルフェノールの予測無影響濃度の考え方に準じて，既往の文献等に示された最小影響濃度あるいは類似物質の最小影響濃度に1/10を乗じるものであり，1/4を乗ずるのは，最小影響濃度と最大無作用濃度の関係が不明であることから1/2を乗じ，さらに水質の時間的変動に対する安全係数として1/2を乗じるものである．
　内分泌攪乱物質の影響について2002年10月時点では，メダカへの予測無影響濃度として 4-t-オクチルフェノールは0.992 μg/L，ノニルフェノールは0.608 μg/L が報告されているが，他の物質についてはまだ報告されていない．

境条件との複合影響，生物濃縮や食物連鎖等，生態系の複雑な要因が絡み合って思わぬ影響が現れるおそれがあることを忘れてはならない．環境省の今後の方針にもあるように着実に調査研究を継続していくことが肝要である．

1.4　生物モニタリングとその方法

1.4.1 生物モニタリング

渡辺（1987）は，河川生物を使った生物モニタリングの意義を健康診断における胸部の間接レントゲン撮影に例えた．小さなフィルム原版で撮影するので，病気の診断はできないが，何らかの異常があることをフィルムから読み取り，直接撮影等の

精密診断で結核や肺ガンの発見ができる．あるいは，病変でないことが確認されることもあるだろう．このように生物モニタリングは，河川生態系の健全さを判断したり，異常を発見する迅速で簡便な手段である．それは，その場の生物相が長期間にわたる水質の状況を総合的に反映しているからである．

物理・化学的な水質項目は，季節的・時間的に変動し，ある時点の測定値はその変動の過程の中の瞬間の値である．現在では連続的に水質をモニタリングするシステムが現場で利用されているが，その場合でも個々のパラメータの経時的変動を知ることができるにすぎない．生物は，時間的に変動するすべての水質項目の影響を受けて，その場に生息・生育できるか否かが決まる．これが水質の状況を総合的に判断できる理由である．

化学分析に先んじて，最近のいわゆる「環境ホルモン（内分泌攪乱物質）」のような微量の物質の生態影響や毒性を検出できること，また，有害物質の交互作用や相乗効果の検出に有効であることも生物モニタリングの持つ，他に代え難い利用価値であろう．

生物モニタリングの手法が一般に普及するようになったのは，主として有機汚濁の程度を知るために開発された汚水系列の生物学的水質判定であろう．これは様々なレベルの有機汚濁に耐えられる生物種（群）を明らかにしたうえで，その出現状況から河川の水質を，①強腐水性，② α - 中腐水性，③ β - 中腐水性，④貧腐水性，の4段階に分けるものである．指標とされる生物は，水生昆虫，甲殻類，貝類，ヒル類，ミミズ類の底生動物が中心である．同様の考え方で付着珪藻を用いて行う判定法も提案されている．

指標種の有無だけでなく，個体数も加えた多様度指数もいくつか提案されている．

表-1.11 対象生物群の生物指標としての適性

	サイズ	観察性	分類・同定	生態特性情報	汚濁性情報	定着性
魚類	3	3	3	3	2	1
マクロ動物ベントス	3	3	2	2	2	3
メイオベントス	2	2	1	1	1	3
大型水生植物	3	3	3	3	2	3
付着性藻類	2	3	2	2	2	3
浮遊性藻類	2	3	2	2	2	2
真菌・細菌	1	1	1	1	1	3
原生生物	1	1	1	1	1	3

* いずれも3段階の評価で，高いほど指標適性が高い．

多様度指数から水質を評価する手法は，労力はかかるが，より現状を反映した精度の高いものかもしれない．これらの方法を厳密に適用するためには，生物の分類に関する専門知識が要求されるため，指標生物を限定してやや簡略化した方法も用いられる．

しかし，どのような手法を用いても，指標種の出現の有無，あるいは個体数の増減がどのような水質要因によって規定されているかは明らかにできないことを認識しておく必要がある．従来は，主に有機汚濁の程度を知ることを目的に生物学的水質判定法が提案されてきたが，実際に河川に流入する物質はますます多様になっており，それに対する生物の応答も十分に解明されているとはいえない．そのような意味でも生態毒性学(Ecotoxicology)は日本ではまだまだ発展が必要な分野であるといえる．

長期的な生物のモニタリングの意義は，河川の水質を含めた河川生態系の変化を知る重要なヒントが得られることである．本書で示している様々な研究成果を踏まえることで，モニタリングの結果を生態系の視点から考えることができるようになると思われる．

1.4.2 水生植物

河川生態系における一次生産者は，流水域では水生植物(水草)と付着藻類，流れのほとんどない区間では，これらに浮遊性植物プランクトンが加わる．主に珪藻類から成り立つ付着藻類群集は，付着の基質(岩石や護岸構造物等)さえあればどのような河川にも認められるが，水生植物が生育する環境は日本の河川においては限られる．基岩が露出し根を張ることのできない場所や，底質が絶えず移動するような砂河川や早瀬は，水生植物の生育に適していない．特に日本のように急勾配河川が多い国では，水辺にツルヨシが優占することはあっても，水中には全く水生植物が生育していない河川が数多くある．湧水河川のバイカモや九州南部に生育するカワゴケソウ科植物は，特殊な流水環境に適応した水生植物である．

したがって，水生植物を水質等の河川環境の生物モニタリングに用いることができるのは，水生植物が生育している河川に限られることを初めに理解しておく必要がある．もっとも，水生植物の生育の有無自体が河川の物理的環境の有様を示しているということもいえる．このような事実を踏まえたうえで河川の水生植物を見る時，どのような河川の状況を知ることができるのであろうか．

（1）河川に生育する水生植物の生育を規定する要因

　河川の水生植物の生育を制限する要因としては，水温，流速，水深，底質，水質が主なものである．さらに，出水時の攪乱の規模も水生植物の生育に大きな影響を与え，大出水の直後には水生植物群落の大半が根こそぎ流失するような事態が繰り返される．しかし，河川に生育する水生植物は，植物体断片（切れ藻）から不定根を出して定着できる再生能力や特殊な栄養繁殖器官を持ち，河川の攪乱環境に適応した特性を有している．河川の動態に対応して場所を移しながら生育しているのが実態で，この様を Hynes (1961) は，河川の水生植物の "shifting nature" と呼んだ．今までに何度も出水に遭遇しながら河川の水生植物が生き延びてきた背景にはこのような特性がある．

　水生植物が生育可能な流速，水深，望ましい底質や水質は，それぞれの種によって異なるが，ここでは水質を中心に今までの知見を整理する．

（2）水生植物の生育と水質項目

　一般に水生植物の生育と水質に関して最もよく研究されてきたのは，水中の炭酸条件に関係する項目である（pH とアルカリ度）．水中に溶け込んだ二酸化炭素は，遊離炭酸（CO_2），重炭酸イオン（HCO_3^-），炭酸イオン（CO_3^{2-}）の３つの形態をとり，pH ならびに水温によってそれぞれが一定の割合で存在する．酸性に傾くほど遊離炭酸の占める割合が増え，中性付近では重炭酸イオンが大半を占める．そしてアルカリ性に傾くに従って炭酸イオンの割合が多くなる．水生植物の多くは光合成に重炭酸イオンを利用する能力を持つが，その利用効率は種によって異なる．また，一部の種はその能力を全く欠いている．したがって，重炭酸イオンを利用する能力を欠く種や効率の劣る種は，酸性でアルカリ度の低い水域にしか生育できない．重炭酸イオンを利用する通常の能力を有する種は，特にアルカリ性の強い河川以外では支障なく生育できる．しかし，水中の全炭酸量には限りがあるので，炭酸をめぐる競争が生じ，特定の種が優占する事態は起こりうる．

　日本産の水生植物で特に酸性河川に生育が限定されるのは，フトヒルムシロと何種かの水生コケ類で，これらの種の生育は水質が酸性であることの良い指標になる．また，水中の溶存炭酸と関連して興味深いのは，湧水河川において本来陸上に生育する植物が沈水植物として生育することである（例：ヤナギタデ，オオイヌタデ，オオカワヂシャ，オランダガラシ，イネ科の複数の種）．これは湧水中に遊離炭酸が豊富に溶け込んでいることと関連していると考えられる．河川に生育する他の水

生植物は，弱酸性〜アルカリ性の河川に幅広く生育する（水生植物の盛んな光合成により晴天時に水中のpHが9を超えることは珍しくない）．

窒素やリン等の栄養塩類の要求性にも種による差があると予想されるが，我が国の河川においてそれを定量的に調べた例はない．BOD等といっしょに扱われ，水質汚濁階級との関連で水生植物の分布が理解されてきた．これも多分に経験的なものであるが，以下のような分類が可能である．

・水質汚濁に弱い種：バイカモ，フサモ，オグラノフサモ，ミクリ類（特に沈水形をとるナガエミクリ，エゾミクリ等）．
・水質汚濁に耐性を持つ種：エビモ，ヤナギモ，オオカナダモ，マツモ，ホザキノフサモ，ヒシ，ホテイアオイ，ボタンウキクサ．

他の種は，ある程度水質汚濁が進行すると消滅することが観察されているが，その閾値は明らかではない．上記の「水質汚濁に耐性を持つ種」のうちホテイアオイとボタンウキクサはともに外来種であるが，十分に栄養塩類のある水域でないと増殖できないので，これらの種の繁茂は富（過）栄養状態の良い指標になる．また，他の種も安定した栄養塩類の供給がないと生育できないので，中〜富栄養状態の指標になる．

湖沼や溜池等の止水域では，それぞれの種の生育する窒素，リン量について測定例があるが，河川のように流水によってたえず栄養塩類が供給される環境では異なった基準が必要であろう．

河川の水生植物が水質の有力な指標になるもうひとつのケースは，農薬や界面活性剤等の有害物質の流入に対してであろう．現在までは，実験室における曝露実験によって，これらの物質が植物の成長や生理活性を阻害することが実証されてきた．例えば界面活性剤の濃度が上昇すると，水生植物の光合成能は著しく阻害される．また，除草剤を投与すると，成長は著しく阻害され，一定量を超えると，致死状態になる．このようなことは農薬や合成洗剤が流入する自然界においても起こっているはずである．したがって，河川における水生植物の消長から，このような微量毒性物質の存在を疑うことができる．しかし，これらの物質の流入実態はいまだ十分に明らかにされているとはいえず，また監視態勢も確立していない．

今後は，このような毒性物質のモニタリング生物として，水生植物の活用と限界を明らかにしていく必要があろう．

1.4.3 底生生物

(1) 底生動物を使った水質スコア法

　淡水生物は，古くから水質汚濁，特に有機汚濁の指標として，国内外で広く使われてきた．腐水系の生物学は，前世紀の初頭の欧州における極度な河川の汚濁や，下水処理場において，実用的研究として始まった．処理場等の生物研究は，微生物を主体として進み，細菌学，原生動物学，藻類学の研究として発展した．水生昆虫等の肉眼的淡水動物を使う研究は，野外河川における水質汚濁研究として発展してきた．

　日本に本格的な汚水生物学を導入したのは，京都大学，奈良女子大学に奉職したトビケラの生物学者(分類と生態)の津田松苗博士であった．ドイツに留学した津田は，ヨーロッパの大陸方式の腐水生物学を日本に導入した．津田の『汚水生物学』[89]は，現在でも燦然と輝く名著である．ベック・津田法は，長らく河川ベントスを指標とする日本の汚水生物学や衛生工学における評価法として広く使われた．いずれにしても，米国のスコア法のはしりであるベック法と，ヨーロッパ大陸風の4段階の腐水階級(貧腐水性，β-中腐水性，a-中腐水性，強腐水性)が組み合わされた津田方式が日本の標準スタイルになった．津田の後継者の森下郁子博士の著した『川の健康診断－清冽な流れを求めて』[90]も，一般市民に河川環境と生物指標の重要性を知らせた名著である．もちろん，水生昆虫の同定分類，生態研究，応用研究の基本となった津田の編んだ『水生昆虫学』[91]も，古典的な名著である．

　腐水(汚水系列)の階級を4段階とすること，ベック・津田法のようなスコア法，このいずれもが少なくとも現代の世界的な標準法ではない．ここでは河川における肉眼的ベントスの水質判定法として，世界的に最も使われている科レベル分類を基本とした平均スコア法(ASPT：Average Score Per Taxon)を紹介しながら，その利点と問題点を考える．また，それ以外にも多様な水質指標や指数があることも紹介する．

　紹介するシステムは，環境庁(当時)の委託により野崎隆夫博士等が英国等で実施されていた方法(BMWP)を日本に適用したものである(**表-1.12**)．基本は単純で，理屈も明解である．ある場所で発見された種類(科レベル)のスコアを合計し，出現種類(科)数で割って平均スコアを求めている．ちなみに**表-1.12**から計算したスコアの期待値(全種類平均値)は6.25である．

1.4 生物モニタリングとその方法

表-1.12 日本版科レベルの平均スコア法(環境省試案書)

	科(family)		スコア(環境省)	出現地点数	水質得点	分散
カゲロウ目 Ephermeroptera	Shiphlonuridae	フタオカゲロウ	8	14	− 0.63	0.81
	Isonychiidae	チラカゲロウ	7	33	− 0.29	0.74
	Heptageniidae	ヒラタカゲロウ	7	38	− 0.52	0.71
	Baetidae	コカゲロウ	6	44	− 0.04	1.39
	Leptophlebiidae	トビイロカゲロウ	7	26	− 0.33	0.8
	Ephemerellidae	マダラカゲロウ	7	41	− 0.51	0.78
	Caenidae	ヒメカゲロウ	6	22	0.12	0.41
	Potamanthidae	カワカゲロウ	7	20	− 0.18	0.56
	Ephemeridae	モンカゲロウ	7	27	− 0.51	0.74
	Polymitarcidae	シロイロカゲロウ	5	4	0.57	0.22
トンボ目 Odonata	Calopterygidae	カワトンボ	8	3	− 0.78	0.35
	Epiophlebiidae	ムカシトンボ	8	4	− 0.86	0.2
	Gomphidae	サナエトンボ	7	20	− 0.24	0.65
	Cordulegasteridae	オニヤンマ	6	2	2.32	1.42
	Corduliidae	エゾトンボ	5	1	0.31	0
カワゲラ目 Plecoptera	Taeniopterygidae	ミジカオカワゲラ	10	2	− 1.82	0.02
	Nemouridae	オナシカワゲラ	8	14	− 0.91	0.5
	Capniidae	クロカワゲラ	9	4	− 1.37	0.49
	Leuctridae	ハラジロオナシカワゲラ	10	2	− 1.41	0.59
	Peltoperlidae	ヒロムネカワゲラ	9	5	− 1.09	0.61
	Perlodidae	アミメカワゲラ	9	13	− 1.39	0.81
	Perlidae	カワゲラ	7	29	− 0.56	0.86
	Chloroperlidae	ミドリカワゲラ	10	7	− 1.58	0.47
カメムシ Hemiptera	Aphelocheiridae	ナベブタムシ	6	5	− 0.08	0.41
ヘビトンボ目 Megaloptera	Corydalidae	ヘビトンボ	7	25	− 0.57	0.64
トビケラ目 Trichoptera	Stenopsychidae	ヒゲナガカワトビケラ	8	22	− 0.94	0.68
	Philopotamidae	カワトビケラ	8	5	− 0.86	0.2
	Psychomyiidae	クダトビケラ	8	11	− 0.71	0.72
	Polycentropodidae	イワトビケラ	7	6	− 0.4	0.76
	Hydropsychidae	シマトビケラ	6	43	0.08	1.28
	Rhyacophilidae	ナガレトビケラ	8	29	− 0.83	0.73
	Glossosomatidae	ヤマトビケラ	7	18	− 0.47	0.44
	Hydroptilidae	ヒメトビケラ	6	9	0.24	0.96
	Limnocentropodidae	キタガミトビケラ	9	1	− 1.33	0
	Phryganopsychidae	マルバネトビケラ	6	2	− 0.11	0.14
	Phryganeidae	トビケラ	8	1	− 0.78	0

1章 河川における生態系と水質の相互関係

		科（family）	スコア（環境省）	出現地点数	水質得点	分散
トビケラ目（続き）	Brachycentridae	カクスイトビケラ	9	11	− 1.18	0.5
	Uenoidae	クロツツトビケラ	10	3	− 1.68	0.16
	Limnephilidae	エグリトビケラ	7	20	− 0.45	0.85
	Lepidostomatidae	カクツツトビケラ	9	10	− 1.09	0.61
	Sericostomatidae	ケトビケラ	7	9	− 0.25	0.61
	Odontoceridae	フトヒゲトビケラ	9	2	− 1.32	0.09
	Molannidae	ホソバトビケラ	9	1	− 1.29	0
	Leptoceridae	ヒゲナガトビケラ	7	11	− 0.27	0.61
甲虫目 Coleoptera	Gyrinidae	ミズスマシ	6	7	− 0.05	6
	Hydrophilidae	ガムシ	7	5	− 0.31	7
	Psephenidae	ヒラタドロムシ	6	32	0.08	6
	Dryopidae	ドロムシ	7	5	− 0.33	7
	Elmidae	ヒメドロムシ	6	32	0.07	6
	Ptilodactylidae	ナガハナノミ	8	1	− 0.91	8
	Lampyridae	ホタル	8	5	− 0.61	8
ハエ目 Diptera	Tipulidae	ガガンボ	7	42	− 0.48	0.79
	Blepharoceridae	アミカ	10	3	− 1.46	0.52
	Deuterophlebiidae	アミカモドキ	10	1	− 1.61	0
	Psychodidae	チョウバエロ	6	5	0.09	1.02
	Dixidae	ホソカ	8	2	− 0.84	0.27
	Simuliidae	ブユ	6	23	0.14	0.52
	Chironomidae	ユスリカ	3	48	1.18	1.67
	Tabanidae	アブ	9	1	− 1.32	0
	Athericidae	ナガレシギアブ	8	16	− 0.72	0.72
Tricladida	Dugesidae	ウズムシ	6	32	0.15	1.09
Mesogastropoda	Pleuroceridae	カワニナ	6	15	− 0.14	0.63
Basomatophora	Lymnaeidae	モノアラガイ	3	3	1.16	1.24
	Physidae	サカマキガイ	1	11	2.05	0.79
	Ferrissidae	カワコザラガイ	3	8	1.41	1.59
Unionida	Unionidae	イシガイ	6	1	0.11	0
Veberoida	Corbiculidae	シジミガイ	6	10	0.15	0.58
Oligochaeta		水生ミミズ	2	42	1.78	1
Hirudinea		ヒル	2	29	1.88	1.45
Amphipoda	Gammaridae	ヨコエビ	7	15	− 0.57	0.49
Isopoda	Asellidae	ミズムシ	2	24	1.51	1.46
	Sphaeromidae	コツブムシ	9	3	− 1.35	0.18
Decapoda	Potamidae	サワガニ	8	9	− 0.86	0.42

* 水質得点（WQI：water quality index）は，BOD，DO，T-N，T-P から求められた．

表-1.12については，データをさらに集積して，スコアの適正化，あるいは重み付け等の改良を検討することで，さらに信頼性の高い「日本版の科レベル-平均スコア法」(ASPT-J@family)を確立することができるだろう．

図-1.25にスコアに対する種類(科)数の頻度分布を示した．現在採用されている種類は高いスコアの科に偏っている．低いスコアを指標とする種類もさらに探索する必要があるだろう．あるいは，日本の河川における分布パターンをより反映したものにする必要があるかもしれない．また，種類(科)によっては原資料では確認地点の少ないものもある．これらは，さらに広くデータを収集して集成する必要がある．

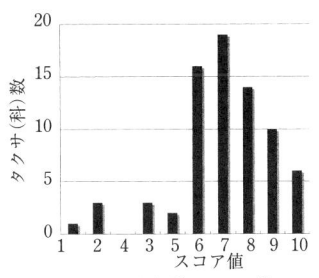

図-1.25 日本版科レベル平均スコア法のスコアに対するタクサ(科)数の頻度分布

(2) 河川ベントスによる水質判定をめぐって

最初の問題点は，階級による判定をするか，スコアで判定するかだろう．

スコア法は，一見精密に見える数値が出る点が利点でもあり，危険でもある．現在の日本で市民向けの簡易版生物学的水質判定で採用されている階級法は，大きく4つに区分するので，誤判定の危険は比較的少ないように思われる．しかし，一般に広く受け入れられるのが判定の誤りの少ない階級法とは限らない．多くの市民は，偏差値，株価，為替，勝率，打率等，数値で判断することにならされている．もちろん，細かい数値が出る判定法が信頼性が高いとは限らない．しかし，時間的にも空間的にも，ほとんど変化しない階級法では，毎年繰り返して調査する意欲や，上流から下流へ細かく生物学的な水質を見ていくような計画は立てにくいだろう．津田がヨーロッパ式の階級法を学びながらも，ベック法という数値判定を採用したのは，そのような点への配慮もあったのかもしれない．

腐水(汚水系列)階級による水域の区分は，KolkwitzとMarssonによって前世紀の初めにヨーロッパ大陸，ドイツやチェコ等，北部ヨーロッパで開発された．その基本は次のようになっている．

① 貧腐水性(oligosaprobic)：完全無機化(酸化)雰囲気，きれい．
② β 中腐水性(β mesosaprobic)：かなり酸化的雰囲気，やや汚れている．
③ α-中腐水性(α-mesosaprobic)：やや酸化的雰囲気，汚れている．

④　強腐水性(polysaprobic)：還元と分解的雰囲気，ひどく汚れている．

　日本でこのシステムを基本とした水域の分類は，1960年代に盛んに行われ，様々な生物群について，海外のシステムの輸入とそれをもとにしたシステムが開発された．水生昆虫を中心とした河川ベントスでは，同時に以下に示すベック法が導入され，広く使われた．

$$\text{index} = 2A + B$$

ここで，A：非汚濁耐性種，B：汚濁耐性種．

　単純なA＋B(すなわち，種類数だけ)では，判定値が変わらないかもしれないので，非汚濁耐性種に2倍の重みをつけている．津田は，採集場所(瀬，石礫底，1m程度の表面流速，平水時)と採集面積(0.5m方形枠)の規格化，2個採取したサンプルのうち大きな値を採用するなどした改良法をベック・津田法と呼んだ[89,91]．

　このベック・津田法は，分類精度や採集精度があがることでスコアが単調に増加することが最大の問題である．分類レベルが規格化されていないための，それによるばらつきは無視できない．特にユスリカ類を種ないし属レベルまで分類すると，指数は著しく過大評価されてしまう．2段階の区別なので，A，Bの判定に問題は少ないが，これも属や科の上位分類群では，判定に迷うものがある．また，採集場所が早瀬と規格化されているので，早瀬の欠如する地点では，そもそも判定できないことになる．いずれにしても，この方法は世界的にはほとんど使われていない方法である．

　ちなみにヨーロッパ大陸系の生物指標としては，パンテル-バックとゼリンカ-マルバン[92]の方法が一定の完成度に達している．

ゼンリカ-マルバン(Zelinnka-Marvan)法の基本

　階級ごとのスコアと重み付け，さらに個体数を加えた総合評価．以下の値を各階級ごとに求める．重み値は，指標性の高いほど大きくなる．

　Σ[各種ごとの(スコア＊重み値＊個体数)]/全個体数：個体当りの平均スコアで評価．

　よく似た方法だが，パンテル-バックは，個体数を数段階に規格化して用いる．発想は共通しているが，汚濁に対する数値の大小関係は逆転している．

　その他の指標については，RosenbergとResh[93]をもとにして，以下に代表的な生物指標(迅速予測手法：Rapid Assessment Protocols)を簡単に紹介する．

①　多様性(豊かさ)の指標

　・種類(タクサ)数：すべてのベントスの種，あるいは種類数を指数とする．指数

1.4 生物モニタリングとその方法

は汚濁に伴って小さくなる．
- EPT種類数：カゲロウ類，カワゲラ類，トビケラ類の種数，あるいは種類(タクサ)数を使う．成虫でないと種まで同定できない場合もあるので，分類レベルの規定が必要かもしれない．成虫を使った報告もある．指数は汚濁に伴って小さくなる．
- 科レベルの数：全ベントス．指数は汚濁に伴って小さくなる．
- ニッチェ群数：初心者が主に形態的に区別できるタイプ数．指数は汚濁に伴って小さくなる．

② 個体数を使った指標
- 全個体数：一定の規格化をした採集で得られる全個体数．汚濁との関係は単調ではないと思われる．
- EPT個体数/ユスリカ個体数：カゲロウ類，カワゲラ類，トビケラ類の合計個体数とユスリカ類の合計個体数の比．指数は汚濁に伴って小さくなる．
- 優占種類の個体数/全個体数：優占する種あるいは種類の個体数が全個体数に占める比率．汚濁が進むと，汚濁に耐える特定の種だけが増加する．あるいは，汚濁に耐えられない種が減少する．指数は汚濁に伴って大きくなる．
- 非ハエ(双翅)目個体数/全個体数：ハエ目は，一般に汚濁に強い種類が多いという仮定で，非ハエ目の全体の個体数に対する比を指数とする．指数は汚濁に伴って小さくなる．

③ 群集多様性指数・類似度指数
- 多様性指数(シャノン指数等)：指数は汚濁に伴って小さくなる．
- 類似度指数(参照地点との比較)：各々の地域で水質汚濁等の影響のない参照地点のベントス群集を対象にして比較．完全一致が1で，組成が異なるほど小さくなるのが基本．指数は汚濁に伴って小さくなる．参照地点の選定が課題になる．
- 相関係数：同上．
- ジャコードの類似度指数：種あるいは種類の存否だけを使う類似度指数．
- その他の群集指数．

④ その他の指標：これらはあまりに多様で，研究者の数だけ指数があるとも言われるので，名称のみを提示し，詳細は省略する．なお，これらの指標を混合した指標もある．
- ベルギー指数[94]

- CTQ 指数
- ヒルセンホフ等の指数 [95]
- BMWP 指数 [96]
- フロリダ指数 [97]
- ISO 指数 [98]

⑤ 摂食機能群指数：シュレッダー個体数/全個体数，スクレーパー個体数/コレクター個体数，狭食者個体数/広食者個体数.

(3) 河川性マクロ動物ベントスを使った生物モニタリングの展開

科レベルの平均スコア法(ASPT)[96]は，分類への要求が厳しくないわりに，比較的精度の良いスコアが得られるので，世界的にも広く使われているシステムである．しかし，分類精度をあげれば，さらに高いスコアの精度が得られることは十分に期待される．Hilsenhoff[95]等の生物指数は，種レベルの分類を基本として，それぞれの種（あるいは種類）に10点法のスコアを与えている．また，Zelinka と Marvan[92]の汚濁指数は，個体数の評価と各種類の汚濁指標性の重みを加えて評価している．

分類レベルが汚濁評価にどのような影響を与えるかについては，Lenat と Resh[99]の興味深い試算がある(**表-1.13**).

表-1.13 生態区別の試算結果[Lenat と Resh[99]より作成]

生態区	最清流サイト数（種レベル同定を基本	科レベル同定で見落とすサイトの比率(%)	最汚濁区分に入るサイト数（種レベル同定を基本）	科レベル同定で見落とすサイトの比率(%)
山地	140	45	21	29
平地，沿岸	40	22	60	28
全域	180	40	81	28

これは，ベントスによって5段階の判定を行った結果である．種レベルまで分類同定した時に最清流サイトと判定される140地点のうち40％は，科レベルの同定では見落とされ，最汚濁区分の80地点のうち30％弱が見落とされるという．中間レベルの汚濁に対する指標の分解能が高次分類（科等）ならば，低下することは予測できたが，最汚濁域と最清流域といった両端部分でも分解能が低下するようである．

種レベルでは，狭い汚濁指標性を示すのに，属レベルでは広く分布するために，指標性が低下する例も報告されている．

河川においてごく広く分布し，優占種となることの多いコカゲロウ属(*Baetis*)や

1.4 生物モニタリングとその方法

表-1.14 主要属の汚濁耐性種の範囲について[Lenat[100]より作成]

genus	属	NCBI 最小値	NCBI 最大値	WIBI 最小値	WIBI 最大値	No. sp. 対象種数
Acentreralla	ミジカオフタバコカゲロウ	3.6	3.7	4	2	
Baetis	コカゲロウ	1.8	8	4	6	6
Drunella	トゲマダラカゲロウ	0	1	0	7	
Epeorus	ヒラタカゲロウ	1	2	0	4	
Ephemerella	マダラカゲロウ	0	4	1	2	7
Rhithrogena	ヒメヒラタカゲロウ	0	0.4	0	4	
Seratella	アカマダラカゲロウ属の近似属	1.5	2.7	2	3	
Acroneuria	キカワゲラ	0	2.2	0	5	
Isoperla	ミドリカワゲラ	0	5.6	0	11	
Paragnetina	クラカクカワゲラ	0	3.5	1	5	
Brachycentrus	カクスイトビケラ	0	2.2	1	7	
Ceraclea	タテヒゲナガトビケラ	0	6.4	3	5	
Ceratopsyche	シマトビケラ(一部)	0	3.2	1	5	9
Hydropsyche	シマトビケラ(一部)	0	8.1	1	6	9
Micrasema	マルツツトビケラ	0	3.2	2	6	
Neophylax	アツバエグリトビケラ	0	2.6	3		
Psychomyia	クダトビケラ	2	3.3	2	2	
Rhyacophila	ナガレトビケラ	0	3.4	0	9	
Triaenodes	センカイトトビケラ	2.2	4.7	6	3	

NCBI：ノースカロライナ生物指標[100]　　WIBI：ウイスコンシン生物指標[96]

シマトビケラ属(*Hydropsyche*)には，汚濁耐性の著しく異なる種が含まれていることがわかる．北アメリカ産の種と属についての例があるが，日本産についても同様の検討が必要だろう．

ヒルセンホフ[95]を代表とする北アメリカの生物指標は，種レベルの同定と各々の種類の汚濁耐性か指数を求めるものが多い[97]．分解能と精度から考えれば，できるだけ低次分類群への同定と指標値を求める方がいいが，それには種・属レベルの基礎的知見の集積が必要である．平均スコア法の普及とともに，この面での汚濁生物学についての基礎的研究が必要である．

1.4.4 重金属，特に亜鉛の生態影響評価について

水銀とカドミウム，日本の水域，特に河川は，水俣病，第二水俣病，イタイイタ

イ病と深刻な重金属汚染による人命・健康被害を受け、いわゆる「公害先進国」となった．

これらの重金属と比べると、ここで扱う亜鉛と銅は、重金属でも性質は異なっている．まずは、微量では生体における必須元素である．また、毒性も水銀やカドミウムに比べると弱い．銅イオンは、かつては殺藻(植物プランクトン)剤として上水道水源でも広く使われ、農薬としても広く使われている．また、淡水魚の養殖場の殺藻・殺菌剤として使用されている国もある．亜鉛については、そのような薬剤としての利用はないが、その鉱工業における産出量は多く、使用範囲も著しく広い．

平成15年9月の中央環境審議会の答申を受け、同年11月の環境省告示によって全亜鉛について『水生生物の保全に係わる水質環境基準』の設定がなされた．対象が水生生物であって、水産だけを目的にしたものではなく、「水生生物のすべてについてあてはめを行うことが適当である」としている．この告示は、水生生物、すなわち河川生態系全体を対象にしている点、産業利用に限定していない点で、河川においては画期的な環境基準の設定である．

しかし、基準値等については、生態毒性学的な検討が必要とも思われる．検討すべき点は、次の点である．基準値の設定の根拠となった実験(対象生物、方法等)の妥当性の検討と、亜鉛の場合は自然的原因(鉱床地帯における岩石からの自然溶出等)、あるいは半自然的原因(歴史的な鉱山跡地等)についての考え方である．

ここでの全亜鉛基準値の設定根拠となった実験は、畠山[101]のエルモンヒラタカゲロウ(*Epeorus latifolium*)(当時の分類による)を使った銅と亜鉛による成長抑制についての実験である．

ここでは、実験内容だけでなく、対象生物の適合性についても検討してみたい．

US-EPAが「理想的な」テスト生物とするのは、以下の条件を満たしたものだという[93]．

① 生態的にも経済的にも重要なグループ，
② 人間や他の重要生物の餌として重要なもの，
③ 生理学，遺伝学，分類学，生態学について十分な知見があること，
④ 多くの実験室で簡単に扱え，病害等に強いこと，
⑤ 治験に対する反応が本来の反応と比較できるもの，
⑥ 化学物質に対する反応が鋭敏で安定していること，
⑦ 目標とする実験終了点が明瞭で，測定可能なこと．

日本の河川ベントスでは、ほとんど絶望的な「理想的な」基準である．エルモンヒ

ラタカゲロウは，広く分布し，サケマス類等の河川魚類の重要な餌となっている．その点では，①～③の項目には適合している．成長量の測定が可能なことは畠山[101]の実験によって明らかになったので，⑥，⑦の項目も合格点を与えていいだろう．

しかし，分類学や生態学の知見が貧弱なことは，その後の分類学的な再検討[102]によって，従来のエルモンヒラタカゲロウがマツムラヒラタカゲロウ（*Epeorus l-nigris*）とエルモンヒラタカゲロウに分けられたことからもうかがい知ることができる．また，幼虫については，従来知られている形態的特徴だけではタニヒラタカゲロウ（*Epeorus napaeus*）との区別が困難であるという．

ヒラタカゲロウ類は，一般的にはトビケラ類や他のカゲロウ類に比べて飼育の困難な水生昆虫である．主要な餌が付着藻類であるため，基質上での藻類培養が必要となる．身体を覆うキチンが柔らかいために採集・飼育時の損傷が起こりやすい．野外条件と比較しうる健全な飼育のためには，一定以上の流速(0.1 m/s 程度)が必要である．以上のように河川に生息する水生昆虫の中でも飼育の困難なグループである．このような背景を考えると，いかに畠山[101]の実験が巧妙であったかをうかがい知ることができる．

次の問題点は，毒性試験として，どの程度の種（種類）数を治験対象とするかということである．やはりUS-EPAは，5種あるいは7種以上の水生生物を対象とすることを勧めている．具体的に含まれるべき生物群として，サケマス類，暖水性魚類，その他の脊索（脊椎）動物，プランクトン性甲殻類，底生甲殻類，水生昆虫，その他の動物群を列挙している．

この選定基準をここでの日本の湖沼や河川の基準にあてはめるのは問題があるが，それでも単一種だけで設定されたと推量される基準については，他の治験生物（動物）についても検証が必要だろう

現在進めている自然河川における亜鉛汚染水域の調査（**7**章）においても，ヒラタカゲロウ属（*Epeorus*）あるいはマツムラヒラタカゲロウが河川の水生昆虫類の中でも著しく亜鉛汚染に抵抗性のない種類，あるいは種であることを示唆する資料が得られている．

以上の条件から考えて，マツムラヒラタカゲロウ（あるいはエルモンヒラタカゲロウ）の実験における全亜鉛の慢性毒性（成長抑制）を基準としたここでの水質基準値は，安全サイドといった環境基準の原点から見れば，適正である．しかし，広く日本の河川生態系の水環境の保全といった視点では，除外せざるを得ない水域が多

くなるなど，問題が起きる可能性もある．少なくとも，もう少し幅広く河川動物を試験材料，あるいは基準設定の原資料として採用する必要があるとも思われる．

1.5 生態系と水質のダイナミックな相互関係

1.5.1 停滞水域における生態系構造と水質変化

(1) 停滞水域の生態系に及ぼす水質変化の影響

　水域の生態系構造と水質には強い相互関係があり，それは時間とともにダイナミックに変動している．その関係を理解することは水質問題の解決に大きな意義がある．しかし，河川の流水域では環境が開放的であることからそれが難しい．それに比べて閉鎖的な環境を持つ停滞水域は，水質の変化が誘導する生態系の変化や生態系構造の変化が水質に及ぼす影響を解析しやすいという利点を持っている．そこで，ここでは，停滞水域を例として，生態系と水質のダイナミックな相互関係について考える．

　停滞水域の水質汚濁問題は，活発化する人間活動に伴って流入量が増えた栄養塩によって引き起こされた．この栄養塩が植物プランクトンの生産量を上げ，それによって水質を悪化させる有機物が増えたのが直接的な原因である．特に栄養塩濃度が高くなると，アオコをつくる藍藻が著しく増える．アオコの発生は富栄養化した水域の大きな特徴である．植物プランクトンは，太陽エネルギーを利用して（光合成をして）有機物をつくっており，動物達は食物連鎖を介して植物が取り込んだエネルギーを得ている．したがって，停滞水域の多くの動物の生産は，植物プランクトンの生産に依存している．そのため，植物プランクトンの増加は，動物の生産量を上げることになる．このことは，水域が富栄養化するほど動物が増えることを意味する．すなわち，一般的に富栄養化した水域ほど魚の現存量が多いということになる（図-1.26）．

　魚の現存量が調べられている水域は少ないので，漁獲量を魚の現存量の指標として異なる富栄養度の停滞水域（湖）の間で比較してみる．農林水産省統計情報部の1999年の『漁業・養殖業生産統計年報』を見ると，日本で最も汚れているとされる手賀沼の漁獲量（魚類のみ）は334トンであった．これを1 km^{2}当りにすると51ト

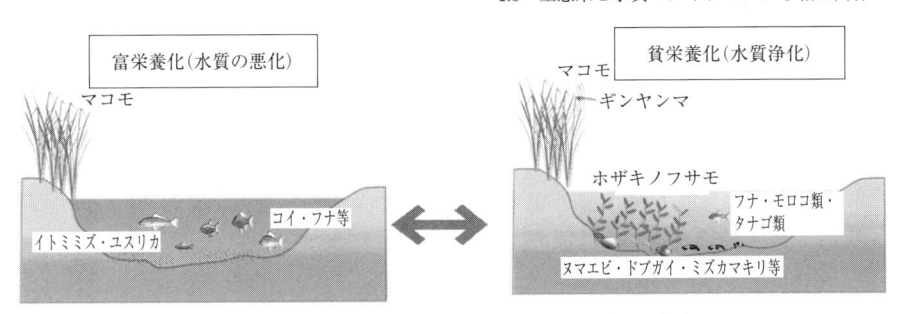

図-1.26　停滞水域における水質変化に応じた生物相の変化

ンとなる．諏訪湖が最も汚れていて漁獲量が最も多かった1970年代の漁獲量は，およそ400トンであり，これは1 km^{2}当り約30トンに相当する．琵琶湖の漁獲量は1 832トンと他の湖に比べて圧倒的に多いが，これは面積が広いためで，1 km^{2}当りに直すと2.7トンにしかならない．そして，透明度の高い貧栄養湖，十和田湖では，総漁獲量が46トンで，1 km^{2}当りではわずか0.8トンであった．この結果は，汚れた水域(富栄養湖)ほど単位面積当りの漁獲量が多いことを示している．

また，停滞水域の富栄養化が進むと，透明度が低くなるために水草が減り，沿岸域の水草帯が衰退する．これは，水草の生長は春先に水底にある種子や殖芽等の芽生えから始まるので，その時に水底まで光が届かないと生長できないためである．したがって，停滞水域の富栄養化が進むと，水草が中心の沿岸域生態系が衰退し，それに代わって圧倒的にプランクトンが中心の生態系がつくられる(図-1.26)．そして，水域内の全体の生物量は増加する．

このことから，富栄養化を逆行させる水質浄化は，植物プランクトンの生産量を減らし，基本的に植物プランクトンの生産に依存している多くの動物の現存量を低下させることになる．その結果，魚の現存量も減る．また，特に浅い停滞水域では，水質浄化によって水の透明度が上がることによって水草が増え，それに伴って水草帯を生息場とする水生昆虫やエビ類が増えることになる(図-1.26)．

したがって，富栄養化と貧栄養化(水質浄化)，どちらも停滞水域の生態系を大きく変えることになるのである．

(2) 生態系構造を決める要因としての生物たちの食う-食われる関係

水質と生態系との関わりを考える際には生態系の理解が必要である．

生態系は，無数の生物達によってつくられており，その生物達は，食物連鎖，す

1章 河川における生態系と水質の相互関係

なわち食う-食われる関係を介してお互いに関係を維持している．この関係は，停滞水域の生物群集の構造(種組成)や生態系の機能を決める重要な要因であることが1960年代になって明らかになった．その発端となったのがBrooksとDodson[103]の論文である．

この論文では，魚が少ない停滞水域(湖)には大型ミジンコ(特にダフニア属ミジンコ)が多く，小型の動物プランクトン(小型ミジンコやワムシ類)が少ないことが明らかにされた(図-1.27)．また，この湖で魚が増えると，大型ミジンコが減って小型動物プランクトンが増えることが示された．そして，その現象が生じるメカニズムを以下のように説明した．

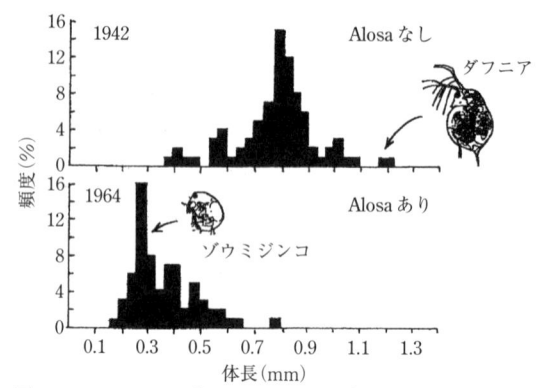

図-1.27 クリスタル湖でプランクトン食魚のアロサ(*Alosa*)が侵入する前(1942年)と侵入した後(1964年)の動物プランクトンの体長分布の比較[文献103]より改変]．各体長の動物プランクトン個体の出現頻度で表す．1942年には体長が5 mmに達する捕食性ミジンコ，ノロ(*Leptodora*)がいた．一方，1964年は観察された最大の個体のサイズは1 mmであった

魚の少ない湖では，動物プランクトン間の餌を介した競争で大型種の方が小型種よりも優位にあることから，大型のダフニアが小型の動物プランクトンを凌駕する．ところが，魚が増えると，魚はより大きな動物プランクトンを専食するために大型のダフニアが少なくなり，魚に食われ難い小型の動物プランクトンが優占する．

この仮説は，その後，多くの研究者によって検証され，それが正しいことが示された．このことは，魚が捕食作用によって水域の動物プランクトン群集の種組成を変えてしまうほど大きな影響力を持っていることを意味している．また，大型ミジンコのダフニアが他の動物プランクトンとの競争に強いということは，効率良く植物プランクトンを食べる植食者であるということである．その後の研究で，ダフニアは，小型の動物プランクトン種に比べ，より小さな植物プランクトン種からより大きな種まで摂食できることがわかり，またその摂食速度も小型種よりも速いことが明らかになった．このことは，ダフニアが植物プランクトンの天敵であることを示している．それを端的に示す現象が湖でしばしば見られている．春の透明期の出現である．

多くの湖では，春先になり日射しが強くなってくると，植物プランクトンの珪藻が増えて透明度が低下する．しかし，その後急速に透明度が上がり，春の透明期が出現する．そして，再び透明度が低下するのである．この春の透明期は，春先の珪藻の大発生に続いて増えたダフニアが植物プランクトンを食い尽くしたために生じることがわかっている．その後，餌を食い尽くしたダフニアは減少し始め，その結果，再び植物プランクトンが増えて透明度が低下するのである．

(3) 停滞水域の水質に及ぼす生態系変化の影響

このことは，ダフニアは湖の透明度を大きく変える力を持っていることを示している．すなわち，停滞水域でダフニアが増えれば植物プランクトンの現存量を減らすことができ，水質汚濁問題を低減することができると考えられる．

ところが，多くの富栄養化した停滞水域ではダフニアが生息していない，あるいは棲息していても現存量が低い．ダフニアが少ないからその水域は水質汚濁問題を抱えているといえるのかもしれない．では，なぜ富栄養化した停滞水域にはダフニアが少ないのだろうか．その原因として，魚の現存量が高いということが考えられる．水域が富栄養化すると植物プランクトンの生産量が増え，それが食物連鎖を介して魚の生産量を上げることになる．また，多くの富栄養化した停滞水域では漁業活動が盛んで，多くの魚が放流されていることもそれに貢献しているだろう．つまり，富栄養化した停滞水域には魚が多く，それがダフニアを食べてしまうために植物プランクトンの大量発生が起きるというわけである．この考えを支持するような現象が多くの湖で観察されている．

ウィスコンシン州(米国)にあるメンドータ湖は富栄養化が進み，毎年夏になるとアオコをつくる藍藻が優占していた．1987 年に暑い夏が訪れ，その湖に多く生息していた冷水性の魚，シスコが大量に死ぬという事件が起きた．その結果，それまでは限られた時期にだけダフニア(カブトミジンコ，体長〜 2 mm)の大量発生が見られていたが，1988 年にはさらに大型のダフニア プリカリア(体長〜 3.5 mm)が大量に，しかもより長い期間出現し，植物プランクトン量が激減した[104]．

ミネソタ州(米国)のセバーソン湖では，1964〜1965 年の冬に寒波が襲い，厚い氷が長いこと張って水中の酸素がなくなり，湖水中の魚が死滅した．1965 年夏にはそれまでほとんどいなかった大型のダフニア(*Daphnia pulex*)が増え，植物プランクトンが激減し，例年なら 1 m に満たなかった透明度が 5 m に達した[105]．

これらのことは，魚は捕食活動によってプランクトン群集の構造を変え，湖の水

質に大きな影響を与えていることを示しているといえよう．すなわち，生態系構造が変われば，それが水質を変えることになるのである．

このことから，魚群集を人為的に制御して水質浄化が図られるようになってきた．これをバイオマニピュレーション（生態系操作）と呼んでいる．これを最初に考えたのがアメリカのShapiroである．彼はその考えを確かめるために，自然の湖を用いてそこの魚群集を変え，水質への影響を調べた[106]．

実験を行った湖はミネソタ州にあるラウンド湖で，面積12.6 ha，最大水深10.5 m，平均水深2.9 mの小さな湖である．この湖を曝気して成層構造を崩し，殺魚剤を投与して多くの魚を殺した．また，その後に魚食魚（ブラックバス，ウォールアイ）を放流し，プランクトン食魚を大幅に減らすことに成功した．その結果，それまで体長が0.5 mmに満たないような小型のゾウミジンコが優占していた動物プランクトン群集が体長3 mmに達するような大型のダフニアが増えるようになった（図-1.28）．また，それに伴ってそれまで2.1 mであった年平均透明度が4.7 mにまで上昇した（図-1.29）．

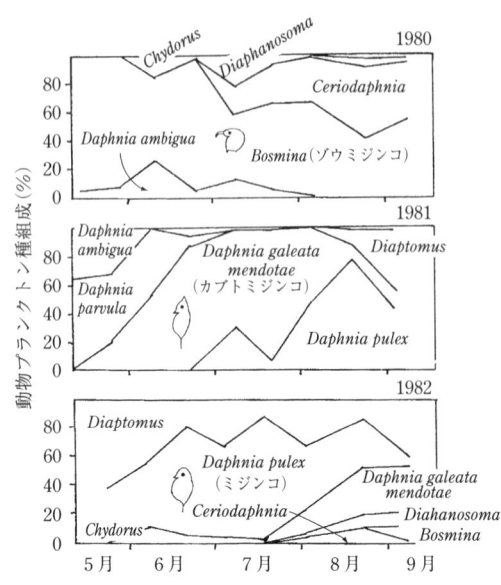

図-1.28 ラウンド湖における1980～1982年の動物プランクトン種の相対出現頻度［文献106］より再作図．1980年の9月に殺魚剤と魚食魚の投入によってプランクトン食魚を減らした．1980年に優占したゾウミジンコの成体の体長は約0.5 mm，1981年に優占したカブトミジンコは約2 mm，そして1982年に優占したミジンコ（ダフニア　ピュレックス）は約3 mm．プランクトン食魚を減らした翌年から，大型のミジンコが増えたことがわかる

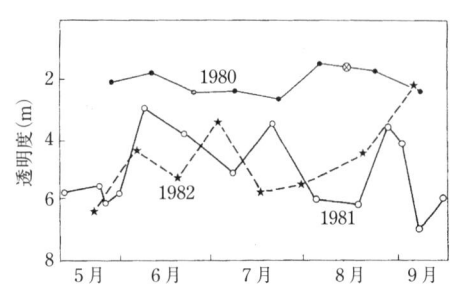

図-1.29 ラウンド湖における1980～1982年の透明度の季節変化［文献106］より再作図．1980年はプランクトン食魚を減らす前の状態．1981年，1982年はその魚を減らした後の変化

これにより，魚の存在がいかに水質に影響を及ぼしているのかが実験的に示されたといえる．

(4) 停滞水域の水質に及ぼす底生魚の影響

多くの魚は動物プランクトンを好んで食べるので，食物連鎖の中では高位にいる生物といえる．Shapiro の実験では，魚が捕食活動によって食物連鎖の下位の動物プランクトン群集を変え，その変化がさらに下位の植物プランクトン群集を変えて水質の変化に結びついた．これは，食物連鎖の上位の生物が食う-食われる関係を介して下位の生物に影響を与える作用を利用したもので，この働きはトップダウン効果と呼ばれている．

一方，これとは異なる働きで水質に影響を与える魚がいる．コイ等の底生性の魚である．この魚は，河床や湖底に生息するイトミミズやユスリカ幼虫等の底生動物を好んで食べ，その時に底泥を巻き上げる．また，底泥中の有機物を食べている底生動物を食べて水中に糞をする．これらの行為は，底泥中の栄養塩を水中に回帰することになる．

Brabrand ら[107]は，ノルウェーの湖の魚の現存量を調べ，その中で得られた底生性魚類 roach が湖底泥から溶出させるリンの量の季節変動を推定した．その結果，7〜9月には魚による湖底からのリンの溶出量が集水域からのリンの流入量を上回っているという結論に至った．特に7〜8月には，魚による溶出量が湖水中へのリンの総供給量の80％に達した．このことは，底生性魚類の多い湖では，植物プランクトンの増殖を促すリンの供給源として魚が果たす役割が大きいことを伺わせる．

栄養塩は，いわば植物プランクトンの餌であり，これは食物連鎖では植物プランクトンの下位にあるものといえる．したがって，下位の栄養塩を増やすことによって上位の植物プランクトンの増殖を促す働きは，ボトムアップ効果と呼んでいる．底生魚は，ボトムアップ効果で水質に影響を与えているといえよう．

停滞水域では，魚は様々な働きで水質に影響を及ぼしている．

1.5.2 大型植物が湖内の栄養塩類循環に与える影響

(1) 大型植物の生活史を介した栄養塩循環

a. 沈水植物　　沈水植物は，主要な栄養塩であるリンや窒素を主に根から吸収するめ，土壌中のリンや窒素が1ヶ月半程度の短期間で大きく減少する場合がある．

このため，貧栄水域では土壌中の利用可能な窒素が欠乏し，生長を抑制する原因となることもある．ただし，底質が砂質の場合には窒素よりもリンの方が制限因子になりやすい．

沈水植物の葉には植物着生藻類(epiphytic algae)が発生し，葉の年齢が高くなるほどその量が多くなる．沈水植物の葉等から水中の栄養塩類が吸収される場合は，大型植物そのものよりも植物着生藻類による量の方が多い．また，植物着生藻類は水中ばかりでなく，ホストとなる大型植物そのものからも栄養塩を吸収する[108]．一般に栄養塩濃度が低い場合には珪藻が，高い場合には，藍藻や緑藻が付着しやすい．藍藻や緑藻は量が多くなると，植物体から剥離して水面や水中に浮遊するが，この状態にある微細藻類を特に methaphytic algae と呼ぶ．

多くの沈水植物には根茎があり，老化すると，葉等の水中部に含まれていた糖分や栄養塩類の 25～75％が根茎に転流し貯蔵される．葉が完全に枯死すると，植物着生藻類ごと湖底に堆積し，細菌による分解作用を受け，一部が栄養塩類として水中に回帰し，残りは堆積物に蓄積し，徐々に分解されることで栄養塩への回帰が進む．

貧栄養水域で沈水植物群落が維持されるには，上述の過程により植物体起源の栄養塩が湖内で回帰して再利用されねばならない．一方，栄養塩類が外部から過剰に供給される状況においては，同じ一次生産者である植物プランクトンが増加して水中の透明度が低下すること，また植物着生藻類も増加することによって沈水植物の光合成が阻害され，生長が妨げられる．このため沈水植物群落は，貧栄養でも過栄養でも発達しにくいといえる．

b. 抽水植物と浮葉植物　抽水植物や浮葉植物の多くが多年生で，大きな地下茎を有している．春先の発芽の際には，地下茎に貯蔵されていた炭水化物や栄養塩を利用し，地上部が十分発達した6月頃から光合成生産物の一部を地下茎に転流させる．やがて花穂をつけると，地上部の生長は停止し，地上部に含まれていた大部分の炭水化物や栄養塩類は地下茎に移動する[109]．そのため，地上部が枯死・分解する際に溶出する栄養塩量は，地上部の生物量から推算される量の 20～50 ％以下にとどまる[110]．

枯死・分解に要する時間は，沈水植物と比べて抽水植物や浮葉植物の方が長い．好気状態の水中で 50％分解されるのに要する日数は，沈水植物では数10日から最大100日程度であるのに対し，抽水植物では 100 日以上，400 日程度を要する．また，抽水植物のヨシは茎が固いために，場合によっては1年以上立ち枯れの状態を

保ち，水中に倒伏して分解されるまでにさらに長時間を要する．

(2) 栄養塩循環における大型植物の間接的な影響

抽水植物や浮葉植物は発達した通気組織を有し，大量の酸素を底質中に供給するために，根毛周辺には高い酸素傾度を持った層が生成し，周囲の嫌気層と相まって硝化脱窒作用を生じさせる．

大量の地下茎を有する抽水植物の場合，地下茎中に酸素を供給することが大きな課題である．空気中に林立した茎によるベンチュリ効果，気体が溶解することにより湿度傾度が生じ拡散により移動する効果，温度や湿度の変化による圧力勾配等の効果によって根毛にまで酸素を供給するが，それでも，有機物に富む嫌気的な土壌中では酸素が不足がちになる．特に沈水植物の場合には，光合成によって水中に酸素を供給，枯死後の分解時には水中の酸素と消費するのに対し，抽水植物や浮葉植物は，光合成時に大気中に酸素を放出，分解時には水中の酸素を消費する．こうした場合には，水中に大量の不定根を形成し，栄養塩類吸収が水中からも行われるようになる．

沿岸帯の堆積物では，表面が好気的であることから，Fe^{3+}やCa^{2+}が底質表面でリン酸と強く結合して水中のリン酸が吸収される．そのため，Fe：Pの比が15を超えるような場所では，好気的な状態にある限りリン酸の溶出は少ないとされてきた．しかし，密な植物群落で，光合成によって二酸化炭素が利用されpHが高くなると，たとえ底質表面が好気状態であってもリン酸の溶出が増大する．これは，一般的なリン酸と鉄やカルシウムの反応式，

$$FeOOH \approx (OH^-)_m + nH_2PO_4^- \Leftrightarrow FeOOH \approx (H_2PO_3^-)_n + mOH^-$$

において，アルカリ状態においては左向きの反応が進行するためで，例えばpHの値が8.0から9.0に上昇すると，リン酸の溶出量は倍増する[111]．

一例としてデラヴァン湖では，リン酸の全溶出量[6 mg-P/($m^2 \cdot d$)]のうち，97％はpHが増加したことによっており，貧酸素水塊ができたことによるものは3％と試算されている．さらにこの湖では，植物の生長・枯死・分解の過程を介して循環するリンの量は，系外からの流入量の2倍になると見積もられている[112]．

(3) 大型植物が他の生物相に与える影響

大型植物は様々な方法で植物プランクトンの増殖を抑制するが，特に光の遮断と栄養塩類を減少させる効果が大きい．沈水植物群落内での植物プランクトン濃度は，

外界と比べてリュウノヒゲモで60％程度, コカナダモで12％程度と報告されている[113]. また, 沈水植物が密な群落では, 沈水植物の光合成に伴って水中の二酸化炭素濃度が減少し, 植物プランクトンの光合成を抑止する.

沈水植物から排出されるアレロパシー物質も植物プランクトンの増殖を抑制する. フサモ類の乾燥重量の1.5％を占めるポリフェノール類は酵素の働きを弱め, 藍藻の増殖を著しく抑制する. また, 沈水植物の枯死・分解過程で溶出するフミン質の物質にも同様の効果があるとされる. また, 車軸藻類やマツモから溶出する硫黄を含むいくつかの物質は, 微生物や昆虫類の活動に影響する[114]. 多くの動物プランクトンもまた, 沈水植物から分泌される物質に影響される. 例えばダフニアは, コカナダモやフサモ, フラスコモ等から分泌される物質を含んだ水中では, 負の反応を示す. また, 蚊の幼生は車軸藻類が分解する際に分泌される物質に大きく影響される.

沈水植物群落は, 大型の動物プランクトンが捕食者から逃れるための避難場所を提供するが, このような効果も植物プランクトン濃度が低下し, 透明度を上昇させることに寄与している. ダフニアに代表される草食の動物プランクトンは, 1～15μm程度の有機物粒子, 特に植物プランクトンの細胞を濾過し摂食する. その濾過効率は体が大きなものほど大きく, 大型の動物プランクトンの多産性に寄与する[115]. 魚等の捕食者のいない環境では, 大型のものが優占し, その高い濾過摂食のために植物プランクトン量は減少する. ところが捕食者, 特に視覚で獲物を探す魚類が存在する場合, 摂取できるエネルギーと捕獲に費やすエネルギーの比が大きい大型の獲物を優先的に捕獲するため, 遊泳速度の遅い大型のダフニアは最初に捕獲されて姿を消し, ワムシ等の体の小さいものや, 捕食を逃れる能力の高いケンミジンコが優占し, 植物プランクトンの摂取効率が激減する[116,117].

沿岸に大型植物群落が存在すると, 群落内では光が弱く, かつ様々な物理的障害が存在することから, 捕食者の獲物の探索効率や捕獲効率が低下する. したがって, こうした群落が大型の動物プランクトンが捕食者から逃れる避難所(refuge)の役割を担うことになる. さらに, 植物体をハビタートとする動物プランクトンの生息も可能になり, 動物プランクトンによる植物プランクトンの摂取効率が増加する. このように, 大型植物群落は捕食されやすい小動物の避難所としての役割を果たすことから, 捕食者のいる湖沼では, 被捕食者である小動物の大型植物群落内での密度が高くなる. また, 移動能力の高い小動物が夜間は沖帯で摂食し, 捕食されやすい昼間は群落内に移動するといった行動パターンも見られる.

デンマークでは，大型植物群落の面積が全体の15％程度より大きくなると動物プランクトン密度が増し，湖沼の透明度が高くなると報告されている[118]．しかし，日本の場合は，適当な魚食の魚が少ないなど様々な条件から，透明度を上昇させるには，少なくとも30％程度の面積が必要と考えられている．こうした面積を伴わないビオトープの造成や浮島の設置は，良好な生態系を局所的につくり上げるという目的は達成できるが，湖沼全体の水質を改善するには不十分な場合が多く，目的に応じた事業計画が必要である．

(4) 大型植物による底質再浮上防止および浮遊物質沈降促進効果

a. 底質再浮上防止効果 湖沼の沿岸域における底質の再浮上量は，風速の3乗から4乗に比例する．湖岸においては，風波が発達して底質を大きく攪乱するため，特に有機物の堆積の激しい場所では，大量のセストンが浮遊することから，風速の増加とともに透明度は減少し，風の収まりとともに再び湖底に沈降する[119]．

堆積物下部の嫌気層ではリン酸やアンモニア等が溶存しているが，水理状態が安定な場合には，それらの水中への溶出は表層の薄い酸化層で抑えられている．しかし，風速の増大とともに底質が攪乱されると，こうした栄養塩類は水中に回帰することになる．また，場合によっては，浮遊した有機物は沈水植物の葉表面に沈着し，光合成を阻害する．

同様な現象は，風だけでなく，湖沼に大量の洪水流が流入する場合にも生じる．特に流入河川が大量の浮遊土砂を含んでいる場合には，沈水植物の生育に対する影響は大きい．

一方，密な大型植物群落が存在すると，こうした攪乱に対して植物体が抵抗になり，底近傍の流速が抑えられ，底質の再浮上が抑えられる．特に車軸藻類のような湖底を覆うように群生する植物の場合には，キャノピー内部の流速が急速に減少するため，底質の再浮上を防止する機能は一段と高い．また，車軸藻類（フラスコモ類）は，粘液を分泌し，枯死後に粘着性の高い土壌を生成するため，群落内の土壌は，風等の攪乱に強い傾向がある．

b. 浮遊物質沈降促進効果 植物群落内では群生する植物体によって風等の外部攪乱が減少し，水中の流れや乱流が抑えられ，その結果，浮遊する植物プランクトン等の懸濁物質の沈降が促進される．そのため，浅い湖沼では，沖帯に浮遊する物質が沿岸の抽水植物群落内で沈降，堆積する．このため，抽水植物群落内では分解過程にある有機物成分が大量に存在するにも関わらず，無機の懸濁物質が加わるた

めに有機物成分の割合は比較的低い値(数%程度)に抑えられている．沈水植物には風を抑える作用は存在しないが，水中の流れや乱流は抑えられ，それまで浮遊していた懸濁物質も群落内で堆積する．

さらに，近年，抽水植物群落や浮葉植物群落内では日射が抑えられるために水温が低下，弱い下降流が存在することが知られ，こうした流れも浮遊する懸濁物質の沈降を促進すると考えられる．

このように，大型植物群落内では浮遊物質の濃度が外界と比較して格段に減少する．そのために，植物プランクトン濃度が低下することと相まって，水中の透明度が増加し，沈水植物にとっては群落を維持しやすい環境となる．

(5) 湖沼の栄養塩レベルの変化による植物相の遷移と排他的安定状態

生産性の高い沿岸帯においては，栄養塩レベルに伴って植物相は以下のように変化する[120～122]．

貧栄養状態では栄養塩濃度が制限因子となり，大型植物，植物プランクトン量とも少ない．富栄養化の進行とともに最初に植物プランクトン，次に沈水植物やそれに付着する着生藻類が急激に増加する．特に比較的透明度の高い間は，本来，大型藻類である車軸藻類等の増加が著しい．しかし，富栄養化が進むと，車軸藻類は姿を消し，植物プランクトン量の増加とともに水中の光量が減少し，大型植物や付着藻類の生育域が浅くなっていく．さらに富栄養化が進行すると，植物プランクトン濃度がさらに上昇するとともに着生藻類が増加する．そのため，植物体に届く光量も沈水植物の生育に可能な光限界を下回り，光量が制限因子となることで，まず沈水植物が，続いて付着藻類の生育が抑制される[108]．これは同時に，底質表面での微生物による働きも抑え，底質と水との間の栄養塩循環にも影響を与える．

さらに富栄養化が進行し，過栄養な状態になると，底質の嫌気化が急速に進行し，分解速度の低下に伴って大量の有機物が堆積する．これにより土壌中に硫化水素等の物質が生成されるようになり，浅い場所では，通気能力の高い抽水植物群落が形成される[123]．一般に抽水植物群落の生産性は高く，また分解速度が低いこと[124]，また無機質の浮遊物質の捕捉能力も高いことから，徐々に有機物に富んだ土壌が堆積し，湖沼は浅くなっていく[109]．

以上のような過程から，湖沼には，透明度が高い場合にはその状態を継続させ，富栄養化が進行し透明度が低下した場合には栄養塩負荷を減らしてもなかなか透明度の高い状態に移行しないという，排他的な安定状態が存在することがわかる[125]．

1.5 生態系と水質のダイナミックな相互関係

すなわち，透明度が高い場合には沈水植物群落が湖底を覆って栄養塩を吸収し，動物プランクトン量が増え，植物プランクトンの増殖が抑えられて，底質の再浮上も少なくなる．この時，多少の栄養塩負荷の上昇があっても，沈水植物群落の発達に利用されるために，そのまま高い透明度が維持される．しかし，富栄養化が極度に進行して沈水植物群落が消滅すると，流入栄養塩は植物プランクトンの増殖のみに利用され，また底質の再浮上によって透明度が低下する．こうした状態になると，栄養塩の流入負荷を減少させてもなかなか元の透明度の高い状態には移行しない[126]．

特に欧米の湖沼では，こうした変化は魚相の変化にも現れる[127]．ヨーロッパの湖沼では，パイクやパイクパーチといった魚食魚が多く，動物プランクトン食，草食，ベントス食の魚の量が過剰に増えることを抑制している．一般に，純粋な魚食魚は繁殖能力が弱く，幼魚は大型植物群落をハビタートとしている．富栄養化が進行し若齢期の魚のハビタートが減少すると，魚食魚の量が低下し，結果として，動物プランクトンや草食魚，ベントスを主な餌とする魚の量が増え，低下した透明度を継続させることになる．日本の場合，在来の魚食魚が少ないこと，またハクレン等の草食魚はアオコの除去に効果があることも示されており[128]，魚類相と湖沼の富栄養化との間には強い関係がある可能性は高くさらなる研究が必要である[129]．

以上のような背景から，湖沼管理のうえで，富栄養化した湖沼を再生させる場合に以下のようなことに注意しなければならない．

富栄養化した湖沼を流域の下水道整備や河川水の導入等の施策によって再生を図る場合，湖沼内に透明度の高い湖で見られる状態，すなわち沈水植物群落の発達，魚相の健全な構成，大型の動物プランクトンが十分な量発生していることなどが得

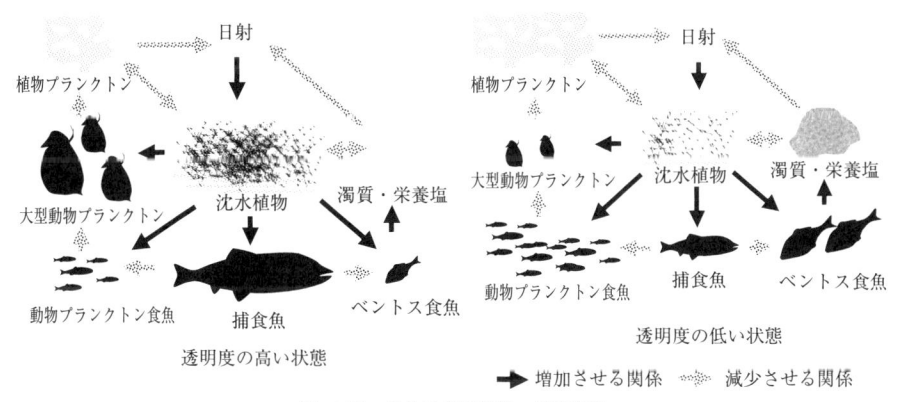

図-1.30 排地的安定状態の維持機構

られるレベルまで改善する必要がある．こうした状態が得られない段階で終了した場合には，十分な効果が得られない可能性がある．すなわち，たとえ短期的に植物プランクトンの増殖が抑制され透明度が向上したとしても，高い透明度を維持することが可能な生態系が形成されていない限り，透明度はすぐに低下すると考えられる．

1.6 提　　言

　本章の内容を，できる限り具体的な政策実施あるいは今後の研究調査活動に反映できるように，提言の形でここに示す．要点を述べると，河川生態系から見た有機物・栄養塩の動態把握に関する提言は，水質と生態系の全体像とその関係把握に関するものである．毒性物質の影響評価に関する提言は，水質と生態系の個々の要素の相互関係についてである．河川環境のモニタリングと生物指標の必要性に関する提言は，河川環境の把握の方法に関するものである．また，停滞水域における生態系機能を利用した水質浄化に関する提言は，河川環境の全体把握がどのように具体的な管理政策へ応用できるかを示す内容である．

1.6.1　河川生態系から見た有機物・栄養塩の動態把握に関する提言

　河川生態系の健全性を維持するためには，有機物や栄養塩等の挙動をより詳細に捉えていくことが必要である．また，出水時の流出や粒状有機物（POM）の挙動等についても把握が必要となっている．

> 提言(1)　　流量変動時や出水時の水質は，河川生態系に重要な影響を与える．流量変動と生態系との相互関係を把握したうえで，生態系の健全性を確保する対策を行う必要がある．特に，洪水時の有機物動態の調査（手法の開発とデータの収集）を行っていく必要がある．

1.2.1，1.2.6，1.2.7，1.3.3 参照

> 提言(2)　　SSの粒度分布とVSSは，生物の産卵や植物の光合成などの生物

の生息場所そのものに影響を与える．河川生態系に関連する水質として特に把握が必要である．

1.3.1，1.3.3 参照

提言(3)　　有機物粒子は，生態系の基礎的資源であり，BOD，COD に加えて，POM の挙動把握の研究が必要である．

1.2.1，1.2.2，1.3.3 参照

提言(4)　　栄養塩管理のためには，流域全体にわたる発生源対策が必要である．そのためには，窒素安定同位体比を用いて，発生源を特定する研究が重要である．

1.3.2 参照

1.6.2　毒性物質の影響評価に関する提言

河川の生態系を健全で豊かなものにするためには，生態系を構成している生物に影響のある毒性物質について，その挙動を明らかにする必要がある．また，生態毒性に関わる物質の正確な理解，評価に基づく新しい河川水質管理が必要となっている．特に，都市排水や畜産排水等を起源とするアンモニア，水田からの各種農薬成分の流出等，毒性物質に対する管理が必要である．

提言(5)　　バイオアッセイによる，毒性物質のモニタリングデータを用いた，河川生態系の健全度評価の方法に関する研究の進展が望まれる．

1.3.4 参照

提言(6)　　野外に生息する生物に及ぼす毒性物質の影響を評価するためには，複数の毒性物質の複合影響を解析する必要がある．また，生物が曝されている自然のストレス(餌不足，高温，低温，酸素不足等)と毒性物質の複合影響

も考慮すべきである．

1.3.4 参照

提言(7) 　生物群集・生態系に及ぼす毒性物質の影響を評価する場合には，一部の生物が直接的に受けた毒性影響が，生物間相互作用を介して他の生物にも間接的に影響を及ぼすことを考慮しなければならない．

1.3.4 参照

提言(8) 　アンモニアの存在形態とその濃度は，河川生態系に直接影響する．非イオン化アンモニアは，多くの水生生物に毒性を示し，その濃度は，水温およびpHの影響を受ける．対象河川の特性を考慮し，アンモニアの適切な管理目標値を設定する必要がある．

1.3.4 参照

提言(9) 　農薬等の微量化学物質は，動物・植物の生育，生息に影響を与える．農薬等の微量化学物質の河川生態系への影響を正確に見通す研究，ならびにモニタリング方法の開発が必要である．また，農薬等について，流域ごとの使用状況に関するデータベースを構築することが必要である．

1.3.4 参照

1.6.3　河川環境モニタリングに関する提言

　河川における水生生物は，様々な河川環境の変化の中で生息している．なかでも，水温や濁質，ならびに毒性物質で代表される水質の短時間的な変化には敏感である．したがって，生態系を考慮した水質のモニタリングは，平均的な数値の把握とともに，最大値やピーク値の把握も重要となる．

提言(10) 　河川生態系への水質の影響を解明するには，頻度の高い水質測

定，あるいは連続的な自動水質監視の実施が必要である．また，既存データも含め，データの有効な活用が望まれる．

1.3.1，1.3.2，1.4.1 参照

提言 (11)　生物の生息，再生産にとって，溶存酸素，濁り，pH，水温は，基本的な水質項目であり，保全したい生物種，その成長段階に配慮した評価が必要である．

1.3.1 参照

提言 (12)　魚は，生態系や水質に強く影響を与える生物である．水域ごとに生息する魚の種類や現存量をモニタリングする必要がある．

1.5.1 参照

1.6.4　生物指標の必要性に関する提言

河川の水質の評価には，個々の水質成分の化学分析値によるものが主として用いられてきた．しかしながら，生態系に影響する可能性のある微量汚染物質は年々増えてきており，これらの物質が複雑に関係し，生態系を構成する生物に影響を与えている．また，河川生態系は河川の形態や流量の状況等にも大きく影響されている．こうした観点から河川環境を総体的に評価できる生物指標を開発し，活用していくことが求められている．

提言 (13)　現地生物モニタリングは，河川生態系の健全度の評価，および河川水質の監視のために重要である．底生動物を用いた生物学的水質判定法は，簡易でわかりやすいという側面もあり，より一層の活用が推奨される．なお，その評価を数値化する手法については，より精度を上げる調査研究が必要である．

1.4.3 参照

1章　河川における生態系と水質の相互関係

| 提言(14) | 個々の微量汚染物質の影響を正確に把握するためには，個体群の感受性を十分考慮した底生生物群集による評価手法の開発が必要である． |

1.4.4 参照

1.6.5 停滞水域における生態系機能を利用した水質浄化に関する提言

停滞水域における水質改善は，従来型の負荷削減等による改善のみでは目標を達成できない水域も出てきている．水域内の生態系にも着目し，生物の生息量を管理し，生態系構造を変えることにより改善を図る方策も考えられる．

| 提言(15) | 望ましい水環境と共存できる魚群集の種組成と現存量を把握するための研究が必要である．例えば，プランクトン食魚は，生態系構造を変え，水質に影響を与える．底生魚は，底泥から水中への栄養塩の回帰量に影響を与える．このような影響の定量的把握が求められている． |

1.5.1 参照

| 提言(16) | 停滞水域では，魚の現存量が高くなると，水質汚濁が進む場合があるため，望ましい水環境を維持するためには適正な魚群集の管理が必要である．また，それに応じた漁業活動を行う必要がある．ならびに，釣り人による魚の放流についても規制が必要である． |

1.5.1 参照

| 提言(17) | 水草による停滞水域の水質浄化にあたっては，水草が広い面積を覆う必要がある．そのためには，下水道等による栄養塩の流入負荷削減や，魚の現存量の適正な管理によって，水の透明度を上げることが必要である． |

1.5.1，1.5.2 参照

参考文献

1) Newbold, J.D., Elwood, J.W., O'Neill, R.V. and Van Winkle, W.： Measuring nutrient spiraling in streams, *Canadian Journal of Fisheries Aquatic Science*, 38, pp.860-863, 1981.
2) Vannote, R.L., Minshall, G.W., Cummins, K.W., Sedell, J.R. and Cushing, C.E.： The river continuum concept, *Canadian Journal of Fisheries Aquatic Science*, 37, pp.130-137, 1980.
3) Junk, W.J., Bayley, P.B. and Sparks, R.E.： The flood pulse concept in river-floodplain systems, Special Publication., *Canadian Journal of Fisheries Aquatic Science*, 106, pp.110-127, 1989.
4) Thorp, J.H. and Delong, M.D.： The riverine productivity model：an heuristic view of carbon sources and organic processing in large river ecosystems, *Oikos*, 70, pp.305-308, 1994.
5) Gurtz, M.E., Webster, J.R. and Wallace, J.B.： Seston dynamics in southern Applachian streams：effects of clear-cutting, *Canadian Journal of Fisheries Aquatic Science*, 37, pp.624-631, 1980.
6) 角野康郎：日本水草図鑑, 文一総合出版, 1994.
7) リバーフロント整備センター：川の生物図典, 山海堂, 1996.
8) 谷田一三監修, 丸山博紀, 高井幹夫：原色川虫図鑑, 全国農村教育協会, 2000.
9) Webster, J.R. and Benfield, E.F.： Vascular plant breakdown in freshwater ecosystems, *Annual Review of Ecological Systematics*, 17, pp.567-594, 1986.
10) Wetzel, R.G.： Limnology, Lake and river ecosystems, Academic Press, San Diego, 2001.
11) Shelford, V. E.： Ecological succession, I, Stream fishes and the method of physiographic analysis, *Biological Bulletin*, 21, pp.9-34, 1911.
12) 藤原浩一：濁水が琵琶湖やその周辺環境に生息する魚類におよぼす影響, 滋賀県水産試験場研究報告, No.46, pp.9-37, 1997.
13) アメリカ合衆国内務省/国立生物研究所(中村俊六, テリー・ワドゥル訳)：IFIM入門, p.197, リバーフロント整備センター, 1999.
14) Midcontinent Ecological Science Center HP, 1996.11.31. http://webmesc.mesc.nbs.gov/rsm/ifim/
15) 山元憲一：コイ科魚類6種の低酸素下における逃避反応, 水産増殖, 13, No.2, pp.129-132, 1991.
16) 合葉修一, 岡田光正, 大竹久夫, 須藤隆一, 森忠洋：浅い汚濁河川におけるBOD収支のシミュレーション(第2報), 下水道協会誌, 12, No.132, pp.26-37, 1975.
17) 関根雅彦, 浮田正夫, 中西弘, 内田唯史：河川環境管理を目的とした生態系モデルにおける生物の環境選好性の定式化, 土木学会論文集, No.503/II-29, pp.177-186, 1994.
18) 山口県生活環境部：平成15年度椹野川河口干潟自然再生推進計画調査報告書, 2004.
19) 山口県：大規模増殖場開発事業報告書 山口・大海湾地区－アサリ, 1979.
20) 月保憲仁, 芳賀卓, 庵谷見：冬期の藻類活動による河川水pHの変動, 水道協会雑誌, 53(11), pp.20-28, 1984.
21) 新島恭二, 石川雄介：酸性水が淡水魚の卵・稚仔の孵化と生残に及ぼす影響－コイ, アユ, ヤマメおよびイワナについて, 電力中央研究所報告, U91050, p.25, 1992.
22) 伊藤隆, 岩井寿夫：アユ種苗の人工生産に関する研究－IX, 人工孵化仔魚の各種水質要素に対する抵抗性, 木曽三川河口資源調査報告, 第2号, pp.883-914, 1965.
23) 岩田他：漁業公害調査報告 多摩川におけるダム等の河川工作物設置による漁業に及ぼす影響調査 昭和56～60年度, 東京都水産試験場調査研究要報, No.192, p.97, 1987.
24) Childs, M.R. and Clarkson, R.W.： Temperature effects on swimming performance of larval and juvenile Colorado Squawfish：Implications for survival and species recovery, *Transaction of American Fishery Society*, 124, pp.698-710, 1995.
25) Smale, M.A. and Rabeni, C.F.： Hypoxia and hyper thermia tolerances of headwater stream fishes, *Transaction of American Fishery Society*, 124, pp.698-710, 1995.
26) 沖野外輝夫：河川の生態学, 共立出版, 2002.
27) Lohman, K., Jones, J.R. and Perkins, B.D.： Effects of nutrients and flood frequency on periphyton biomass in Northern Ozark Streams, *Canadian Journal of Fisheries and Aquatic Science*, 49, pp.1198-1205, 1992.

28) Che'telat, J., Pick, F.R., Morin, A. and Hamilton, P.B.： Periphyton biomass and community composition in rivers of different nutrient status, *Canadian Journal of Fisheries and Aquatic Science*, 56, pp.560-569, 1999.
29) Murakami, T., Kuroda, N., Yoshida, K., Haga, H. and Isaji, C.： Potamoplanktonic Diatoms in the Nagara River ; Flora, Population Dynamics and Influencs on Water Quality, *Japanese Journal of Limnology*, 53, pp.1-12, 1992.
30) 富塚和衛，佐々木久雄，大場修，濱名徹，氏家顕：白石川における冬期高pHの出現の原因調査について，宮城県保健環境センター年報，10，pp.96-105，1991.
31) 新矢将尚，鶴保謙四郎，北野雅昭，土永恒弥：1990年代における大阪市内河川水質の変遷，用水と廃水，44，pp.367-373，2002.
32) Douterelo, I., Perona, E. and Mateo, P.： Use of Cyanobacteria to assess water quality in running waters, *Environmental Pollution*, 127, pp.377-384, 2004.
33) 阿部早智子，加藤丈夫，伊藤善通，横林一彦，宮崎圭三：下水処理場流出水の河川生物相に与える影響，日本水処理生物学会誌，32(1)，pp.51-59，1996.
34) 福嶋悟：下水処理水による都市河川の生物生息環境の回復；付着藻類群集による評価，用水と廃水，37，pp.643-647，1995.
35) 小野塚敏彦，川崎貴義，石渡英樹：下水処理水が河川生物相に与える影響に関する研究，第38回下水道研究発表会講演集，pp.175-177，2001.
36) Mundie, J.H. and Simpson, K.S.： Response of stream periphyton and benthic insects to increases in dissolved inorganic phosphorus in a Mesocosm, *Canadian Journal of Fisheries and Aquatic Science*, 48, pp.2061-2072, 1991.
37) 水野信彦，御勢久右衛門：河川の生態学，築地書館，1993.
38) 中田信太，大高明史：白神山地・津軽十二湖湖沼群の河川における底生動物の群集構造と食性，弘前大学教育学紀要，89，pp.77-95，2003.
39) Hill, W.R., Boston, H.L. and Steinman, A.D.： Grazers and nutrients simultaneously limit lotic primary productivity, *Canadian Journal of Fisheries and Aquatic Science*, 49, pp.504-512, 1992.
40) 加藤林成夫：水質の異なる河川水域におけるオイカワ *Zacco platypus* の食性，茨城県公害技術センター研究報告，1，pp.41-51，1988.
41) Kline, C. Thomas Jr., John, J. Goering, Ole, A. Mathisen and Patrick, H. Poe ： Recycling of elements transported upstream by runs of Pacific Salmon：I. δ^{15}N and δ^{13}C evidence in Sashin Creek, Southeastern Alaska, *Canadian Journal of Fisheries and Aquatic Science*, 47, pp.504-512, 1990.
42) Johnston, N.T., Maclsaac, E.A., Tschaplinski, P.J. and Hall, K.J.： Effects of the abundance of spawning Sockeye Salmon（*Oncorhynchus nerka*）on nutrients and algal biomass in forested streams, *Canadian Journal of Fisheries and Aquatic Science*, 61, pp.384-403, 2004.
43) Macko, S.A. and Ostrom, N.E.：Pollution studies using stable isotopes, In Stable Isotopes in Ecology and Environmental Science, Edited by K.Lajtha and R.H.Michener Blackwell Scientific Publications, Oxford, pp.45-62, 1994.
44) Toda, H., Uemura, Y., Okino, T., Kawanishi, T. and Kawashima, H.： Use of nitrogen stable isotope ratio of periphyton for monitoring nitrogen sources in a river system, *Water Science and Technology*, 46, pp.431-435, 2002.
45) McClelland, J.W., Valiela, I. and Michener R.H.： Nitrogen-stable isotope signatures in estuarine food webs：A record of increasing urbanization in coastal watersheds, *Limnology and Oceanography*, 42, pp.930-937, 1997.
46) MacLeod, N.E. and Barton, D.R.：Effects of light intensity, water velocity, and species composition on carbon and nitrogen stable isotope ratios in periphyton, *Canadian Journal of Fishery and Aquatic Science*, 55, pp.1919-1925, 1998.
47) 熊澤喜久雄，山本洋司，朴光来，田村幸美：多摩川流域河川における硝酸態窒素濃度および δ^{15}N について，日本土壌肥料学雑誌，71，pp.216-224，2000.

参考文献

48) Allan, J.D.：Stream Ecology：Structure and Function of Running Waters, Kluwer Academic Publishers, Dordrecht, 1985.
49) Wotton, S.W.：The classification of particulate and dissolved matter, In：The Biology of Particles in Aquatic Systems (ed. R.S. Wotton), pp.1-6, Lewis Publishers, Florida, 1994.
50) Degens, E.T.：Transport of carbon and minerals in major world rivers Part 1, Proceedings of a workshop arranged by Scientific Committee on Problems of the Environment(SCOPE) and the United Nations Environment Programme(UNEP), Hamburg University, Hamburg, 1982.
51) 建設省河川局監修：河川水質試験方法(案)(1997年版 試験方法編)，技報堂出版，1997.
52) 日本下水道協会：下水試験方法，p.812，日本下水道協会，1997.
53) Fisher, S.G. and Likens, G.E.：Energy flow in Bear Brook, New Hampshire − An integrative approach to stream ecosystem metabolism, *Ecological Monographs*, 43, pp.421-439, 1973.
54) van der Nat, D.：Ecosystem processes in the dynamic Tagliamento River (NE-Italy), Ph.D. Thesis, EAWAG/ETH, 2002.
55) Kaushik, N.K. and Hynes, H.B.N.：The fate of the dead leaves that fall into streams, *Archiv für Hydrobiologie*, 68, pp.465-515, 1971.
56) Webster, J.R. and Benfield, E.F.：Vascular plant breakdown in freshwater ecosystems, *Annual Review of Ecology and Systematics*, 17, pp.567-594, 1986..
57) Webster, J.R., Benfield E.F., Ehrman, T.P., Schaeffer, M.A., Tank, J.L., Hutchens, J.J. and D'Angelo, D.J.：What happens to allochthonous material that falls into streams? A synthesis of new and published information from Coweeta, *Freshwater Biology*, 41, pp.687-705, 1999.
58) Bilby, R.E. and Likens, G.E.：Effect of hydrologic fluctuations on the transport of fine particulate organic carbon in a small stream, *Limnology and Oceanography*, 24, pp.69-75, 1979.
59) Burney, C.M.：Seasonal and diel changes in particulate and dissolved organic matter, In：The biology of particles in aquatic systems (ed. Wotton, R.S.), pp.97-135, Lewis Publishers, Florida, 1994.
60) Merritt, R.W. and Cummins, K.W.：Trophic relations of macroinvertebrates, In：Methods in Stream Ecology(eds. Hauer, F.R., Lamberti, G.A.), pp.453-474, Academic Press, San Diego, 1996.
61) Fisher, S.G. and Gray, L.J.：Secondary production and organic matter processing by collector macroinvertebrates in a desert stream, *Ecology*, 64, pp.1217-1224, 1983.
62) Ward, G.M.：Lignin and cellulose content of benthic fine particulate organic matter(FPOM) in Oregon Cascade Mountain streams, *Journal of North American Benthological Society*, 5, pp.127-139, 1986.
63) Sinsabaugh, R.L., Weiland, T. and Linkins, A.E.：Enzymatic and molecular analysis of microbial communities associated with lotic particulate organic matter, *Freshwater Biology*, 28, pp.393-404, 1992.
64) Wallace, J.B., Webster, J.R. and Woodall, W.R.：The role of filter feeders in flowing waters, *Archiv für Hydrobiologie*, 79, pp.506-532, 1977.
65) 谷田一三：生態学的視点による河川の自然復元：生態の循環と連続性について，応用生態工学，2，pp.37-45, 1999.
66) 水生生物保全水質検討会：「水生生物の保全に係る水質目標について」報告，環境省，p.95, 2002.
67) 金澤純：農薬の環境化学 p.310，合同出版，1992.
68) 若林明子：改訂版 化学物質と生態毒性，p.457, 丸善，2003.
69) 田中二良編：水生生物と農薬，急性毒性資料編，サイエンティスト社，1978.
70) 菊地幹夫，若林明子：アンモニア汚染の環境リスク評価，東京都環境科学研究所年報1997, pp.143-148, 1997.
71) Gammeter, S. and Andreas, F.：Short-term toxicity of NH_3 and low oxygen to benthic macroinvertebrates of running waters and conclusions for wet weather water pollution control measures, *Water Science and Technology*, 22, pp.291-296, 1990.
72) Augopurger, T., Keller, A.E., Black, M., Cope, W.G. and Dwyer, F.：Water quality guidance for protection of exposure, *Environmental Toxicology and Chemistry*, 22, pp.2569-2575, 2003.
73) 笹尾圭哉子，白崎亮，田中宏明，玉本博之，宮本宣博，東谷忠：下水処理水が放流先の水環境に与え

る影響に関する調査，用水と廃水，45，pp.134-140，2003.
74) Malthy, L.: Sensitivity of the crustaceans *Gammarus pulex*(L.) and *Asellus aquaticus*(L.) to short-term exposure to hypoxia and unionized ammonia : Observation and possible mechanisms, *Water Reseach*, 29, pp.781-787, 1995.
75) Zischke, J.A. and Arthur, J.W.: Minnesota River Basin evaluations of stream water quality, habitat and benthos, *Agricultural Research to Protect Water Quality*, Proceedings of the Conference-Vol.2 Poster Paper Presentation 1993, 1994.
76) Sampaio, L.A., Wasielesky, W. and Miranda-Filho, K. Campos : Effect of salinity on acute toxicity of ammonia and nitrite to Juvenile *Mugil platanus, Bulletin of Environmental Contamination and Toxicology*, 68, pp.668-674, 2002.
77) Khatami, S.H., Pascoe, D. and Learner, M.A.: The acute toxicity of phenol and unionized ammonia, separately and together, to the Ephemeropteran *Baetis rhodani*(Pictel), *Environmental Pollution*, 99, pp.379-387, 1998.
78) Hofer, R., Jeny, Z. and Bucher, F.: Chronic effects of linear alkylbenzene sulfonate(LAS) and ammonia on rainbow trout (*Oncorhynchus mykiss*) fry at water criteria limits, *Water Research*, 29, pp.1725-1729, 1995.
79) Szal, G.M., Peter, M.N., Kennedy, L.E., Barr, C.P. and Bilger, M.D.: The toxicity of chlorinated wastewater : instream and laboratory case studies, *Research Journal of the Water Pollution Control Federation*, 63, pp.910-920, 1991.
80) United States Environmental Protection Agency : National Recommended Water Quality Criteria, EPA-822-R-02-047, 2002.
81) 本山直樹編：農薬学事典，pp.25-26，朝倉書店，2001.
82) 日本農薬学会編：農薬とは何か，p.7，日本植物防疫協会，1996.
83) 環境省水環境部：農薬生態影響評価検討会第2次中間報告－我が国における農薬生態影響評価の当面の在り方について，2002. http://www.env.go.jp/water/nonaku/seitaiken02
84) 国土交通省河川局編：平成14年度全国一級河川の水質現況，2003.7.
85) 日本水道協会：平成12年度水道統計水質編，第83-2号，2000.
86) 内分泌攪乱化学物質問題への環境庁の対応方針について－環境ホルモン戦略計画SPEED'98 －，環境庁，2000年11月版，p.34，2000.
87) 水環境における内分泌撹乱物質に関する実態調査結果，国土交通省河川局，p.87，2002.
88) 化学物質の内分泌かく乱作用に関する環境省の今後の対応方針について－ExTEND2005 －，環境省，p.83，2005.
89) 津田松苗：汚水生物学，北隆館，1964.
90) 森下郁子：川の健康診断－清冽な流れを求めて，NHKブックス，1989.
91) 津田松苗(編)：水生昆虫学，北隆館，1962.
92) Zelinka, M. and Marvan, P.: Zur Prazisierrung der biologischen Klassifikation der Reiner Flussender Geewasser, *Archiv für Hydrobiologie*, 57, pp.389-407, 1961.
93) Rosenberg, D.M. and Resh, V.H. (eds.): Freshwater Biomonitoring and Benthic Macroinverrtebrates, Chapman and Hall, New York, 1993.
94) De Pauw, N. and Vamhooren, G.: Method for biological quality assessment of watercourses in Belgium, *Hydrobiologia*, 100, pp.153-168, 1983.
95) Hilsehoff, W.L.: An improved biotic index of stream pollution, *Great Lakes Entomologist*, 20, pp.31-39, 1987.
96) Wright, J.F., Armitage, P.D., Furse, M.T. and Moss, D.: A new approach to the biological surveillance of river water quality using macroinvertebrates, *Verhandlungen der Internationale Vereinigung für Theoretische und Angewandte Limnologie*, 23, pp.1548-1552, 1988.
97) Ross, L.T. and Jones, D.A. (eds.): Biological Aspects of Water Quality in Florida, Technical Series, Volume 4, No.3, Department of Environmental Regulation, State of Florida, Tallahassee, 1979.

参考文献

98) ISO (International Organization for Standardiztion)： Water Quality-Assessment of the Water and Habital Quality of Rivers by a Midro-Invertebrates "score", 1984.
99) Lenat, D.R. and Resh, V.H.： Taxonomy and stream ecology − the benefits of genus − and species-level identifications, *Journal of the North American Bentholobical Society*, 20, pp.287-298, 2001.
100) Lenat, D.R.： A biotic index for the southeastern United States： derivation and list of toleramce values, with criteria for assignin water-quality ratings, *Journal of the North American Benthological Society*, 12, pp.279-290, 1993.
101) Hatakeyama, S.： Effect of copper and zinc on the growth and emergence of *Epeorus latifalium* (Ephemeroptera) in an indoor model stream, *Hydrobiologia*, 174, pp.17-27, 1989.
102) 川合禎次，谷田一三（編）：日本産水生昆虫，科・属・種への検索，東海大学出版会，2005.
103) Brooks, J.L. and Dodson, S.I.： Predation, body size, and composition of plankton, *Science*, 150, pp.28-35, 1965.
104) Vanni, M.J., Leucke, C., Kitchell, J.F., Allen, Y., Temte, J. and Magnuson, J.J.： Effects of lower trophic levels of massive fish mortality, *Nature*, 344, pp.333-335, 1990.
105) Schindler, D.W. and Comita, G.W.： The dependence of primary production upon physical and chemical factors in a small, senescing lake, including the effects of complete winter oxygen depletion. *Archiv für Hydrobiologie*, 69, pp.413-451, 1972.
106) Shapiro, J. and Wright, D.： Lake restoration by biomanipulation ： Round Lake, Minnesota, the first two years, *Freshwater Biology*, 14, pp.371-383, 1984.
107) Brabrand, A., Faafeng, B.A. and Nilssen, J.P.M.： Relative importance of phosphorus supply to phytoplankton production ： fish excretion versus external loading, *Canadian Journal of Fishery and Aquatic Sciences*, 47, pp.364-372, 1990.
108) Wetzel, R.G.： Attached algal-substrata interactions ： fact or myth, and when and how? In： Wetzel, R.G., ed. Periphyton of freshwater ecosystems . The Hague： Dr. W. Junk Publishers, pp.208-215, 1983.
109) Asaeda, T., Manatunge, J., Roberts, J. and Hai, D.H.： Seasonal dynamics of resource translocation between the aboveground organs and age-specific rhizomes segments of *Phragmites australis*, *Environmental and Experimental Botany*, 57, pp.9-18, 2006.
110) Asaeda, T., Nam, L.H., Hietz, P., Tanaka, N. and Karunaratne, S.： Seasonal fluctuation in live and dead biomass of *Phragmites australis* as described by a growth and decomposition model： implications of duration of aerobic conditions for litter mineralization and sedimentation, *Aquatic Botany*, 73, pp.223-239, 2002.
111) Boers, P.C.M.： The influence of pH on phosphate release from lake sediments, *Water Research*, 25, pp.309-311, 1991.
112) James, W.F., Barko, J.W. and Field, S.J.： Phosphorus mobilization from littoral sediments of an inlet region in Lake Delavan, Wisconsin, *Archiv für Hydrobiologie*, 138, pp.247-257, 1996.
113) Brandl, Z., Brandlova, J. and Poatolkova, M.： The influence of submerged vegetation on the photosynthesis of phytoplankton in ponds, *Rozpravy Ceskosl, Akad. Ved. Rada Matem. Prir. Ved.*, 80, pp.33-62, 1970.
114) Van Donk, E. and van de Bund, W.J.： Impact of submerged macrophytes including charophytes on phyto- and zooplankton communities： allelopathy versus other mechanisms, *Aquatic Botany*, 72, pp.261-274, 2002.
115) Bernardi, de R. and Giussani, G.： Are blue-green algae a suitable food for zooplankton? An overview, *Hydrobiologia*, 200/201, pp.29-41, 1990.
116) 花里孝幸：ミジンコ　その生態と湖沼環境，名古屋大学出版会，1998.
117) Hanazato, T., Iwakuma, T. and Hayashi, H.： Impact of whitefish on an enclosure ecosystem in a shallow eutrophic lake：selective feeding of fish and predation effects on the zooplankton communities, *Hydrobiologia*, 200/201, pp.129-140, 1990.
118) Schriver, P., Bogestrand, J., Jeppesen, E. and Sondergaard, M.： Impact of submerged macrophytes on

fish-zooplankton-phytoplankton interactions ; large-scale enclosure experiments in as shallow eutrophic lake, *Freshwater Biology*, 33, pp.255-270, 1995.
119) James, W.F. and Barko, J.W. : Macrophyte influences on sediment resuspension and export in a shallow impoundment, *Lake and Reservoir Management*, 10, pp.95-102, 1994.
120) 生嶋功：植物，現代生物学体系 生態 A(沼田眞編)，中山書店，1985.
121) 宝月欣二：湖沼生物の生態学，富栄養化と人の生活にふれて，共立出版，1998.
122) Wetzel, R.G. : Limnology, Lake and river ecosystems, 3rd ed., Academic Press, san Diego, 2001.
123) Yamasaki, S. and Tange, I. : Growth response of *Zizania latifolia, Phragmites australis* and *Miscanthus saccahariflorus* to varying inundation, *Aquatic Botany*, 10, pp.229-239, 1981.
124) Vymazal, J. : Algae and Element Cycling in Wetlands, Lewis Publishers, Boca Raton, 1995.
125) Hosper, S.H. : Biomanipulation, new perspective for restoration of shallow, eutrophic lakes in the Netherlands, *Hydobiological Bulletin*, 23, pp.5-10, 1989.
126) Scheffer, M. : Ecology of Shallow Lakes, Chapman & Hall, London, 1998.
127) Bendorf, J. : Conditions for effective biomanipulation ; conclusions derived from whole-lake experiments in Europe, *Hydrobiologia*, 200/201, pp.187-203, 1990.
128) Fukushima, M., Takamura, N., Sun, L., Nakagawa, M., Matsushige, K. and Xies, P. : Changes in the plankton community following introduction of filter-feeding planktivorous fish, *Freshwater Biology*, 42, pp.719-736, 1999.
129) 西條八束，坂本充：メソコスム湖沼生態系の解析，名古屋大学出版会，1993.

2章
大型植物が湖沼内の栄養塩の循環に与える影響

　浅い湖沼では，透明度の高い状態と低い状態が二者択一的に存在し，いったん濁った湖を透明度の高い湖に再生させるには，トリガーとなるべきインパクトが必要である[1]．この理論背景からヨーロッパでは，動物プランクトン食魚類を減らし，トロフィックカスケードによって植物プランクトンを減少させる，トップダウン型のバイオマニピュレーションが盛んに行われている．その過程において，透明度が高い状態を安定に継続させるためには，湖底に水草群落を再生させることで，底泥の再浮上，また，生物攪乱やそれに伴う栄養塩類の回帰を防ぎ，同時に水草帯を利用して繁殖力の弱い魚食魚を一定量確保することが必要である．
　さらに，湖沼の透明度が上昇した場合，早期に現れる植物として車軸藻類が重要な働きを担い，いったん車軸藻群落が形成されると，高い透明度が安定的に維持されることがわかってきた[2]．
　車軸藻類と維管束の沈水植物との関係については，形態的特性に基づく競争，弱光耐性における優位性[3]，炭酸水素イオンの利用に関する優位性[4]，栄養塩の利用度や富栄養化に対する耐性[2,5,6]，さらにアレロパシー等の様々な視点から論じられている．
　車軸藻類は，かつてはリン濃度が $20\,\mu g/L$ 程度以下の水質環境でのみ生育すると考えられていた[7]が，$1\,mg/L$ 程度の高いリン酸濃度でも生長することが近年多数報告されている．また，リンを貯蔵させる能力が高く，リン酸の濃度が変化する場合には他の植物に対して優位になる[6]．さらに車軸藻類は，リュウノヒゲモ等と比べて重炭酸イオンの利用活性が高く優位になる[4]ことなど，水質に関する競合戦略が指摘されている．しかし，一方では，富栄養化に対しては必ずしも強くない[5,8]．
　このように湖沼の環境改善効果が期待される車軸藻であるが，我が国においては，水質を安定に維持するという観点での車軸藻に関する研究は少ない．日本の車軸藻は，戦後，流域の宅地化等の開発に伴う富栄養化によって急速に姿を消している．

2章　大型植物が湖沼内の栄養塩の循環に与える影響

しかし，一方では，浄化対策が実施された湖沼での復活も確認されており，湖沼再生という工学的見地からの研究も急がれる．

本章ではこうした背景のもと，湖底のほぼ全域が車軸藻群落に覆われるオーストラリアNSW州のマイオール湖を対象にして，車軸藻群落を調査，栄養塩との関係を求めた．マイオール湖流域では，2000年代初頭アオコの発生が記録されている．この時，車軸藻のない下流のボンバー湖では大量のアオコが発生したものの，車軸藻に覆われたマイオール湖では大部分の水域で透明度が保たれたと報告されている．このことからマイオール湖においては，車軸藻群落が植物プランクトンの増殖を効果的に抑えていると考えられ，この湖におけるシャジクモ群落がつくり出す環境や他の植物との関係，さらに栄養塩循環に及ぼす影響について重点的に検討した．

2.1　調査場所および方法

オーストラリアNSW州ニューキャッスルの75 km北方にあるマイオール湖は，面積63 km^2，最大水深4.5 m，平均水深2.8 m，塩分濃度0.25％の汽水湖である（図-2.1参照）．流域面積は湖水面積の3倍程度しかなく，ほとんど森林に覆われ，河川は下流の湖にしか流入しないため，流入栄養塩負荷量は少ない．この湖では水深50 cm以下のきわめて浅い場所や波浪が強い場所を除いて，湖域のほぼ全域で車軸藻群落が確認されており，車軸藻による影響を評価するための調査にきわめて適した環境にある．

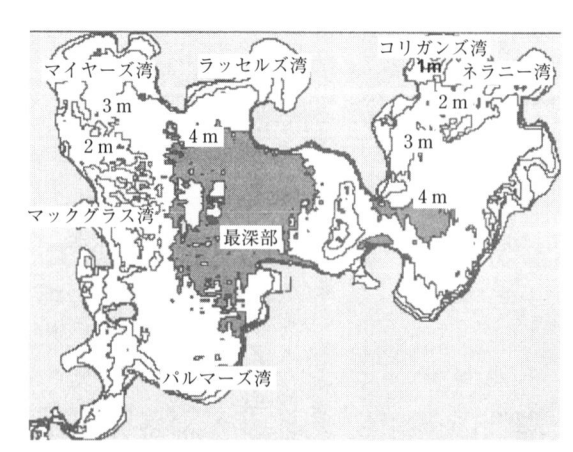

図-2.1　マイオール湖の平面図

2.1.1 植物および骸泥（gyttja）の分布調査

　湖内約20箇所の観測点で，1，2ヶ月ごとに定期観測を行った．各測点の約10 m × 10 m 範囲において幅30 cm ×（1～2 m）の区間にある水草を採取し，同時に採水と底泥のコアサンプル採取を行い，水温，pH，濁度，電気伝導度，塩分濃度を現場において測器で観測した．また，照度計で植物キャノピーの内外で，水深方向に50 cm 間隔で光強度を測定した．さらに，水深方向に10 cm おきに紫外線強度を測定し，減衰率を求めた．

　採取した植物は種別に分類後，乾燥炉にて65℃で重量変化がなくなるまで乾燥，乾燥重量を求めた．コアサンプルは強熱減量より有機物量，含有栄養塩濃度を求めた．また，いくつかの観測点のサンプルについて，車軸藻の長さを測定した．

　湖内では一部の浅い場所を除き，ほぼ全域に有機質を50％以上含む骸泥が堆積していることが確認された．骸泥層はきわめて軟らかく，強度が元の地質との間で大きく異なっていることから，固さが異なる深さまで棒を鉛直に差し込むことで，厚さが測定される．

2.1.2 植物の分解実験

　車軸藻，イバラモ，フサモおよびセキショウモの葉と茎について分解実験を行った．各種について，湿重量22 g の草体を風乾して2 mm メッシュの網袋に入れたものを25個ずつ用意し，水深1.3 m 地点にある草丈約30 cm の車軸藻群落上に放置した．31，79，125，184，322日経過後にそれぞれ5個ずつ採取して乾重量を測定し，分解速度を求めた．

2.1.3 カルシウム濃度を増加させた室内実験

　車軸藻は大量のカルシウムを炭酸カルシウムとして細胞壁外側に沈着する．このため，炭酸カルシウムと共に水溶性の無機態リンを固定することが可能性である．

　マイオール湖水のカルシウム濃度は25 mg/L 程度で，日本の湖の平均的な濃度よりやや高い程度であるが，マグネシウム濃度は90 mg/L と高いことから，日本の湖に繁茂する車軸藻類と異なる現象が生じている可能性がある．そこで日本の淡

2章　大型植物が湖沼内の栄養塩の循環に与える影響

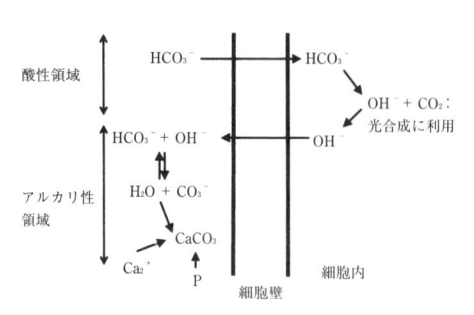

図-2.2　車軸藻の一種 (*Chara corallina*) による炭酸カルシウム沈着のモデル[9]

水湖沼の水に塩化カルシウム 20 mg/L と食塩 2 ppt を添加してマイオール湖水に近いカルシウム濃度の水を作成し，マグネシウム濃度が高い場合とそうでない場合における車軸藻の生長実験を行った．実験開始から3ヶ月後の草体におけるカルシウム濃度，リン濃度を，そのまま分析したものと 550℃で加熱した試料とで比較し，炭酸カルシウムの形態で含まれるカルシウム量と，それに結合するリン濃度を算出した．

2.2　結　果

2.2.1　植物相の年間変化

きわめて浅い水域を除き，車軸藻類の *Chara* 属（イトシャジクモ *Chara fibrosa*，図-2.3），*Nitella* 属（オトメフラスコモ *Nitella hyalina*，図-2.4），イバラモ（*Najas marina*，図-2.5），およびフサモの一種（*Myriophyllum salsugineum*，図-2.6）のみで植物相が構成されていた．ただし約 500 回の観測期間中 2 回だけ，セキショウモの

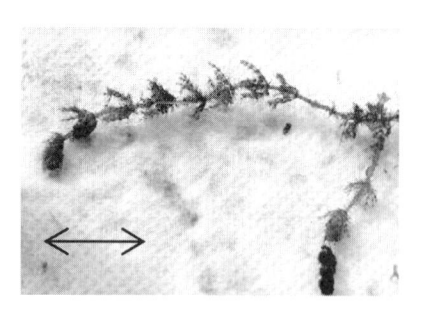

図-2.3　イトシャジクモ *Chara fibrosa*
（矢印の長さ 3cm）

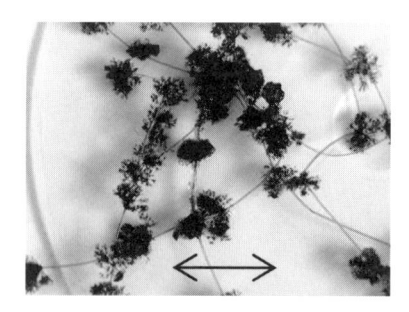

図-2.4　オトメフラスコモ *Nitella hyaline*
（矢印の長さ 3cm）

2.2 結 果

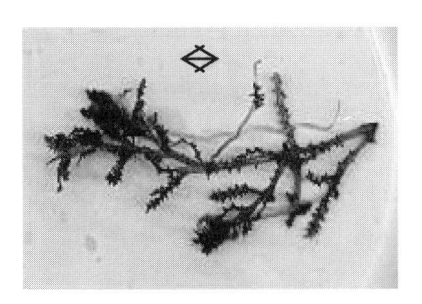

図-2.5 イバラモ *Najas marina*
（矢印の長さ3cm）

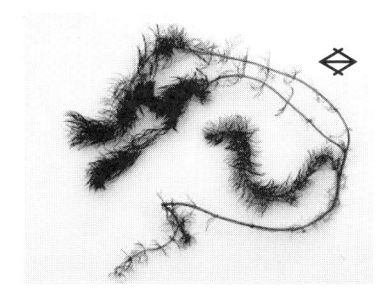

図-2.6 フサモの一種 *Myriophyllum salsugineum*
（矢印の長さ3cm）

1種（*Vallisneria gigantea*）と他の車軸藻が確認された．車軸藻とフサモは年間を通じて見られ，イバラモは3月頃から生長を始めて5月に最大となり，9月頃にはほぼ消滅した．

2.2.2 骸泥の堆積状況

骸泥は水深40 cm以下の場所では，波浪が強いために，砂漣の窪みにしか確認されなかった．また，南岸付近は波浪が強く，水深1.5 mの場所まで砂層になっていた．骸泥層の厚さはおおむね1～2 mで，浅い場所では水深との間の相関はほとんど見られなかった．また中央の深い溝に沿って厚くなっていることから，堆積前の地形がより低い場所により厚く堆積していると考えられる．

2.2.3 湖底の特性と植物相

それぞれの植物種の生育場所は湖底の状況や水深に大きく依存している．

(1) 車軸藻類

車軸藻は，広い水深範囲で繁茂していた．ただし，きわめて浅い水域の分布は，沿岸の樹木の陰になる場所か，抽水植物群落で波浪等の擾乱が抑えられる場所に限られていた．オトメフラスコモは，砂浜の水中に延びた木の仮根の表面や砂漣の窪み等の波の強い場所でも確認された．イトシャジクモ，オトメフラスコモともに，1.5 m以深では，年間を通じて30％以上が若い個体だったのに対し，静穏な湾で

骸泥が堆積した水深 60 cm 以下の場所では，大部分が老化した中に新しい個体が混じっていたり，群落が粗いパッチ状に分断されるなど，生育が抑制されていた．

(2) イバラモ

イバラモは水深 4.5 m の最深部においても確認されたが，全体的に流れの穏やかな場所に限られていた．骸泥層の上に生育し，骸泥層を車軸藻群落が覆う場合には，その上にパッチ状に広がっていた．

図-2.7 群生するオトメフラスコモ

イバラモの生育期間は 2 月から 7 月までに限られ，特に，3〜5 月には，水深 3 m 地点において半径 200 m 程度にわたり，湖底から水深 40 cm 程度の深さまでを占める大群落を形成していた．このような状態でも水面に到達する個体は少なく，多くは水面から 50 cm まで伸びた状態で広がっていた．

(3) フサモ

車軸藻やイバラモと比べてフサモの生育場所は限定されていた．フサモの分布範囲は水深 10 cm 程度から 2.5 m であったが，車軸藻やイバラモと異なり，岩が露出しているか，骸泥の堆積のない場所に繁茂していた．沈没したボートの観察では，まずセキショウモが生え，約 2 ヶ月でフサモに遷移し安定した．

2.2.4　植　物　量

フサモの乾燥受領と水深との間に相関が見られなかった（図-2.8）．生長したフサモは水面付近に到達後にさらに伸長して水面近傍に広がることから，生長量が水深に制限されないためであると考えられた．一方，イバラモの最大値は，水深とともに増加する傾向にあった．イバラモは水面から 40 cm 程度まで生長し水深全体に広がるため，水深が大きいほどバイオマスが大きくなるためである．

車軸藻の年間の最大値は水深 0.7〜2.0 m の水域で 300 g/m^2 程度で，水深の増加とともに減少し，水深 4.5 m 程度でほぼ 0 になる．一方で，水深 50 cm 以下の場所でもバイオマスはほぼ 0 となる．

2.2 結果

車軸藻とイバラモは骸泥層厚に関わらず生長するのに対して(図-2.9)，フサモについては骸泥層の薄い場所に生育が限られる．フサモは最大6m程度にまで生長して水面を覆うために浮力も大きく，同時に鉛直に伸びることから流れから受ける抵抗も大きくなる．したがって，自らの植物体を湖底にしっかり固着する必要があり，軟らかい骸泥層は生育に適していない．また，骸泥層は酸化還元電位が－200 mV程度ときわめて還元的で，常に硫化水素の発生が見られた．上記の物理環境特性に加えて，こうした化学環境特性もフサモの生長に適さないためである．

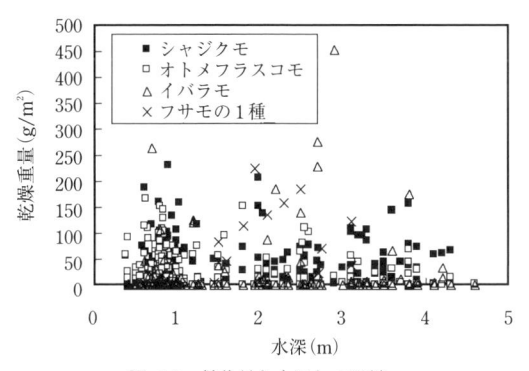

図-2.8 植物量と水深との関係

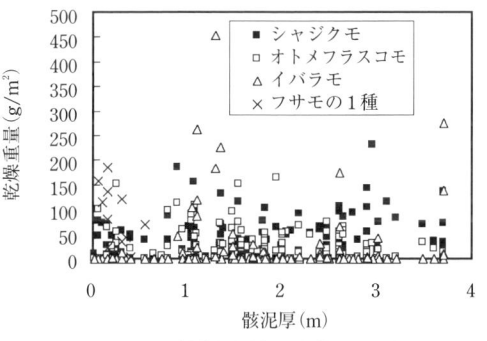

図-2.9 植物量と骸泥層厚との関係

一方，車軸藻およびイバラモは，群落が湖底に広がることから浮力はほとんどなく，根も柔らかいため，軟らかい骸泥層内に伸びるにはむしろ適している．そのため，骸泥層の上を好んで生育する．

2.2.5 種間競争

車軸藻では上方に向かって伸びるのは新しい芽だけであるが，イバラモはパッチ状に全方向に広がる．このため車軸藻群落の内部にイバラモが生える場合，イバラモが車軸藻群落の上に広がる．

フサモは水底から鉛直に伸び，水面に到達すると水面に沿って広がる．そのため，フサモはそのバイオマスに関わらず，下にある車軸藻に影響を及ぼす．フサモは年

2章 大型植物が湖沼内の栄養塩の循環に与える影響

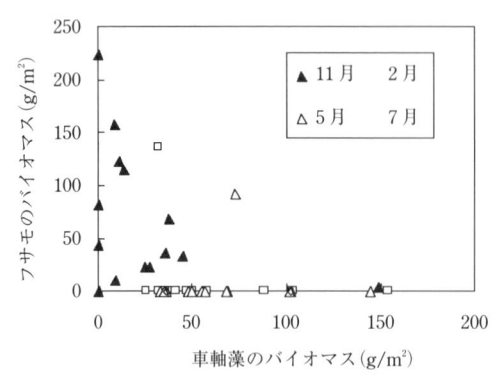

図-2.10 車軸藻とフサモのバイオマス

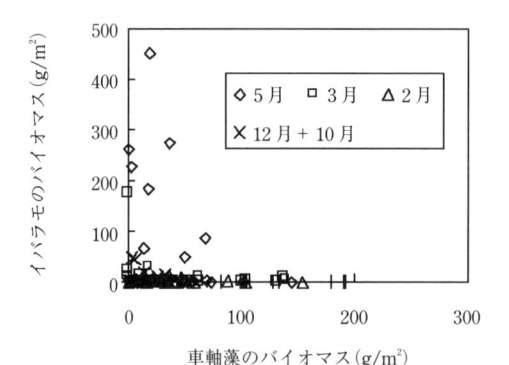

図-2.11 車軸藻とイバラモのバイオマス

間を通じて存在し，春先の花をつける時期およびその直後にバイオマスが最大となった（図-2.10）．車軸藻のバイオマスは場所や季節による変動が大きかった．最大値のみを見ると，フサモの量が多い場所では車軸藻の量が少ない．

水深 2 ～ 3 m の場所で観察された車軸藻とイバラモのバイオマスの量との関係（図-2.11）を見ると，3月以前にはイバラモはほとんど存在せず，車軸藻のバイオマス量も多い．しかし，イバラモは3月頃より急激に生長し，イバラモのバイオマスが最大となる5月を中心に車軸藻のバイオマスは減少，6月に入り，イバラモのバイオマスが減少すると，車軸藻のバイオマスも増加に転じている．

このように，車軸藻群落は，維管束植物と競合しない場合には発達しやすいものの，競合する場合には大群落は形成し難い．

2.2.6 分解実験の結果

分解実験における残留量の変化を用いて，次式を仮定し，分解率 k を求める．

$$\frac{M(t)}{M_0} = \exp(-kt)$$

ここで，$M(t)$：t 日後の残存量，M_0：初期の乾燥重量，t：経過日数．

分解率 k と，この分解率によって 50 % 分解するのに要する日数，および 90 % 分

解するのに要する日数を見ると(表-2.1)，イバラモやセキショウモは分解が速いのに対し，車軸藻の分解はきわめて遅い[10]．なお，これらは以前に報告された50％分解に要する日数，車軸藻82.6日，マツモ32.5日，フサモ22日，リュウノヒゲモ12.9日(Bastardo[10])の傾向とも一致している．

表-2.1 分解速度

	k(1/d)	50％分解に要する日数	90％分解に要する日数
車軸藻類	0.0073	95	315
イバラモ	0.0032	21	69
フサモの1種	0.0092	75	250
セキショウモの1種(葉)	0.0411	17	56
ヒキショウモの1種(根)	0.0049	142	470

2.2.7 湖内の栄養塩濃度変化および栄養塩循環の機構

湖水のT-N(図-2.12)およびT-P(図-2.13)濃度は，ともに初夏の植物の生長期に低く，冬に高くなる傾向を示した．藻草体の濃度で見ると，T-Nについては車軸藻で平均3.3％，イバラモで2.1％，T-Pについては車軸藻で0.1％，イバラモで0.45％と，窒素とリンの比は，車軸藻では大きく，イバラモの場合には陸上植物と同程度である．

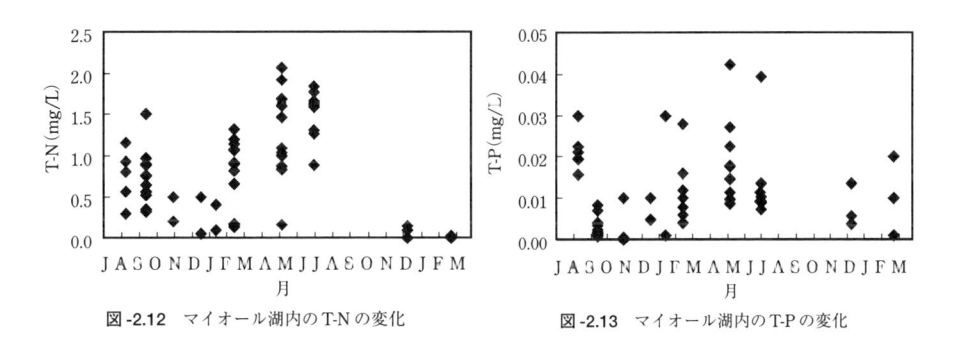

図-2.12 マイオール湖内のT-Nの変化

図-2.13 マイオール湖内のT-Pの変化

2.2.8 車軸藻が水中のリン濃度に与える影響

マイオール湖で採取された車軸藻の藻体の内部および表面に付着するカルシウム濃度は21 mg/g-DW(2004年1月)，35.3 mg/g-DW(2004年3月)，23.6 mg/g-DW

(2004年9月),20.3 mg/g-DW(2004年12月)であった(**図-2.14**).一方,マグネシウム濃度の低い水で培養されたものについては,276.6 mg/g-DWと高い値を示している.また全カルシウム中の$CaCO_3$態の割合は,湖で採取されたものではそれぞれ,33％(2004年1月),43％(2004年3月),32％(2004年9月),30％(2004年12月)であったのに対し,マグネシウム濃度を抑えた水で培養したものについては97％と高く,車軸藻の藻体自体も硬くもろくなっていた(**図-2.15**).

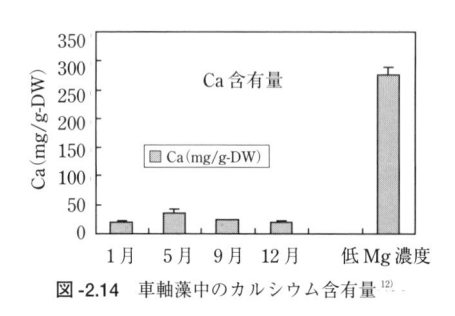

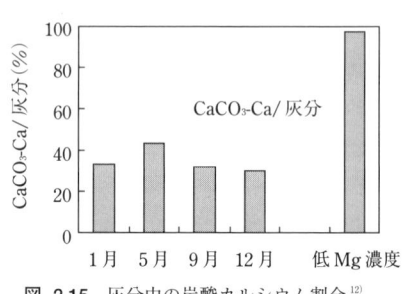

図-2.14 車軸藻中のカルシウム含有量[12]

図-2.15 灰分中の炭酸カルシウム割合[12]

さらに,550℃の強熱で失われた量の割合は,湖で採取されたサンプルでは,それぞれ84.1,79.8,81.4,83.1％と高かったのに対し,低マグネシウム濃度で培養したものは,29.3％と低い値だった.

含有リン濃度は,湖で採取されたものについては,それぞれの月に採取されたサンプルに対し,0.85,0.49,0.56,0.48 mg/g-DWであったのに対し,低マグネシウム濃度で培養されたものでは,0.92 mg/g-DWと多少高い.さらに,強熱後の残留物中のT-P含有濃度は,採取

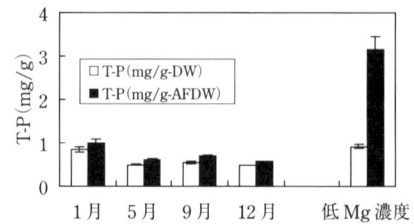

図-2.16 車軸藻の乾燥重量および強熱減量中のP[12]

サンプルで1,0.62,0.69,0.58 mg-P/g-AFDWであったのに対し,低マグネシウム濃度で培養されたものは3.16 mg-P/g-AFDWと高い(**図-2.16**).

2.3 考　察

2.3.1　車軸藻の生態的特性

(1) 植物種同士の競合と骸泥関係

　マイオール湖の水草の分布は，車軸藻，イバラモが骸泥の堆積した場所に繁茂する傾向を示したのに対し，フサモは岩の露出した場所に限られていた．この湖では，夏には南西，冬には北風が卓越し，強い湖流を発生させる．骸泥は粘性が高く，仮根に覆われ，一旦堆積したものが再浮上することはほとんど認められなかった．ただし，車軸藻の枯死の過程ではデトリタスが浮遊しているのが確認された．こうした浮遊物は風の穏やかな湾では少ないが，流れの強い岬周辺では流失して堆積しないために岩の露出した湖底が残されたと考えられる．
　小規模な車軸藻群落の下には常に小規模な骸泥層が形成され，またサンプリング時には骸泥への変化過程にある分解中の車軸藻やイバラモが大量に観測された．室内実験でも，枯死した車軸藻が1ヶ月程度の間に骸泥とほぼ同様な性状を備えた底質に変化したことから，骸泥層は車軸藻の枯死したものであり，群落が発達した場所に徐々に形成されると考えられる．
　以上をもとに，車軸藻，イバラモ，フサモの競争関係を推定した．流れの速い場所では骸泥が堆積しにくいため，根が弱く，体の壊れやすいイバラモは生育できないが，十分に根を張るフサモは生育できる．フサモは光環境を悪化させるため，車軸藻類は生え難い．そのため，骸泥の堆積は限られる．
　流れのない穏やかな場所では，車軸藻によって骸泥が生産されるため，フサモは生え難い．イバラモにとっては生育しやすい環境ではあるが，イバラモは季節によるバイオマスの変動の大きいため異常に繁茂する5月前後を除けば，車軸藻の生長を抑制させるほどにはならない．そのため，イバラモが生える場所でも通常は車軸藻が卓越する．ところが，5月前後には，イバラモが水面付近にまで達するほどに生長する．そのため，光環境が悪化し，イバラモ群落の下では車軸藻の量は減少する．
　いったん車軸藻によって骸泥層が形成されると，嫌気性が高く，また，軟らかい

(2) 車軸藻と深度との関係

水深が1m程度より浅い場所では，年間を通じて，車軸藻の藻体の表面部分は老化もしくは枯死したものに覆われる．しかし，深い場所では，老化・枯死したものの割合は少なく，こうした現象も見られない．また，水深の浅い場所でも湖岸の木の陰になる水域では，若い大きな群落が観測された[13]．

紫外線の水深に対する減衰率は，$K_U = 0.024$ (1/cm) 程度であったことから（図-2.17），水深50cmおよび1mでの紫外線強度は，水面の値のそれぞれ30，10％程度となり，車軸藻にとっては強すぎて必ずしも良好な生育環境とはいえない．したがって，水深の浅い場所で車軸藻が常に老化していたのは紫外線強度が強すぎる可能性が考えられる[13]．

水深が2m以上ある場所では車軸藻の藻体の長さは50～80cm程度あり，その

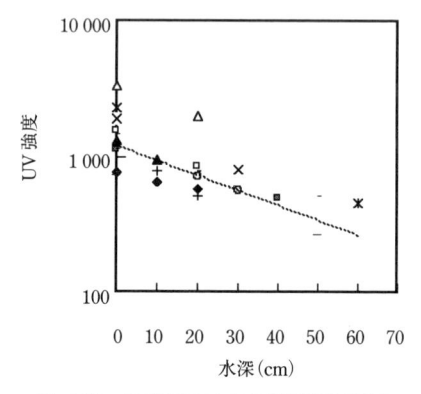

図-2.17 水面近傍における紫外線強度分布

うちの上部1/4程度が新しい芽で構成され，全体として1年以上を経過していると考えられる．これは，Andrewsら[14]による *Chara hispida* での観察に匹敵する．一方，水深1m以下の場所のものは30cm以下の長さで全体が新しい芽で構成されていた．卵胞子の密度も浅いものの方が高く，深くなるにつれ減少していた．これらのことは，車軸藻の増殖に関し，深い場所では栄養繁殖が卓越し，浅い場所では有性繁殖が卓越していることを示している[13]．

2.3.2 栄養塩循環への影響

(1) 水質の安定化に対する骸泥の役割

車軸藻の分解によって生成した骸泥はきわめて粘性が高く，また仮根で抑えられている．そのため，風によって誘導される程度の流れでは，底質表面がせん断剥離し，浮上する現象は確認されない．さらに，波浪を受ける砂漣の発達した場所においても，砂漣の谷部に堆積した骸泥は移動することはなく，ここを起点に車軸藻の

2.3 考察

生長が見られる．

　車軸藻に起因する骸泥と比較すると，イバラモが分解されて生成した骸泥には粘性が認められない．そのため，イバラモの大増殖後，バイオマスはきわめて大きいにも関わらず，新しく堆積した骸泥はほとんど確認されなかった．

　このように，車軸藻が枯死後に生成される骸泥は，安定に推移し，底質の再浮上を抑制する．そのため，車軸藻群落が湖底を覆っていない状態でも骸泥の層が存在しているだけで，骸泥層内に蓄積した栄養塩類が水中に再回帰することは避けられる．また，底質が再浮上によって透明度が低下することも回避できることから，群落も新しく発達しやすく，底質表面での撹乱がさらに抑制されることになる．

(2) 車軸藻によるカルシウムの固定がリンの濃度に与える影響

　車軸藻は通常弱アルカリ性の硬水を好んで発生し，他の維管束植物と比較してHCO_3^-イオンの利用度が高い．炭酸カルシウムとしてカルシウム分を固定もしくは沈殿させる際に，炭酸カルシウムと結合したリン酸も同時に固定，沈殿させる．したがって，車軸藻のこうした性質は水中のリン酸の除去に大きく寄与する．

　マイオール湖のサンプルでは，含有カルシウム濃度は2～3％と通常の植物に含まれる量と大きな差が見られなかった．しかし，一方で，マグネシウム濃度を抑えた水で培養したものについては，27％ときわめて高い値となった．車軸藻によるカルシウムを沈着する能力が高いことは我が国においても報告されており[15]，今回測定された値は特殊というわけではない．このほとんどは$CaCO_3$の形態で含有されていたと考えられる．しかも，これに伴った含有リン濃度も高い値となった．炭酸カルシウムと結合したリンと考えられ，植物にとって利用できない状態にある．

(3) 車軸藻を介した栄養塩循環量

　Vermeerら[16]によると，車軸藻の窒素の吸収特性として，硝酸イオンよりもアンモニアイオンを優占させ，また，水中部だけでなく，仮根によっても多くの窒素を吸収することが報告されている．しかし，車軸藻の植物量は発達した群落では50～1 000 g-DW/m^2程度と他の沈水植物と比較して大きく，深い水域では越冬するものも多いことから，大量の栄養塩が植物に取り込まれる．また，分解に時間がかかり，分解して生成する骸泥がきわめて安定であり，吸収された栄養塩の多くは骸泥中に蓄積される．そのため，栄養塩除去に対する効果は大きい．

　車軸藻による栄養塩の藻体中の蓄積量については，27.5 g-N/m^2，2.8 g-P/m^2 [17]，

4.0〜12.9 g-N/m^2, 0.5〜1.7 g-P/m^2 [18], 6.5 g-N/m^2, 0.4 g-P/m^2 [5], 3.5 g-N/m^2, 0.3 g-P/m^2 [8] 等の報告がある．今回の観測で得られた値も，最大 7 g-N/m^2, 0.3 mg-P/m^2 であり，ほぼ同様の値である．

マイオール湖においては，車軸藻のバイオマスは，夏季（12〜2月）に大きく，冬季（7〜9月）に小さくなることが確認される．一方，T-N および T-P 濃度は，夏季に低く，冬季に高くなっている．マイオール湖の流域面積は水面の3倍程度しかないことを考えると，湖内の栄養塩濃度の変動は植物群落の吸収，枯死後の回帰に依存していることが考えられる．湖内の車軸藻の乾燥重量の分布より，夏季の全バイオマス量は，2 600 トン-DW となる．これに植物体内の T-N および T-P の含有量をかけると，夏季に車軸藻の藻体中に含まれていた T-N および T-P は，それぞれ 86, 2.6 トンとなる．これが水中にすべて回帰すると，それぞれ 0.45 mg-N/L および 0.014 mg-P/L の濃度上昇に相当する．これは，湖内の栄養塩濃度が最大と最小となる11月と5月の濃度差の約 1/3 にあたる量に匹敵する．

2.3.3 湖沼の管理に向けた示唆

このように車軸藻類は湖沼の水質の安定化に大きく貢献する．我が国の湖沼の場合，マイオール湖やヨーロッパの湖沼と比較して車軸藻の量は少なく，大量の車軸藻が湖底全体を覆うことは少ない．しかし，車軸藻が分解した後生成する骸泥は粘性が高く，底質表面を安定に維持する．骸泥が厚く堆積するには長い期間が必要であるが，水槽による実験では，10 cm × 10 cm の広さの水槽に一握りの車軸藻が生育しているだけで，1年程度の間に数 mm の骸泥層が形成され堆積した．また，湖岸の砂質湖底の砂漣の谷部に堆積した骸泥は 1 cm 以下の厚さにも関わらず，散逸することはなく安定に存在していた．こうしたことは，骸泥はきわめて安定で堆積しやすいことを示唆している．そのため，車軸藻群落を発達させることができれば，それに伴って安定に堆積した骸泥層を徐々に発達させることも可能である．

車軸藻は大量の炭酸カルシウムを生成，それに伴って植物に利用可能な水中の活性なリン酸を固定する．また，生産量が高く分解速度にも時間がかかることから，車軸藻体内に大量の栄養塩が蓄積される[12]．

車軸藻の群落が形成されると，高い透明度が安定的に維持されることは各国で報告されている[2]．車軸藻の場合には，他の沈水植物と異なり切れ藻になることもなく，また船舶の航行の障害になることもない．車軸藻は 1960 年代までは我が国の

多くの湖沼で見られた植物である[19, 20]．湖沼管理の観点からは，安定して車軸藻が繁茂する環境を復活させることが重要であると考える．湖沼管理の観点からは，安定して車軸藻が繁茂する環境を復活させることが重要であると考える．

参考文献

1) Scheffer, M.：Ecology of Shallow Lakes, Chapman & Hall, London, 1998.
2) Kufel, L. and I. Kaufel：*Chara* beds acting as nutrient sinks in shallow lakes- a review, *Aquatic Botany*, 72, pp.249-260, 2002.
3) Schwarts, A.-M., de Winton, M. and Hawes, I.：Species-specific depth zonation in New Zealand charophytes as a function of light availability, *Aquatic Botany*, 72, pp.209-217, 2002.
4) Van den Berg, M.S., Coops, H., Simons, J. and Pilton, J.：A comparative study of the use of inorganic carbon resources by *Chara aspera* and *Potamogeton pectinatus*, *Aquatic Botany*, 72, pp.219-233, 2002.
5) Blindow, I.：Decline of charophytes during eutrophcation : comparison with angiosperms, *Freshwater Biology*, 28, pp.9-14, 1992.
6) Kufel, L. and Ozimek, T.：Can *Chara* control phosphorus cycling in Lake Luknajo (Poland)?, *Hydrobiologia*, 275/276, pp.277-283, 1994.
7) Forsberg, C.：Phosphorus, a maximum factor in the growth of Characeae, *Nature*, 201, pp.517-518, 1964.
8) Krolikowska, J.：Eutrophication process in a shallow, macrophyte-dominated lake-species differentiation, biomass and the distribution of submerged macrophytes in Lake Luknajno (Poland), *Hydrobiologia*, 342/343, pp.411-416, 1997.
9) Borowitzka, M.A.：Mechanisms in algal calcification, in Progress in Phycological Research, 1, Round, F.E. and Chapman, C.H., Eds, Elsevier/North Holland Biomedical Press, Amsterdam, New York, p.137, 1982.
10) Shilla, D. A., Asaeda, T., Fujino, T. and Sanderson, B.：Decomposition of dominant submerged macrophytes : implications for nutrient release in Myall Lake, NSW, Australia, *Wetlands Ecology & Managements*, 14, pp.427-433, 2006.
11) Bastardo, H.：Laboratory studies on decomposition of littoral plants, *Pol. Arch., Hydrobiol.*, 26, pp.267-299, 1979.
12) Siong, K. and Asaeda, T.：Does calcite encrustation in *Chara* provide a phosphorus nutrient sink?, *Journal of Environmental Quality*, 35, pp.490-494, 2006.
13) Asaeda,T., Rajapakse, L. and Sanderson, B.：Morphological and reproductive acclimations to growth of two charophyte species in shallow and deep water, *Aquatic Botany*, 86, pp.393-401, 2007.
14) Andrews, M., Davidson, I.R., Andrews, M.E. and Raven, J.A.：Growth of *Chara hispida*. 1. Apical growth and basal decay, *Journal of Ecology*, 72, pp.873-884, 1984.
15) 川村多實二原著，上野益三編集：日本淡水生物学，北隆館，pp.106-112, 1986.
16) Vermeer, C.P., Escher, M. Portielje, R., and De Klein, J.J.M.：Nitrogen uptake and translocation by *Chara*, *Aquatic Botany*, 76, pp.245-258, 2003.
17) Boyd, C.E.：Some aspects of aquatic plant ecology. In Proceedings of the reservoir Fishery Resources Symposium, University of Gerogia Press Athens, GA, pp.114-129, 1967.
18) Pereya-Ramos, E.：The ecological role of Characeae in the lake littoral, Ekol. Pol., 29, pp.167-209, 1981.
19) Kasaki, H.：The charophyta from the lakes of Japan, *Journal of Hattori Botanical Laboratory*, 27, pp.217-314, 1964.
20) Watanabe, M. M., Nozaki, H., Kasaki, H., Sano,S., Kato,H., Omori, Y. and Nohara, S.：Threatened states of the Charales in the lakes of Japan, In Kasai,F.,ed., Algal Culture Collections and the Environment, Tokai University, pp.219-236, 2005.

3章
河床生態系の水質変換機能と栄養塩濃度の関係

　河床付着生物膜が河川水質に及ぼす影響として，藻類の光合成による栄養塩の吸収や細菌の有機物分解による栄養塩の溶出があげられる．

　生物膜による栄養塩吸収・溶出の評価は，生物膜自体の窒素，リンの増減量から算出したものや現場で馴致した生物膜を室内実験の水路に設置し，水中の栄養塩濃度の変化から求めたもの，同様に水路を使用し流入水質を変化させて実験的に解析を行ったものがある．しかし，河床付着生物膜による栄養塩変換機能は，環境因子としてのその場の栄養塩濃度が生物膜の構造に影響を及ぼし，そこで形成された生物膜の機能が水質変換機能として発現することから，河床付着生物膜と河川水質の相互作用を考慮する必要がある．このような状況は，例えば下水処理水の流入する河川の上下流で発生していると考えられる．

　そこで，下水処理水の流入により栄養塩濃度の異なる地点で馴致された河床付着生物膜を用いて栄養塩フラックスを調べ，生物膜の栄養塩変換機能に対する栄養塩濃度の影響を検討した．

3.1 方　　法

　同一河川において栄養塩濃度に差のある仙台市を流れる七北田川の下水処理水放流地点の上流部と下流部に調査地点を設けた（図-3.1）．

　調査開始の約1ヶ月前にアングルで作製した方形枠に固定した付着板（縦5 cm，横10 cm，厚0.5 cm）を現場に設置した．観測項目は，流速，水深，照度，電気伝導度（EC），河川水の栄養塩，懸濁態有機炭素（POC），溶存態有機炭素（DOC），クロロフィルaである．調査地点の流況および水質の概略を図-3.1に示す．

　栄養塩フラックスの調査では，付着板を4枚採取し，明条件試験に2枚，暗条件

3章　河床生態系の水質変換機能と栄養塩濃度の関係

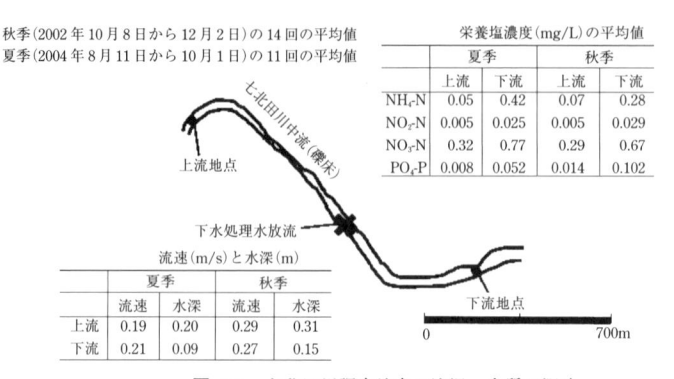

図-3.1　七北田川調査地点の流況，水質の概略

秋季（2002年10月8日から12月2日）の14回の平均値
夏季（2004年8月11日から10月1日）の11回の平均値

栄養塩濃度（mg/L）の平均値

	夏季		秋季	
	上流	下流	上流	下流
NH_4-N	0.05	0.42	0.07	0.28
NO_2-N	0.005	0.025	0.005	0.029
NO_3-N	0.32	0.77	0.29	0.67
PO_4-P	0.008	0.052	0.014	0.102

流速（m/s）と水深（m）

	夏季		秋季	
	流速	水深	流速	水深
上流	0.19	0.20	0.29	0.31
下流	0.21	0.09	0.27	0.15

試験に2枚使用した．付着板を透明プラスチック容器に入れる前に，側面と裏面に付着している生物膜を歯ブラシで擦り落とし，付着板の表に付着している生物膜のみで実験を行うようにした．付着板を容器の蓋に2枚並べて載せた後，付着生物膜が乱れないように河川水中に静かに入れ，空気が入らないようにしながら容器をかぶせて密閉した．暗条件の容器は，密閉後，アルミホイルにより遮光した．1地点につき明・暗条件の2つの容器を河床に礫で固定して設置した．容器を河床に設置する際にその直上水をシリンジに採水し，0.45μmのメンブランフィルタ（Millipore；HA）を用いて濾過し，スクリュ管に保存した．この時の河川水の栄養塩濃度を初期値とした．河床に静置してから約2時間後に明・暗条件それぞれの容器内の水をシリンジで採水し，スタートと同様に濾過をしてスクリュ管に保存し，実験室に持ち帰り分析を行った．

明・暗条件の栄養塩濃度から初期濃度を差し引き，静置時間と付着板（5 cm × 10 cm）の面積で除して，栄養塩フラックス[mg/(m^2·h)]を求めた．

3.2　結果と考察

3.2.1　夏季の明条件における栄養塩フラックス

明条件では，光合成，硝化，溶出・分解を同時に評価している．栄養塩の挙動の

模式図を**図-3.2**に示す．ここで，水中の栄養塩濃度が減少する方向を負とした．栄養塩に向かう矢印は栄養塩の増加，栄養塩から出る矢印は栄養塩の減少を意味する．つまり，負の値は光合成による藻類への吸収や硝化による消費が卓越し，正の値は溶出・分解が卓越した結果を示す．

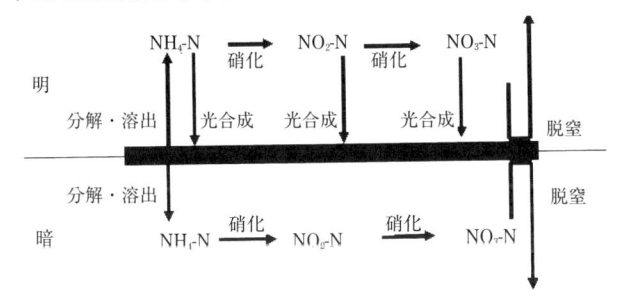

図-3.2　河床付着生物膜による栄養塩挙動の摸式図

夏季における栄養塩フラックスの平均値を**表-3.1**に示す．本表から上流と下流を比較すると，NO_3-N に関してはほぼ等しい値となっているが，NH_4-N，NO_2-N は下流の方で吸収が卓越しており，DIN で見ると，下流の方で約 3.1 倍吸収していることがわかる．一方，PO_4-P に関しては上流で吸収傾向，下流で溶出傾向を示した．

表-3.1　夏季明条件の栄養塩フラックスの平均値[mg/(m²·h)]

	NH_4-N	NO_3-N	NO_2-N	DIN	PO_4-P
上流	0.44	− 2.41	− 0.013	− 1.99	− 0.030
下流	− 3.15	− 2.94	− 0.072	− 6.17	0.036

窒素に関しては下流で各態窒素を吸収しているが，上流では NH_4-N は他の窒素と異なり，溶出傾向にあった．明条件で NH_4-N が溶出する原因としては，細菌による生物膜の分解による溶出が考えられる．しかし，藻類による吸収以上に溶出する理由は明確ではない．ここで，夏季の上流の栄養塩濃度を見る（**図-3.1**）と，NH_4-N が 0.05 mg/L に対して，NO_3-N が 0.32 mg/L と大きく，NO_3-N が支配的であることがわかる．したがって，藻類も NO_3-N の利用性に優れたものが優占化している可能性が高い．すなわち，上流では NO_3-N 濃度が高い水質に対応して付着生物膜中の藻類は NO_3-N の利用性に優れたものが優占化して活発に窒素を吸収する一方，光合成により酸素が生成され，また藻類が代謝する有機物による細菌の活性化が有機物の分解を活性化し，NH_4-N の溶出につながったものと推定される．

下流における水質の特徴は，上流と比較してすべての栄養塩濃度が高いものの，特に NH_4-N 濃度が1オーダー上昇し，NH_4-N と NO_3-N の濃度レベルがほぼ等しいことである(**図-3.1**)．このような水質環境を考えると，藻類も NH_4-N と NO_3-N をバランス良く吸収するものが優占化している可能性が高く，実際 NH_4-N と NO_3-N のフラックスは－3.15，－2.94 とほぼ等しく，両者とも吸収されていることが明らかである．このように光合成により上流よりも活発に窒素を吸収していることから，相互作用としての細菌の活性化にもつながっているものと思われるが，藻類が吸収する以上の溶出は起こっていない．一方，PO_4-P に関しては上流で吸収，上流よりも高い濃度の下流で溶出が起こっており，分解活性との関係で考えると，やはり下流で活発に分解が起こっているのではないかと考えられる．

3.2.2　秋季の明条件における栄養塩フラックス

秋季における各栄養塩フラックスの期間内の平均値を**表-3.2**に示す．NO_3-N フラックスは，下流では上流の約2倍となり，オーダーは等しく，夏季とほぼ同様の値であった[夏季－2.94 mg/(m²·h)，秋季－2.91 mg/(m²·h)]．DIN フラックスで見ると，上流は夏季－1.92 mg/(m²·h)，秋季－1.99 mg/(m²·h)とほぼ同様の値であり，その内訳として夏季から秋季に NO_3-N の吸収フラックスは減少[夏季－2.41 mg/(m²·h)，秋季－1.49 mg/(m²·h)]し，NH_4-N フラックスは溶出から吸収に転じる[夏季0.44 mg/(m²·h)，秋季－0.42 mg/(m²·h)]ことが特徴的である．これは水温の低下とともに NO_3-N の利用性に優れた藻類の活性が低下し，NO_3-N フラックスの低下をもたらした一方で，NH_4-N を減少させる働きとしての硝化活性が高まり，また脱窒活性も高まった可能性がある．

表-3.2　秋季明条件の栄養塩フラックスの平均値[mg/(m²·h)]

	NH_4-N	NO_3-N	NO_2-N	DIN	PO_4-P
上流	－0.42	－1.49	－0.008	－1.92	0.035
下流	－1.91	－2.91	0.068	－4.75	0.000

下流の DIN フラックスは，夏季－6.17 mg/(m²·h)，秋季－4.75 mg/(m²·h)と3/4に低下した．これは，水温の低下による光合成活性の低下ともみなせるが，フラックス低下は NH_4-N フラックス[夏季－3.15 mg/(m²·h)，秋季－1.91 mg/(m²·h)]によっており，下流における NH_4-N 濃度の低下[夏季0.42 mg/(m²·h)，秋季0.28

mg/(m²·h)]によりもたらされたことも考えられる.ただし,後述するように下流での暗条件におけるNH$_4$-Nフラックス[夏季－0.60 mg/(m²·h),秋季－0.58 mg/(m²·h)]はほとんど変わらないことから,NH$_4$-Nフラックスの低下は光合成活性の低下による可能性が高い.

データは示さないが,下流は上流に比べて生物膜量も大きく変動し,上流に比べて生物膜の増加速度が速く,また剥離によって残存する生物膜量は小さいという傾向が明確であった.

このような高濃度の栄養塩に起因する生物膜の活発な増殖と剥離がフラックスに大きな影響を与えていると推察される.

3.2.3 夏季の暗条件における栄養塩フラックス

暗条件においては,光合成によるものが無視できるため,NH$_4$-Nの減少は硝化,NO$_3$-Nの減少は脱窒によるものとみなすことができる.

夏季の各栄養塩フラックスの期間内の平均値を表-3.3に示す.両地点でNO$_3$-Nが脱窒により減少,またNH$_4$-Nが硝化によって減少しているのがわかる.上流は,明条件ではNH$_4$-Nが溶出していたが,暗条件では減少する結果となった.このことから藻類が光合成することで,見かけ上,硝化細菌の活性が低下することがわかった.また,NH$_4$-Nの低下によって硝化が起こっていると判断できるものの,NO$_2$-Nの増加分がNH$_4$-Nの低下分を上回ることから,亜硝酸の酸化活性はかなり小さく,また生物膜から分解・溶出するアンモニアの酸化によって亜硝酸が溶出しているものと考えられる.上流のNH$_4$-N濃度は0.05 mg/Lと小さく,このことが硝化細菌の活性が高まらない理由であろう.

表-3.3 夏季暗条件の栄養塩フラックスの平均値[mg/(m²·h)]

	NH$_4$-N	NO$_3$-N	NO$_2$-N	DIN	PO$_4$-P
上流	－0.11	－0.42	0.212	－0.32	－0.081
下流	－0.60	－0.45	0.834	－0.21	－0.075

これに対して下流では,明条件で光合成によるNH$_4$-Nの吸収が卓越していたが,暗条件でもNH$_4$-Nの低下が見られ,硝化が起こっていることが明らかであった.その値は上流と比較しても大きく,上流に比べ硝化活性が高いと判断できる.しかし,硝化活性はあくまでもアンモニア酸化活性であり,上流と同様にNO$_2$-Nの溶

出の傾向が顕著であった．下流の NH_4-N 濃度は 0.42 mg/L と高く，このことが硝化細菌の活性が高い理由であろう．

DIN で見ると，上流の方が下流より吸収，すなわち脱窒している傾向にあった．下流では上流に比べ NO_2-N フラックスが非常に大きく，河川水の NO_2-N の増加をもたらしている．上流，下流ともに NH_4-N の減少量を上回る NO_2-N の増加量となっていることから，生物膜からの窒素負荷も亜硝酸まで酸化されて水中に溶出していることが明らかである．すなわち，日中に光合成によって窒素を吸収し，夜間に硝化・脱窒で窒素を吸収する中で，亜硝酸態窒素だけは溶出を起こしている．

3.2.4　秋季の暗条件における栄養塩フラックス

次に秋季における各栄養塩フラックスの期間内の平均値を**表-3.4** に示す．NO_3-N のフラックスから上流，下流ともに同程度の脱窒が行われているのがわかる．NH_4-N の減少量は下流の方が大きいが，DIN で見ると，上流の方が減少しているのがわかる．これは夏季と同様に NO_2-N が河川水中において増加したことに起因している．下流では上流に比べ NO_2-N フラックスが非常に大きく，河川水の NO_2-N の増加をもたらしていることは夏季と同様である．しかし，夏季に比べ上流，下流ともに NH_4-N の減少量を下回る NO_2-N の増加量となっていることから，夏季に比べ亜硝酸酸化活性が高いと考えられる．

表-3.4　秋季暗条件の栄養塩フラックスの平均値 [mg/($m^2 \cdot h$)]

	NH_4-N	NO_3-N	NO_2-N	DIN	PO_4-P
上流	− 0.39	− 0.36	0.030	− 0.71	0.002
下流	− 0.58	− 0.36	0.317	− 0.62	0.030

夏季，秋季ともに上流では脱窒による NO_3-N の減少が卓越し，下流では NH_4-N，NO_3-N ともに硝化と脱窒により減少していた．これは明条件の栄養塩フラックスと類似した傾向であり，暗条件の栄養塩フラックスも河川水中の栄養塩濃度を反映した結果になったと考えられる．これに対して下流では，明条件で光合成による NH_4-N の吸収が卓越していたが，暗条件でも NH_4-N の低下が見られ，硝化が起こっていることが明らかであった．その値は上流と比較してほぼ同様であることから，下流の高い NH_4-N（0.28 mg/L）は明条件で光合成に利用され，硝化活性を高める方向には働かないことがわかる．

3.2.5 まとめ

　栄養塩濃度の異なる地点で馴致された生物膜の栄養塩の除去能力について栄養塩フラックスにより評価を行った．
　その結果，以下のことがわかった．
① 　上流の生物膜は，NH_4-N が低く（夏季 0.05 mg/L，秋季 0.07 mg/L），NO_3-N が高い（夏季 0.32 mg/L，秋季 0.29 mg/L）水質条件に対応して，NO_3-N の利用性に優れた藻類が生育し，夏季には生物膜による NO_3-N の吸収が活発に行われる一方で，活発な光合成に起因して NH_4-N の溶出が生じた．しかし，秋季には光合成活性が低下し，硝化細菌，脱窒細菌による水質変換が活性化した．
② 　下流の生物膜は，NH_4-N が高く（夏季 0.42 mg/L，秋季 0.28 mg/L），NO_3-N も高い（夏季 0.77 mg/L，秋季 0.67 mg/L）水質条件に対応して，NH_4-N，NO_3-N の両方の利用性に優れた藻類が生育し，活発に光合成を行う一方で，亜硝酸酸化活性は抑制される傾向にあり，NO_2-N の溶出フラックスが確認された．

4章
付着藻類の窒素安定同位体比から河川の汚染源を探る

4.1 窒素安定同位体比

　河川には，流域から様々な物質が流入している．窒素に関してみれば，上流域では，近接した森林から落葉や落枝の形態で粒状(懸濁態)窒素が直接入り，無機態や有機態の溶存態窒素の流入もある．人間活動が活発になる中流域では，農耕地由来の窒素や人間・家畜からの排泄物，食品工場等からの排水が流入してくる．様々な起源の窒素は，河川水中では，混合し，変換されて，硝酸態窒素をはじめとする窒素化合物として存在する．これらの流入した窒素は，河川水質に影響を及ぼし，またそこに生息する生物に利用されている．窒素(硝酸態窒素)濃度が高すぎれば，飲用水として不適になるし，それがダムや湖沼，内湾等に流入すれば植物プランクトンの大増殖を引き起こし，アオコや赤潮の原因にもなる．河川水の窒素レベルを適切に保ち，下流域を含む河川生態系を健全な状態で維持管理していくうえで，流域からの窒素の起源の特定は重要である．

　1.3.2(2)で前述したように，窒素原子には化学的性質は全く同じで質量数(中性子数)の異なる原子が存在する．質量数が 14 の原子(^{14}N)と 15 の原子(^{15}N)であり，それらの原子は放射崩壊はせず安定同位体と呼ばれている．地球全体としては，両者の存在割合は一定であるが，植物や動物，あるいは肥料等の物質ごとにその存在比はわずかではあるが明らかに異なる．ごくわずかの違いなので，窒素の場合は大気中の窒素を基準にして，それよりも ^{15}N が多ければ(重ければ)＋，少なければ(軽ければ)－の符号を付けて千分率(‰，パーミル)で表す．

$$\delta^{15}\mathrm{N}(‰) = (R_{試料}/R_{大気}) \times 1\,000$$

ここで，R：^{15}N/^{14}N 比．
　この表示方法で示した場合，例えば，化学肥料由来の窒素の δ^{15} 値は － 3 ～ ＋ 3

4章　付着藻類の窒素安定同位体比から河川の汚染源を探る

‰の低い値を，人屎尿・畜産排泄物由来の$δ^{15}N$値は+10〜+20‰の高い値を，降雨由来の$δ^{15}N$値は-15〜+8‰の広い範囲を示すことが知られている[1]．

　河川での有機物生産者は付着藻類であり，付着藻類は河川水から窒素をはじめとする栄養塩類を直接吸収し，その生育期間は数週間にわたる．付着藻類の窒素安定同位体比は，その間の河川水中の無機態窒素の同位体比を平均化したものになると考えられる．この点では，河川水中の窒素の同位体比が瞬間値であるのに対し，付着藻類の同位体比は，ある期間の平均値を表しているものと考えられる．したがって，河川水中の窒素の同位体比が一時的な窒素流出等の影響を受けやすいのに対し，付着藻類の同位体比は，より長期的な窒素源の変化を反映しているものと考えられる[2]．付着藻類の持つこのような特徴は，流域の窒素供給源と河川生態系内の窒素との結びつきを解明するうえで非常に優れた特質であろう．本章では，千曲川および天竜川において，そこに生育する付着藻類の窒素安定同位体比が流域の窒素源とどのように関連しているのかを紹介し，付着藻類の窒素安定同位体比が河川流域の窒素起源のよい指標となりうることを示す．

4.2　千曲川における付着藻類の窒素安定同位体比

　千曲川では，上流（信濃川上村，長野-新潟県境から195 km）から中流（坂城町，同97 km）にかけて調査を行った．流域を8つの地域に分割し，流域ごとの窒素負荷発生量を算出した．窒素負荷発生源として，人屎尿，畜産排泄物，農耕地，森林，市街地からの流出を考慮した．人口，家畜頭数，土地利用状況は，『長野県市町村別統計書』（平成13年度版）[3]をもとにした．原単位には川島[4]の値を用いた．鶏からの排出は，すべて還元再利用されているものとして負荷には含めていない．上記の統計データにそれぞれの原単位を乗じて，流域ごとの窒素負荷発生量［単位面積当りの窒素負荷発生量（kg-N/(ha・yr)）］を算出した．畜産排泄物および下水処理場・屎尿処理場からの窒素の流出率は60％とした[5]．千曲川流域において原単位法で算出した単位面積当りの窒素負荷発生量（比負荷量）は，8〜20 kg-N/(ha・yr)で，下流ほど増加する傾向を示した（図-4.1）．上流部では，森林および農耕地（主に畑地）由来の窒素負荷が主体であり，下流に行くに従い，畜産排泄物および下水処理由来の窒素負荷量が増加している．特に，下水処理由来の窒素負荷量の増加が大きい．下水処理と畜産排泄物由来の窒素を合わせると，全発生負荷量中の割合は，

4.2 千曲川における付着藻類の窒素安定同位体比

図-4.1 千曲川流域における窒素負荷発生量[6]

（縦軸：窒素負荷発生量 (kg-N/(ha·yr))、横軸：長野−新潟県境からの距離(km)、凡例：人間、市街地、畑地、畜産、水田、森林）

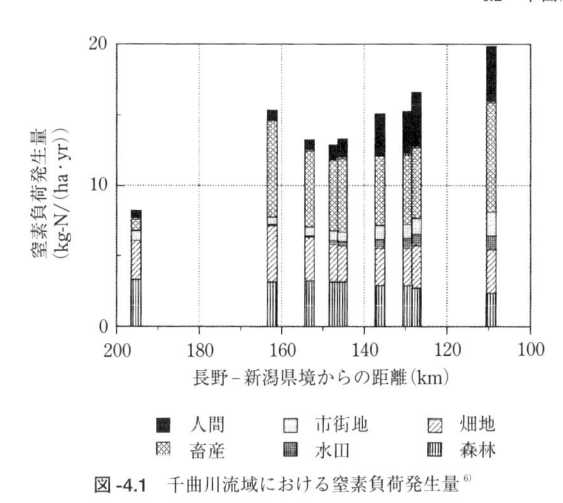

上流の6％から下流の40％へと上昇している．すなわち，千曲川流域では，人間活動増大に伴う窒素負荷量の増加とともに，その中身が下水処理水や畜産排泄物由来の窒素にシフトしているのである．ところで，前述したように下水処理水や畜産排泄物に由来する窒素の安定同位体比（$\delta^{15}N$値）は，比較的高い値（+10〜+20‰）を示す．筆者らの調査でも，下水処理水の溶存態窒素（アンモニア態＋硝酸態窒素態＋溶存有機態窒素）の$\delta^{15}N$値は，平均19.5‰であった[2]．したがって，千曲川流域では，窒素負荷源の変化に伴い，流入する窒素の$\delta^{15}N$値も高まっているものと考えられる．流入してくる窒素の安定同位体比の変化は，河川水中の窒素の同位体比，さらにはそれを吸収同化して生育する付着藻類にも反映してくるはずである．

千曲川や天竜川の上・中流部は水深が浅く光が河床まで到達し，河床の石には付着藻類が繁茂し，アユをはじめとする魚類の良い餌になっている．千曲川の上流から中流にかけて，同じような流速や水深の場所から1〜3個の石を採取し，その表面をブラシでこすり落として付着藻類を集め，水生昆虫を取り除いた後，乾燥させ，その窒素安定同位体比を質量分析計を用いて測定した．付着藻類の採集は，2000年の3，5，7，10，12月と，2001年の8，10，12月に行った．付着藻類の窒素安定同位体比（$\delta^{15}N$値）は，同一地点でも季節により変化するが，いずれの調査時期も下流にいくほど増加した（図-4.2）．付着藻類の$\delta^{15}N$値と，比負荷量，および下水処理水と畜産排泄物に由来する窒素の相対的割合とには有意な正の相関関係が認められる（図-4.3）．もし河川流域での窒素負荷源の内訳が変化しなければ，流入窒素の$\delta^{15}N$値も付着藻類の$\delta^{15}N$値も変化しないであろう．しかし，千曲川では流下に伴い下水処理水および畜産排泄物由来の窒素負荷量が増大している．したがって，付着藻類の$\delta^{15}N$値の上昇は，比負荷量そのものの増加ではなく，その窒素源の変化を反映したものであろう．原単位法に基づく推定でも，付着藻類の窒素安定同位

4章　付着藻類の窒素安定同位体比から河川の汚染源を探る

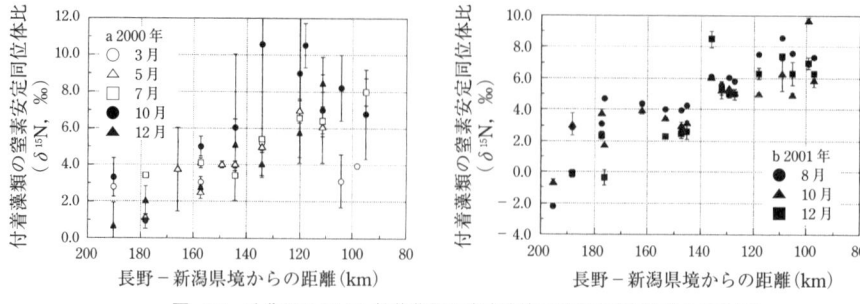

図-4.2　千曲川における付着藻類の窒素安定同位体比［文献7）より改図］

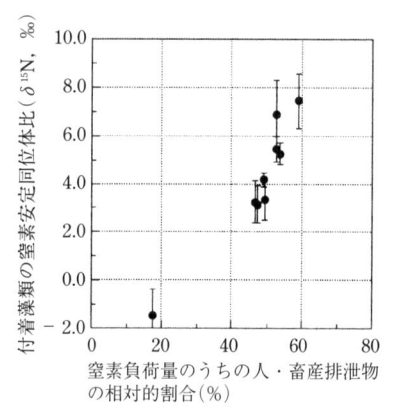

図-4.3　付着藻類の窒素安定同位体比と下水処理水・畜産排泄物に由来する窒素の相対的割合[6]

図-4.4　千曲川本流における塩化物イオン濃度（2001年8, 10, 12月の平均値．縦棒は標準偏差）[6]

体比からも，千曲川では流下に伴い，流入してくる窒素の起源が農耕地・森林由来の窒素から下水放流水および畜産排泄物由来の窒素にシフトしていることが示唆された．

この点は，河川水中の塩化物イオン濃度の上昇からも支持される．千曲川では，流下に伴い，塩化物イオン濃度の顕著な増加が見られる（**図-4.4**）．下水放流水の塩化物イオン濃度は高く，**図-4.4**は下水放流水の混入を強く示唆している．

4.3 天竜川における付着藻類の窒素安定同位体比

次に諏訪湖上流を含む天竜川を見る．2001年8月に諏訪湖の主な流入河川，横河川，砥川，上川，宮川において12地点，長野県内の天竜川本流7地点で付着藻類を採集した．2001年9月には，天竜川水系健康診断の実施時に，諏訪湖流入河川において14地点，静岡県内も含む天竜川本流・支流計24地点で市民の協力を得て付着藻類を採集した．

諏訪湖へ流入する主要河川で採集された付着藻類の窒素安定同位体比は，上川上流中大塩の＋7.1‰以外はすべて＋4‰以下であり，全体的に低い値を示した［図-4.5(a)］．前述したように化学肥料由来の窒素の安定同位体比は，＋0‰前後であることが知られており，矢ノ口川，阿久川，弓振川の比較的高い窒素濃度（2〜9 mg-N/L）は化学肥料に由来していることが示唆される．

上川上流の中大塩では，8，9月の調査とも付着藻類の窒素安定同位体比は＋7‰の高い値を示した．この地点の上流にある白樺湖の下水処理場からの排水の影響が考えられる．諏訪湖へ流入する中小河川の舟渡川や新川で採集された付着藻類の窒素安定同位体比は＋5‰前後のやや高めの値を示した［図-4.5(b)］．これらの地点では，アンモニア態窒素も検出されており，家庭雑排水や嫌気的な底泥での脱窒の影響が考えられる．

天竜川本流の河床付着物の窒素安定同位体比は，釜口水門付近で＋15‰と最も高く，25 km地点までに＋5〜＋7‰まで急激に減少した（図-4.6）．諏訪湖釜口水

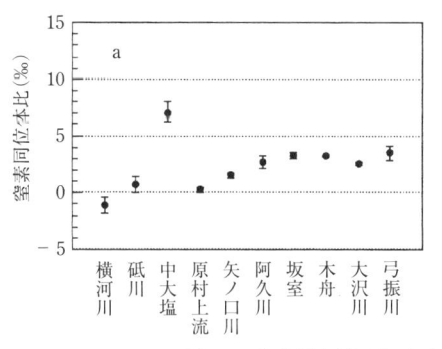

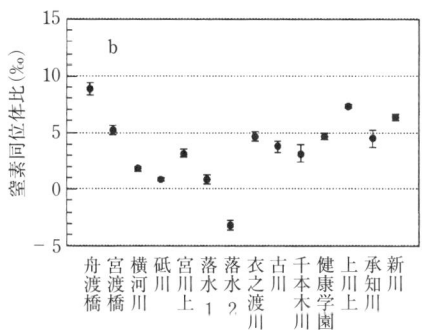

図-4.5 諏訪湖流入河川における付着藻類の窒素安定同位体比[8]

4章 付着藻類の窒素安定同位体比から河川の汚染源を探る

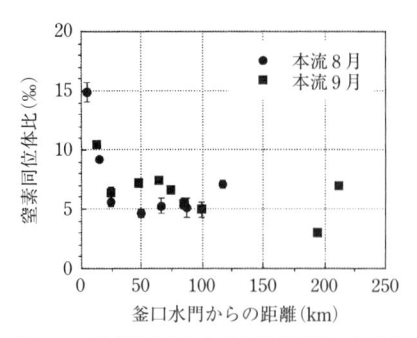

図-4.6 天竜川本流における付着藻類の窒素安定同位体比[7]

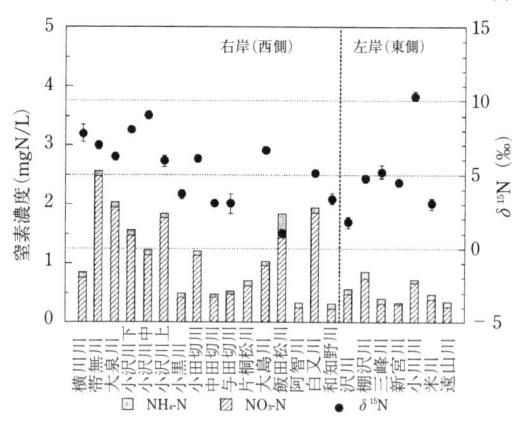

図-4.7 天竜川支流における付着藻類の窒素安定同位体比[7]

門直上では諏訪流域下水処理施設からの処理水が放流されている．下水処理水の窒素安定同位体比は+10〜+20‰と高く，諏訪湖からの流出水中の窒素安定同位体比も高いことが推察される．また，諏訪湖底泥では脱窒も見られ[9]，このことも窒素の安定同位体比を高める要因になっている[10]．付着藻類の窒素安定同位体比からは，天竜川上流部25 km付近までは諏訪湖由来の窒素の影響が大きいことが示唆される．

一方，天竜川支流の付着藻類の窒素安定同位体比は，支流ごとに様々であり，支流流域ごとに窒素負荷源が異なることを示している（図-4.7）．天竜川左岸（東側）から流出する支流では窒素濃度が低く，窒素安定同位体比も低めである．+10.3‰と特異的に高い値を示した喬木村小川川には集落排水の処理施設があり，その排水の影響で付着藻類の窒素同位体比が上昇したのであろう．天竜川右岸（西側）は平野部が開け，農耕地・市街地が広がる．窒素濃度は全般的に左岸より高めであり，窒素安定同位体比も高めの支流が多い．農耕地からの窒素流出に加え，家庭雑排水の影響が考えられる．

謝辞　本章の作成にあたり，付着藻類を採集し，その窒素安定同位体比を測定してくれた上村由加里，椎名未季枝，山崎未月の各氏に心より感謝します．本研究は，千曲川河川生態学術研究，および河川環境管理財団の支援を受けて実施しました．ここに感謝の意を表します．

参考文献

1) Macko, S.A. and Ostrom, N.E.：Pollution studies using stable isotopes. In：K. Lajtha and R.H. Michener, Stable Isotopes in Ecology and Environmental Science, Blackwell Scientific, Oxford, pp.45-62, 1994.
2) Toda, H., Uemura, Y., Okino, T., Kawanishi, T. and H. Kawashima：Use of nitrogen stable isotope ratio of periphyton for monitoring nitrogen sources in a river system, *Water Science and Technology*, 46(11-12), pp.431-435, 2002.
3) 関東農政局長野統計情報事務所編：長野県市町村別統計書（平成13年度版）．長野農林統計協会，2002.
4) 川島博之：東京湾とその流域における窒素収支の歴史的変遷，沿岸海洋研究，33, pp.147-154, 1996.
5) 川島博之，川西琢也，安江千恵，林良茂：食糧供給に伴い環境に影響を与える窒素負荷量の推定，システム農学，13, pp.91-95, 1997.
6) 戸田任重，椎名未季枝，平林明，新藤純子，川島博之，沖野外輝夫：千曲川における窒素化合物の由来，地球環境，9(1), pp.41-48, 2004.
7) 戸田任重：付着藻類の窒素安定同位体比から河川の汚染源を探る，水2月号，45巻，第3号（通算638号），pp.24-29, 2003.
8) 戸田任重，山崎未月，沖野外輝夫：付着藻類の窒素安定同位体比からみた天竜川水系の窒素の起源，信州大学環境科学年報，24, pp.127-130, 2002.
9) 沖野外輝夫：諏訪湖－ミクロコスモスの生物－，八坂書房，1990.
10) Mariotti, A., Landreau, A. and Simon, B.：^{15}N isotope biogeochemistry and natural denitrification process in groundwater：Application to the chalk aquifer of northern France, *Geochim. Cosmochim. Acta.*, 52, pp.1869-1878, 1988.

5章
粒状有機物の動態と
水生生物との相互関係

　河川は，一定方向の流れによる物質の移動が卓越し，しかも空間的また時間的な変化が大きい動的システムである．変化に富んだ空間における一次生産に加えて，陸上生態系からの有機物，栄養塩，ミネラル等が流入し，河川では種多様性の高い生物相が維持されている．特に日本では森林面積率が高く，雨量が豊富であるため，上流域の生物相は陸上生態系から流入する粒状有機物(POM)に強く依存していると考えられる．陸上由来の有機物を利用している生物であるトビケラは400種以上確認されており[1]，この種数は世界でも類を見ない[2]．つまり，1章で概説されているように，このような有機物に代表される物質輸送と物質循環(生産や分解等)は，水生生物群集と密接な関係にあるため，河川生態系を理解また保全するうえで重要な要素である．

　現在，河川の水質環境基準項目の中に有機物指標としてBODが設定されている．しかし，これは人為由来の有機汚濁のレベルを評価して，生活環境を保全することを目的として設定されており，生物の餌資源としての有機物を示すものではない．しかも，その基準達成率の評価には75%値が用いられており，降雨に伴う増水時の濃度増加現象は評価対象外となっている．粒状有機物は，炭素循環や食物連鎖といった生態学的観点から河川生態系を調べるものとして重要な要素であるが，河川水質管理の指標として現段階では位置づけられていない．また，河川の有機物というと，従来からの人為由来の有機汚染を連想しやすく，自然状態にある有機物の動態は河川環境管理上では十分には認知されてきていない．

　今後，河川生態系の保全や再生を行うためには，有機物と生物との相互関係を理解したうえで，餌あるいはエネルギー源としての有機物を適切に評価することが重要であると考えられる．河川生態系におけるPOMの種類や存在形態等は**1.3.3**にまとめたが，POMの中でも粒径1 mm未満の微細粒状有機物(FPOM)ついてはその動態や化学的また生態学的な観点からの解明はあまり進んでいない．そこで本章

では，FPOM の動態と水生生物との相互関係を明らかにするために行われた研究の成果を中心に，粒状有機物の動態と水生生物との相互関係をまとめた．まず，河川における浮遊性 POM と堆積性 POM の動態を概説し，FPOM の生成・分解過程をまとめたうえで，底生動物群集との関係という視点からその生態学的役割を記述する．

5.1 浮遊性粒状有機物の動態

温帯河川において浮遊性粒状有機物は，季節や河川縦断方向にその濃度が変化するが，低水時には溶存有機物(DOM)に比べて濃度が低いことが知られている[3]．一方，水位増加時には POM の濃度が急激に増加し，有機物の粒径分布は大きく変化する．本節ではイタリアの河川を事例として，自然状態に近い河川における粒径別の有機物の濃度の変化を紹介する．なお，粒状有機物の表面には微生物(真菌類，細菌，ウイルス)が付着しており，非生物部分だけを個別に扱うことは困難であるため，本章では付着した微生物を含めたものを粒状有機物(POM)として取り扱う．

5.1.1 季節変化

イタリア北東部のタリアメント川を対象とした調査結果を例として，河川における浮遊性有機物の動態を示す．この河川は全長約 170 km で，ヨーロッパアルプスに水源を持ち，アドリア海へ注いでいる．形態学的な自然状態と良好な水質がよく保存されているヨーロッパで唯一の河川であり，上流部は落葉広葉樹林帯，中流域は洪水氾濫原(最大幅 900 m)を流れる[4]．なお，日本の河川と同様，降雨により流量が頻繁に増加し，河況係数は 100 以上である．調査地点を水源から 5 km 地点を地点 1 とし，そこから 40 km ごとに地点 2～4 として，これら 4 地点において有機物の河川縦断方向や季節的な変化を調べた．また水源から地点 4 の区間で目立った汚染は見られない．

2002 年から 2003 年に，有機物の流出過程に関する調査を上記 4 地点で行い，有機物の粒径別の濃度変化を明らかにした．各季節の流量安定時に河川水中の FPOM の 3 画分(M-FPOM，63～250 μm；L-FPOM，250～1 000 μm；CPOM，＞1 000 μm)を採取し，強熱減量(Ash Free Dry Mass：AFDM)(500 ℃，

5.1 浮遊性粒状有機物の動態

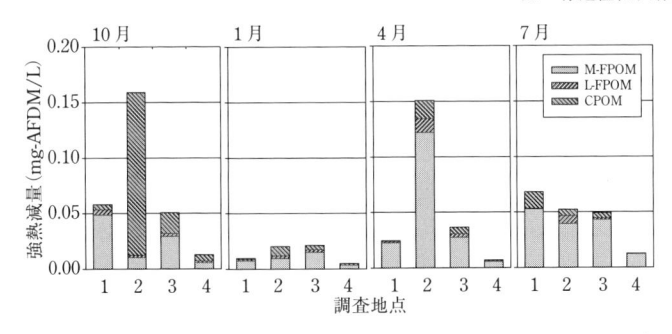

図-5.1 季節ごとのPOM濃度の河川縦断方向の変化(タリアメント川における上流から40 kmごとの調査結果)

3時間)を測定した．図-5.1に示すように，流量安定期においては63 μm以上のPOMの合計は，すべての季節を通して0.16 mg-AFDM/L以下であった．強熱減量の約50％が有機炭素であることから合計濃度でも0.08 mg-C/L程度であり，DOM濃度(約1.0 mg-C/L)よりも小さい．上流側の地点1と2では大きな季節変動が見られたが，それに比較して下流部では比較的安定していた．そして，河川水中の有機物の中で，250 μm以下のPOMが占める割合は50％以上であることが多く，低水時には粒径の小さなPOMが卓越することが示唆された．また，河川縦断方向の変化に着目すると，2002年10月，2003年1，4月では中流域(地点1と2)で最も濃度が高くなっていた．これは，地点2において秋期(10月)にCPOMが増加していることから，地点1と2の間での落葉の流入，そして河川内で落葉が分解されることによりL-FPOMとM-FOMが生成されたことが要因の一つであると推測できた．

5.1.2 洪水時の変化

次に，同流域において，集中豪雨による短期的な流量増加に有機物濃度がどのように対応しているかを示す．2002年10月16〜28日に，中流部において水位と濁度を測定し，5画分の有機物を採取した．対象画分は，DOM($< 0.7\,\mu m$)，V-FPOM($0.7 \sim 63\,\mu m$)，M-FPOM($63 \sim 250\,\mu m$)，L-FPOM($250 \sim 1\,000\,\mu m$)，CPOM($> 1\,000\,\mu m$)である．10月17日早朝より上流域で集中豪雨があり，17日午後より中流部のサンプリング地点において，約1 m水位が上昇した[図-5.2(a)]．このような水位上昇は年に数回の頻度で発生する．最高水位は17日23時頃の1.9

m であり，観測地点が洪水氾濫原に設けられているため，1 m の水位上昇により流路幅が 100 m 以上拡大し，流量は平均流量の約 10 倍程度まで増加した．なお，この増水の以前 2 週間は大きな水位増加は見られなかった．サンプリング後，DOM および FPOM の有機炭素含有量は TOC 計と元素分析器で測定し，CPOM については強熱減量の 50 % を有機炭素量として，各画分の有機炭素濃度を求めた．

図-5.2(a) に示されるように，水位の増加に伴いすべての画分の有機炭素濃度が増加し，水位のピーク時にすべての画分で最も高い濃度が示された．その増加量は粒径が大きい有機物ほど大きく，L-FPOM と CPOM の有機炭素濃度はピーク時に 1 000 倍程度に達した．

溶存有機物 (DOM) の変化は 4.5 倍であった．図-5.2(b) に粒径別の有機炭素の割合を示す．粒径の大きい 3 画分 (M-FPOM, L-FPOM, CPOM) は流量ピーク前に総

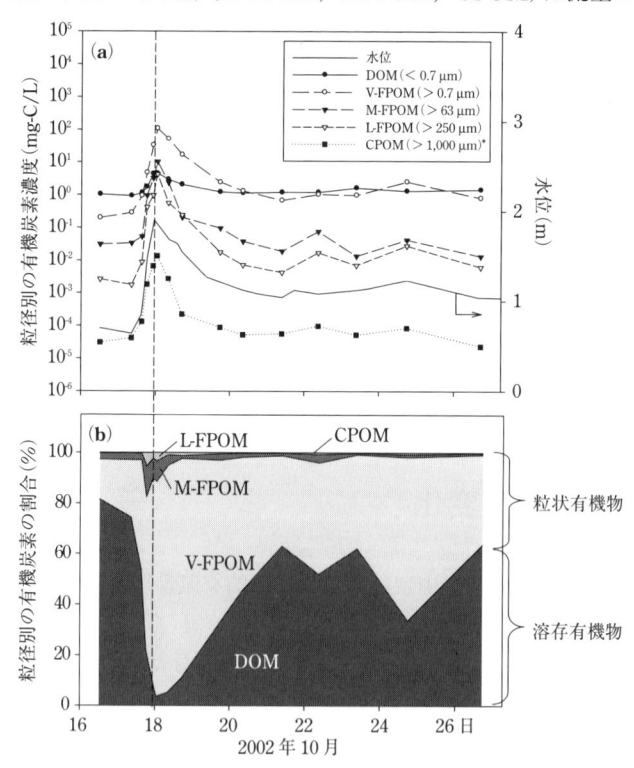

図-5.2 水位変化に伴う有機炭素濃度の変化 [タリアメント川中流部．(a) 粒径別の有機炭素濃度．(b) 総有機炭素に占める粒径別の有機炭素の割合]

有機炭素に対する割合が最大となり，粒径が大きいほど増水に対する応答が速かった．さらに，低水時には輸送されている有機炭素の2割以下の形態がPOMであったが，増水時には流量の増加に伴いPOM濃度が急激に増加し，流量ピーク時には95％以上の有機炭素がPOMであることが示された．これは，増水以前に晴天が数週間続いていたため，17日の集中豪雨により上流の森林域から落葉や倒木等が流入し，また河床や河原に堆積した粒状有機物や付着藻類が流量の増加により洗い流された結果と考えられた．

5.1.3 微細粒状有機物の起源

FPOMの起源は，流量に応じて変化する．ここで起源となり得るPOMの化学的特性に基づき，タリアメント川中流域（地点3）の浮遊性FPOMを対象として，その起源を混合モデルにより推定を試みた研究例を示す[5～7]．この研究では，①流域内の特定の起源を示すFPOMの化学組成を示すパラメータを選択し，②主要なCPOMからヨコエビを用いた実験により生成されたFPOMを標準物質と考え（**5.3**参照），③それらと河川水中の試料を比較することにより，主要な起源の混合比を求めた．選択したパラメータは，有機炭素量，窒素量，リン含有量，クロロフィルa・b，炭素の安定同位体比であった．

その結果，**図-5.3**に示すように，低水時にはL-FPOMの77％が落葉由来，16％が珪藻由来，7％が無脊椎動物由来であることが推定された．それに対して，M-FPOMの起源は落葉の割合が最も高く（44％），残りは倒流木，土壌有機物，無脊椎動物等であると推定された．そして，水位の増加に伴いFPOMの化学的特性が変化していることから，その起源が変化していることも示された．増水時にはL-FPOMの起源として落葉の割合が減少すると同時に，剥離した珪藻と無脊椎動物の割合が一時的に増加し，水位ピーク時には土壌有機物の占める割合（76％）が最も高くなった．また，水位ピーク時から約2日後に土壌有機物の割合が最大（96％）となり，その後やや減少する傾向が見られた．一方，M-FPOMに関しては，水位の上昇に伴い落葉と倒流木の割合が減少し，土壌有機物が占める割合が増加した．水位ピーク時には土壌有機物の割合が85％に達していた．

出水時のFPOMの質的特徴に着目すると，低水時に比べて土壌由来の有機物が多く，栄養塩含量が少なくリグニン含量が多い有機物が輸送されていた．逆に，低水時は落葉や藻類由来の比較的窒素やリンを多く含み，底生動物や微生物による分

5章 粒状有機物の動態と水生生物との相互関係

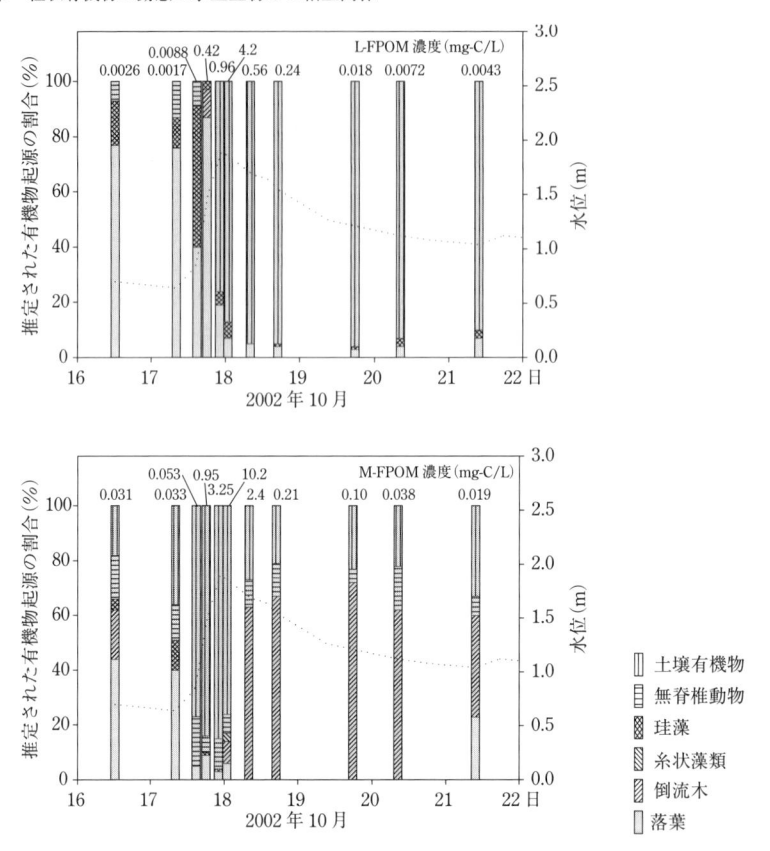

図-5.3 水位増加に伴う微細有機物(L-FPOM, M-FPOM)の起源の変化

解作用を強く受けていないものが多く流下した．したがって，出水時には比較的新しい有機物が陸上や河床から流出し，出水後半には難分解性の有機物が下流域さらには河口域に大量に供給されていることが示された．流量が増加するのは短時間であるが，出水時の輸送量を考えると，下流域の滞留域や河口域に対する土壌由来FPOMの影響は大きいことが推測できる．

以上の調査は，イタリア北東部の比較的自然状態が保持されている河川を対象としているが，流量変動の類似性を考慮すると，国内の河川でも増水時に輸送される粒状有機物が下流域への餌供給面において大きな影響を持つことが推測できる．

5.2 堆積性粒状有機物の動態

　低水時には POM の大部分が河床に堆積している．堆積性の有機物は，河床という固液界面に存在するため，浮遊性のものよりも生物(水生動物や微生物等)の作用を強く受ける．以下に，多摩川(全長 138 km，流域面積 1 240 km^2)における POM の堆積量およびその流量変化による動態の概要をまとめた[8]．

　多摩川中流域を調査対象として，2 地点(地点 A 青梅市：河口より 61 km，地点 B 日野市：河口より 40 km)において，2004 年 8 月から 11 月に瀬に堆積した FPOM(63 μm 〜 1 mm)の調査を行った．調査期間中に台風の集中豪雨による急激な水位増加が 10 月 9 日と 21 日に観測された(図-5.4)．このレベルのピーク流量は年に 1 〜 2 回の頻度で観測されている．合計 10 回のサンプリングのうち，5 回はこの増水前，1 回は増水の間，そして 4 回は増水後であり，水位安定期と増水後の遷移過程における河床の状態変化を調べた．なお，同年 7 月以降は晴天が続き，9 月末までは流量が 2 ヶ月以上安定していた．サンプリング地点は比較的緩やかな河岸の近くに限定し，水理学的条件を一定の範囲(水深 40 cm 以下，流速 50 cm/s 以下)とした．河床に直径 25 cm のアクリル製の筒を設置し，筒内の河床を攪拌した後に，湿式吸引機を用いて FPOM を河川水とともに採取した．その後，適切な前処理をして，CN コーダで対象粒径の有機炭素量および窒素量を求めた．

　図-5.4 に河床堆積物中の微細有機炭素量を示しているが，増水前に地点 A で 1.2

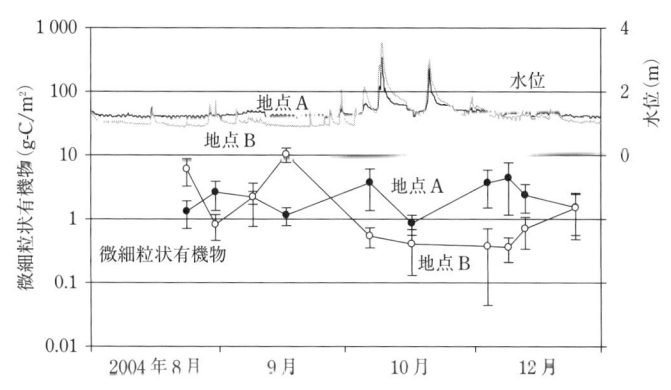

図-5.4 堆積性微細粒状有機物と水位の経時変化(対象粒径：63 μm 〜 1 mm)

～ 3.7 g-C/m², 地点 B で 0.54 ～ 10.3 g-C/m² であった．そして，増水によって地点 A で 0.86 g-C/m²，地点 B で約 0.41 g-C/m² に減少した．その後，地点 A の方が早く回復し，増水前と同程度かそれ以上まで増加した．また，地点 B では，堆積性の有機物量の変動が地点 A に比べて大きいことが示されたが，これは地点 B 付近での栄養塩濃度に伴う藻類の増殖および頻繁な水位変動が原因と考えられた．一方の地点 A では，河川内での生産量が限られ，流量が地点 B に比べ安定していたため，有機物の堆積量が比較的安定していたと推測された．なお，FPOM とそれを餌とする底生動物の関係については **5.5** に示した．

図に示していないが，同一地点における窒素量の変化挙動は有機炭素量と大まかには似ていた．しかし，厳密に FPOM の C/N 比の時間変化を調べたところ，増水前には C/N 比が 9.7 ～ 17.8 であったのに対し，増水時には 5.3 ～ 5.6 にまで低下した．その後，C/N 比のわずかな上昇が見られたが，地点 A，B とも 7.5 以下にとどまった．このような C/N 比の変化は，藻類由来の有機物の堆積や落葉等の陸上由来の CPOM の供給による間接的な影響等が要因として考えられた．今後，前節に示したように有機物の起源推定法を堆積性 FPOM に適用し，流域内でのその動態やそれに対する人為的影響を調べることも有意義である．

5.3 微細粒状有機物の生成過程

河川水中の POM は，DOM と同様に水生動物や微生物等の従属栄養生物にとって，重要な栄養・エネルギー源である．ここでは，河川における CPOM の FPOM への分解過程における化学的特性と微生物分解性の変化に関する知見を紹介する．このような CPOM の分解過程は，特に河畔林からの有機物の供給が多く腐食連鎖が卓越する上流域で重要である．

河川における FPOM の生成過程を，主要な 5 種の CPOM と大型無脊椎動物を用いて再現した．CPOM としては，トネリコ（*Fraxinus excelsior*），ハンノキ（*Alnus incana*），コナラ（*Quercus robur*）の 3 種の落葉直前の葉，倒流木，および緑藻（糸状藻類）をタリアメント川流域で採取し，実験に用いた．倒流木は河原に堆積している長さ 20 cm 以下のものとした．これら 5 種類の CPOM のうち緑藻以外の 4 種については，小河川に 10 日間固定して有機物表面に微生物を増殖させた．このような微生物が増殖した POM は水生動物が好んで摂食することが知られている[9,10]．

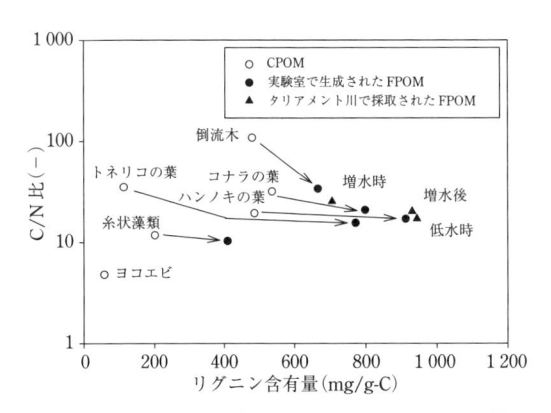

図-5.5 ヨコエビによる各種CPOMからFPOMへの変換過程におけるC/N比とリグニン含有量の変化

その後，実験室内の水槽にヨコエビ（*Gammarus pulex*, *Gammarus fossarum*）を飼育し，そこに5種類のCPOMを与えることにより，FPOM（100〜500 μm）を生成した．

図-5.5にCPOMからFPOMへの変換過程におけるC/N比とリグニン含有量の変化を示した．生成されたすべてのFPOMはヨコエビによる変換前のCPOMに比べて，低いC/N比また高いリグニン含有量を示した．倒流木のC/N比は100程度であったが，FPOMに変換後34に減少し，他のFPOMもC/N比が21以下となった．リグニン含有量はすべてのFPOMで400 mg/g-C以上であった．つまり，FPOMはCPOMに比べ，難分解性であるリグニンの含有量が高く，微生物による分解過程がゆっくりと進むことが示唆された．微生物呼吸量を調べた結果，落葉ではFPOMの方が有機炭素当りの表面積が広いにもかかわらず，微生物呼吸量が約50％であることが示された．付着微生物の現存量が低いこと，もしくはその活性が低いことが原因である．したがって，落葉のCPOMから生成されるFPOMには，難分解性のリグニンやセルロース等が多いことに加えて，窒素源となり得る窒素含有有機物が利用しにくい形で存在していることを示唆している．

5.4　微細粒状有機物の分解過程

FPOMの分解速度や化学的組成との関係を小河川における分解実験により調べた結果を紹介する．POMの分解過程を明らかにするため，起源の異なる8種のFPOMおよび5種のCPOMを用いて，約3ヶ月間森林河川（スイス，Töss川上流）で分解実験を行った．これらの試料は **5.3** での分析に用いたものと同じである．CPOMとしてトネリコ，ハンノキ，コナラの3種の葉，倒流木，糸状藻類（緑藻），およびヨコエビをタリアメント川流域で採取した．これら5種のCPOMから，前

節と同じ方法により実験に供する FPOM（100～500 μm）を生成した．また，タリアメント川の異なる流量時に採取した3種の FPOM も実験に供した．

乾燥した CPOM および FPOM を計量し，ポリエステルの網（メッシュサイズ7 μm）で作成された筒状の袋（長さ 20.0 cm，直径 1.5 cm）に入れ，河床に固定することにより分解実験を行った．実験開始時期を 2003 年 2 月とし，同年 5 月までに異なる分解時間ごとに試料を回収した．各 POM の乾燥重量の減少は，有機物の溶出および微生物による分解の 2 つの過程によるものと仮定して，二元の指数減少反応［式(5.1)］[1]を適用した．そして，溶出および微生物による分解速度係数（k_1, k_2）を求めることにより，各 POM の溶出特性や微生物分解性を比較，考察した．

$$\frac{DM(t)}{DM_0} = a_1 \exp(-k_1 t) + a_2 \exp(-k_2 t) \tag{5.1}$$

ここで，$DM(t)$：時間 t（日）における乾燥重量，右辺第一項：溶出，右辺第二項：微生物による分解過程，$a_1 + a_2 = 1$．

表-5.1 に溶出と分解速度の係数をまとめて示した．CPOM では落葉とヨコエビの a_1 が他の CPOM に比べて高い値を示し，分解の初期段階で溶出する成分の割合が高いことが示された．また，これらの CPOM は微生物による分解のしやすさを示す分解速度係数（k_2）が高い傾向にあった．中でもヨコエビが最も高く（0.0297/日），植物由来の POM ではトネリコが最も高い値（0.0049/日）を示した（**図-5.6**）．

一方，トネリコとコナラの葉から生成された FPOM の分解速度係数は 0.0015/日と 0.0013/日であった．つまり，微生物による分解が主に進んでいる過程では，FPOM の分解速度係数は CPOM より遅いことが示された．これまでに，河川での

表-5.1 分解実験により推定された各 POM の分解速度係数（決定係数が 0.1 以下の推定結果は省略した）

	起源	溶出		微生物分解		決定係数（R^2）
		$a_1(-)$	$k_1(1/日)$	$a_2(-)$	$k_2(1/日)$	
CPOM	トネリコの葉	0.24	1.96	0.76	0.0049	0.98
	ハンノキの葉	0.16	1.22	0.84	0.0013	0.91
	コナラの葉	0.15	0.88	0.85	0.0019	0.96
	倒流木	0.05	0.55	0.94	0.0004	0.94
	糸状藻類（緑藻）	0.06	620.0	0.94	0.0009	0.43
	ヨコエビ	0.25	4.79	0.75	0.0297	0.99
FPOM	トネリコの葉	−	−	1.00	0.0015	0.58
	コナラの葉	−	−	1.00	0.0013	0.46

5.4 微細粒状有機物の分解過程

落葉（CPOM）の分解速度係数は，一元の指数関数により $0.1 \sim 0.001$/日であることが報告されている[12]．実験結果に基づき POM の半減期を推定すると，トネリコとコナラに由来する落葉（CPOM）では0.24年および0.77年であるのに対し，FPOM では1.4年および1.6年であった．なお，これらの FPOM 以外については，河川で採取された FPOM を含めて実験期間中に重量の有意な変化が見られなかった．

次に，分解実験後の POM 表面の付着微生物による呼吸量を測定した結果を示す（図-5.7）．倒流木を除き，CPOM より FPOM の微生物活性が低いことが示された．これは，FPOM が難分解性成分を多く含むため，微生物量または微生物活性の低いことが主な原因であると考えられる．一方，倒流木（CPOM）の分解速度の低さは，リグニン含有量の高さや重量当りの表面積が極端に小さいことが影響していると推測される[13,14]．さらに，POM の化学組成と分解速度係数（k_2）の関係を相関分析した結果，窒素とリンの含有量のみが速度係数と有意な相関関係にあった．有機炭素，リグニン，セルロース含有量は，有意な相関を示さなかった．実験を行った小河川では，栄養塩濃度が低い（溶存性窒素 0.83 mg/L，溶存性リン 5 μg/L 以下）こと考えると，微生物による POM の分解過程では，POM 中の栄養塩が律速となっていることが示唆された．

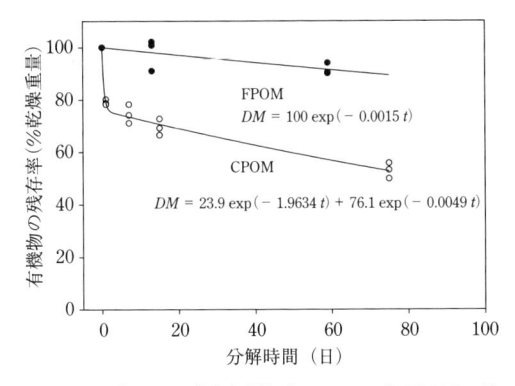

図-5.6 トネリコの葉を起源とする CPOM と FPOM の分解過程における重量変化（実線は最小二乗法により推定された指数モデル．DM：乾燥重量%, t：時間）

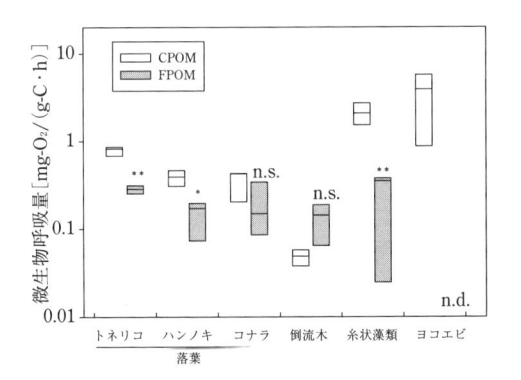

図-5.7 分解実験終了時における POM 上の付着微生物による呼吸量［$n = 3$．各 CPOM と FPOM のペアを有意差検定（t検定）した．*と**は，それぞれ有意水準 $0.01 < p < 0.05$ と $p < 0.01$ での有意差を示す．n.s；有意差なし，n.d：未測定］

以上のことより，河川で生成される FPOM は CPOM と比較して一般的に難分解性であることがわかる．したがって，日本の河川のように増水が頻発する場合には，河川内で完全に分解・変換される前に，湖沼や海域等の下流域に輸送されていることが推測できる．また，分解係数と栄養塩の有意な相関関係があることより，下水処理水等の流入により河川水中の栄養塩濃度が高くなる場合には，POM の分解が促進され，腐食連鎖における炭素循環に間接的に影響を及ぼすことも考えられる．

5.5 堆積性粒状有機物と底生動物群集の関係

POM の動態が底生動物群集つまり腐食連鎖に及ぼす影響を調べた事例[8]を以下にまとめる．多摩川の調査地点(A：東京都青梅市，河口より 61 km，B：東京都日野市，河口より約 40 km)おいて，FPOM の調査時に底生動物のサンプリングを行った．なお，地点 A の標高は約 150 m であり，扇状地の扇頂部に位置する．その上流側の河床勾配は 1/150 程度であり，大きく蛇行している．また，2002 年度の平均水質は，水温 12.4 ℃，BOD 0.8 mg/L，T-N 0.80 mg/L，T-P 0.015 mg/L である．一方，地点 B での河床勾配は約 1/300 と若干緩やかであり，その上流には 3 つの下水処理場がある．平均水質は，水温 18.4 ℃，BOD 2.3 mg/L，T-N 5.0 mg/L，T-P 0.406 mg/L である．

底生動物の採取は，5.2 に紹介した堆積性粒状有機物の動態に関する調査を実施した 2004 年 8 月 31 日から 11 月 25 日までの期間のうち計 9 回行った．河床に直径 25 cm のヘスサンプラーを設置し，その中の河床を攪拌し，ネット(メッシュサイズ 250 μm)で河床の底泥とともに底生動物を採取した．サンプリング地点の物理的条件は，流速，水深，礫の長径に関して FPOM のサンプリングと同じとして，各地点でサンプリングを 5 回繰り返した．試料はプラスチック製容器に移し，ホルマリンを 10 ％の濃度になるように添加し，実験室に持ち帰った．

採取された底生動物は，日本産水生昆虫検索図説[15]や日本産水生昆虫[1]等に従って同定した．同定は基本的に科(family)レベルとしたが，カゲロウ目，カワゲラ目，トビケラ目に関しては可能な限り属(genus)レベルまで同定を行った．貧毛綱(ミミズ類)に関しては同定が難しいため，綱(class)レベルまでとした．同定された底生動物は，Merritt と Cummins[16,17]等に従って摂食機能群(破砕食者，刈採食者，濾過食者，堆積物収集者，捕食者，その他，不明)に分類し，摂食機能群別に乾燥

5.5 堆積性粒状有機物と底生動物群集の関係

重量(現存量)を求めた．調査期間を通して，地点Aにおいては，ユスリカ科，貧毛類，コカゲロウ属，ヒメシロカゲロウ属が優占していた．その他，ヒメヒラタカゲロウ属，タニガワカゲロウ属，ミドリカワゲラ科も多く見られた．一方，地点Bにおいては，貧毛類，ユスリカ科が大部分を占めており，続いてヒメシロカゲロウ属やコガタシマトビケラ属等が多く見られた．

5.5.1 底生動物現存量

図-5.8に水位変化や堆積性微細粒状有機物の経時変化とともに，底生動物(堆積

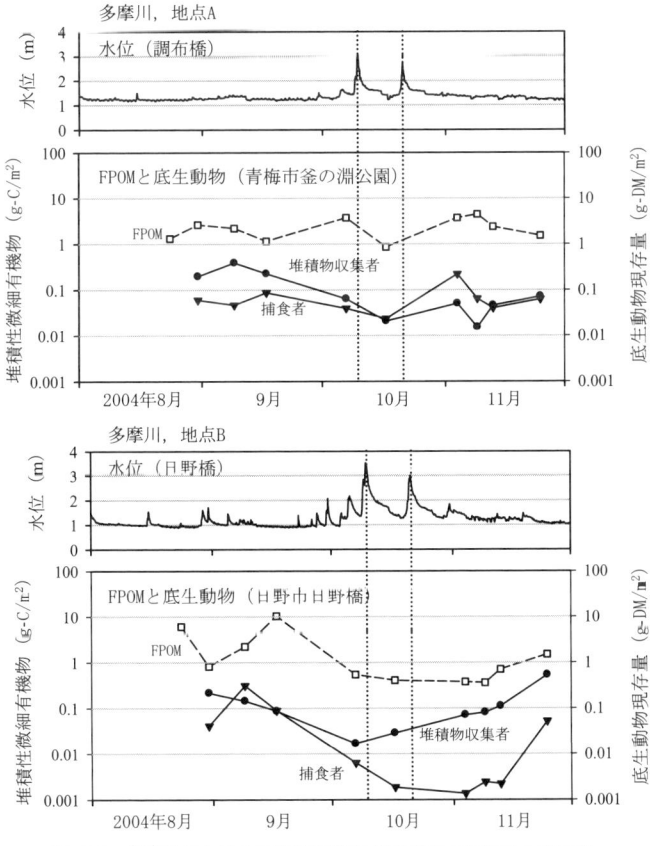

図-5.8 多摩川における堆積性微細粒状有機物(FPOM)と底生動物現存量の変化

物収集者と捕食者のみ)の現存量変化を示した．8月から9月末までの増水前の安定期においては，地点Aにおける底生動物の全現存量は0.44～0.53 g-乾重/m^2，地点Bでは0.30～0.79 g-乾重/m^{2}であった．増水後には両地点とも全現存量が約0.09 g-乾重/m^{2}にまで減少した．地点Bでは，その後徐々に現存量が回復し，11月25日には0.68 g-乾重/m^{2}にまで回復した．地点Aでは，一部増水直後の現存量が大きいが，増水後の回復には時間がかかっていると考えられた．

地点Aでは，増水直後の大きな現存量変動が観察された．これは，カミムラカワゲラ属，オスエダカワゲラ属(捕食者)やシマトビケラ属(濾過食者)のような大型の底生動物が見られたことが原因と推測された．こうした大型昆虫は流速の増加にも比較的耐性があるため，流されずに留まっており，水位低下とともに他の小型生物よりも早く河床表面に出現する可能性がある．あるいは上流から流下してきた個体が小型の底生動物より早く河床に定着したとも考えられた．地点Bでは低水時にもカワゲラやトビケラは少なく，貧毛類や小型のカゲロウ類が卓越していたため，増水直後の現存量の測定値のばらつきが小さく，連続的な回復過程が見られた．

次に，両地点における摂食機能が異なる底生動物群の動態を調べるために，堆積物収集者と捕食者の現存量変化について検討した．図-5.8に示すように，地点Aにおける堆積物収集者の現存量は，増水前で0.20～0.39 g-乾重/m^{2}であったが，増水によって0.021 g-乾重/m^{2}にまで大きく減少した後，徐々に回復した．これに対し，捕食者は，増水前は最大で0.087 g-乾重/m^{2}であった現存量が増水後にはいずれも一度大きく増加し，その後増水前と同程度になった．一方，地点Bでは，0.087～0.22 g-乾重/m^{2}であった堆積物収集者は9月下旬の小さな増水に伴い0.017 g-乾重/m^{2}まで減少し，大きめの増水後，徐々に回復した．捕食者も堆積物収集者と同様に増水に伴いその現存量が減少した．増水後もしばらくはその現存量の回復はなく，堆積物収集者の現存量の回復に対応するように遅れて捕食者が増加していた．

以上のように，両地点の堆積物収集者と捕食者の現存量変化には明確な違いがあり，地点ごとの流況や水質だけでなく，餌となる粒状有機物や下位の底生動物の動態変化が反映された結果と推察された．

5.5.2　底生動物群集と微細粒状有機物の関係

有機物とそれを餌とする底生動物(堆積物収集者)およびその捕食者の関係につい

5.5 堆積性粒状有機物と底生動物群集の関係

て述べる．まず，地点Aでは，増水前の安定期における特徴としては，有機炭素量の増加に少し遅れて堆積物収集者の増加が見られた．増水時には，有機炭素量と堆積物収集者がともに減少したが，増水後には有機炭素量が早く回復し，堆積物収集者の回復は緩やかに生じていた．捕食者と堆積物収集者との間には一見して対応が見られず，11月4日の捕食者の現存量が大型の底生動物による考えると，物理的な撹乱の影響が強いと考えられた．一方，地点Bでは，地点Aとは異なった傾向が見られた．安定期における有機炭素量の変動と堆積物収集者の変動には一見して対応が見られなかった．また，増水後の堆積・回復過程においては，両者の現存量の変化が類似しており，増水前の状態への回復は，有機炭素量よりも堆積物収集者の方が早かった．捕食者と堆積物収集者との関係は増水前には特に見られなかったものの，増水後には両者の間に対応が見られた．

地点Bにおいて，地点Aで増水前に見られた堆積物収集者と有機物の関係が見られなかったこと，また増水後の堆積物収集者の回復が早かったことより，地点Bの堆積物収集者の動態は，POMよりも他の要因による影響の方が大きいと考えられた．この違いは，カゲロウやトビケラ等の比較的大型で移動能力の高い水生昆虫類が地点Aに多く，地点Bには流速や河床材料の影響を受けやすい小型の貧毛類やユスリカが多いことが関係していると考えられる．また，底生動物群集の動態に影響を及ぼすと考えられる要因として，以下のような点があげられる．

・流域内での位置（地点Bは地点Aの下流に位置すること），
・河道形状が地点Aは湾曲部であるのに対し，地点Bでは直線的であること，
・地点Bにおいては，増水前後で河道が大きく移動したこと，
・地点Bにおける水位変動は，地点Aより大きいこと，
・下水処理水の流入により，地点Bにおける栄養塩濃度が高いこと．

河道形状が異なると，増水時の流速分布や河床堆積物の掃流力が異なる可能性があり，河道の移動は底生動物の分布に影響を与えると考えられる．また，高濃度の栄養塩は付着藻類の増殖を促し，河川内で生産されるFPOMを増加させる．こうしたことから，地点Bでは増水後に貧毛類やユスリカ科が生息しやすい河床環境が速やかに形成されたと推測できる．

以上より，底生動物の群集動態に対してFPOMの堆積量や化学的特性は重要であるが，それ以外にも流量変動，生息場の物理的条件，また集水面積等も影響を及ぼすことが示唆された．また，このような生息条件は，底生動物だけでなくFPOMの動態にも影響する．したがって，生息場の物理的条件，餌(POM)の動態，

そして底生動物群集の3者の関係を解明することは生態学的にも興味深い．

5.6 まとめ

　自然状態にある河川や都市域の河川における調査結果に基づき，FPOMの量的・質的変化に関する知見をまとめ，その動態と底生動物群集の研究成果を紹介した．まず，低水時には比較的易分解性の粒状有機物が低濃度で下流域に輸送されるが，増水時には大量に難分解性有機物が輸送されることが定量的に示された．また，多摩川での調査により，平均的な水質だけでなく流量変動に対応したPOMの動態は，水生生物の移動や定着への影響を理解するために重要な要因であることが示された．

　現在の河川水質管理では主に低水時を対象としており，増水時は流量のみが管理対象となっている．しかし，流量変動による生息環境の攪乱は河川生態系の特徴であり，そのような動的システムにおいて，物理的環境，餌資源（POMや付着藻類），生物群集の3者が相互に作用しながら生態系が成立している．そして，攪乱による生物群集の遷移や更新は，種多様性を維持するために不可欠であると考えられている[18]．したがって，水生動物への餌資源となるPOMを河川生態系の1要素と捉え，その動態や化学的特性，さらに生態学的役割を理解することは，生態系保全や河川環境管理に役立つと考えられる[19]．

　最後に，陸水学における既往の知見と本研究の結果を踏まえ，流域生態系の中で餌としての粒状有機物（POM）に関する調査研究の課題を以下にまとめる．

・分画のための適切な基準粒径の設定，
・季節ごとの流量安定期における浮遊性と堆積性の有機物の定量調査，
・流量変動時に下流域の湖沼や汽水域に輸送される有機物の定量調査，
・生態系の構成物質および有害物質の有無という両方の観点からの分析，
・土砂流出（無機物質）とPOMの輸送の関係解明，
・水生生物群集とPOMの両者の動的関係の解明．

　なお，POMのモニタリングのためには，サンプリングおよび分析の標準的な手法の確立が不可欠であるため，さらなる調査研究の蓄積が求められる．

参考文献

1) 川合禎次，谷田一三編：日本産水生昆虫－科・属・種への検索，東海大学出版会，2005．
2) Yoshimura, C., Omura, T., Furumai, H. and Tockner, K.：Present state of rivers and streams in Japan, *River Research & Applications*, 21, pp.93-112, 2005.
3) Wotton, S.W. (ed)：The Biology of Particles in Aquatic Systems, Lewis Publishers, 1994.
4) Tockner, K., Ward, J.V., Arscott, D.B., Edwards, P.J., Kollmann, J., Gurnell, A.M., Petts, G.E. and Maiolini, B.：The Tagliamento River：A model ecosystem of European importance, *Aquatic Science*, 65, pp.239-253, 2003.
5) Michener, R.H. and Schell, D.M.：Stable isotope ratios as tracers in marine aquatic food webs, In：Lajtha, K., Michener, R.H. (eds), Stable Isotopes in Ecology and Environmental Science, Blackwell, pp.138-157, 1994.
6) Phillips, D.L. and Gregg, J.W.：Source partitioning using stable isotopes：coping with too many sources, *Oecologia*, 136, pp.261-269, 2003.
7) Yoshimura, C., Tockner, K., Furumai, H. and Takeuchi, K.：Particulate organic matter dynamics during a flood event in an Alpine river (Tagliamento, NE Italy), Proceedings of International Symposium for Ecohydrology (Bali, Indonesia), pp.59-64, 2005.
8) 細見暁彦，吉村千洋，中島典之，古米弘明：多摩川における洪水前後の河床微細有機物の動態とその底生動物群集構造への影響，土木学会論文集，G62, pp.74-84, 2005．
9) Kaushik, N.K. and Hynes, H.B.N.：The fate of the dead leaves that fall into streams, *Archiv für Hydrobiologie*, 68, pp.465-515, 1971.
10) Golladay, S.W., Webster, J.R. and Benfield, E.F.：Factors affecting food utilization by a leaf shredding aquatic insect：leaf species and conditioning time, *Holarctic Ecology*, 6, pp.157-162, 1983.
11) Gillon, D., Joffre, R. and Ibrahima, A.：Initial litter properties and decay rate：a microcosm experiment on Mediterranean species, *Canadian Journal of Botany*, 72, pp.946-954, 1994.
12) Webster, J.R. and Benfield, E.F.：Vascular plant breakdown in freshwater ecosystems, *Annual Review of Ecology and Systematics*, 17, pp.567-594, 1986.
13) Webster, J.R., Benfield, E.F., Ehrman, T.P., Schaeffer, M.A., Tank, J.L., Hutchens, J.J. and D'Angelo, D.J.：What happens to allochthonous material that falls into streams? A synthesis of new and published information from Coweeta, *Freshwater Biology*, 41, pp.687-705, 1999.
14) Díez, J., Elosegi, A., Chauvet, E. and Pozo J.：Breakdown of wood in the Agüera stream, *Freshwater Biology*, 47, pp.2205-2215, 2002.
15) 川合禎次：日本産水生昆虫検索図説，東海大学出版会，p.409, 1985．
16) Merritt, R.W. and Cummins K.W.：An Introduction to the Aquatic Insects of North America (3rd ed.), p.862, Kendall/Hunt Pub. Co., 1996.
17) Merritt, R.W. and Cummins K.W.：Trophic relations of macroinvertebrates, In：F.R. Hauer and G.A. Lamberti (eds), Methods in Stream Ecology, pp.453-474, Academic Press, 1996.
18) Reice, S.R.：Nonequilibrium determinants of biological community structure, *American Scientist*, 82, pp.424-435, 1994.
19) 吉村千洋，谷田一三，古米弘明，中島典之：河川生態系を支える多様な粒状有機物，応用生態工学，Vol.9, No.1, pp.85-101, 2006．

6章
河川の微量有害物質と水生生物生息状況

　1.3.4(4)で述べたように，これまでの水質基準は主に人の健康の保護や利水に主眼が置かれてきたが，近年では，生態系の保全の重要性が指摘されるようになってきた．しかしながら，個々の化学物質の急性毒性等の情報は多数蓄積されているものの，環境中では急性毒性が表れるほどの濃度レベルにないことが多く，実河川における水質と魚類の関係は，pHやDO，NH_3-N等といったごく限られた水質項目以外はほとんどわかっていないのが現状である．さらに，監視対象となる環境汚染物質は年々増加する傾向にあり，水質モニタリングに多大な労力が必要となってきている．このような背景から，相対的に毒性の強弱を把握することのできる，生物の応答を利用した包括的毒性評価の可能性を有するバイオアッセイが再評価されている．

　近年，化学汚染物質に対して感受性が高いヒメダカ仔魚を用いた簡易，迅速で再現性の高い河川水濃縮毒性試験が提案された[1]．この方法は，原水の100倍濃縮で急性毒性が検出できる場合には，原水に慢性毒性が見られる場合が多いという経験的知見に立ち，濃縮河川水の急性毒性試験を行うことで河川水の慢性毒性を判定しようとするもので，長期間の曝露により影響されると考えられる河川の水生生物生息状況となんらかの相関が見られることが期待される．本章では，上述のヒメダカ仔魚を用いた濃縮毒性試験[2]，および毒物に対してヒメダカとは異なる反応を示すと考えられるミナミヌマエビ（以下，ヌマエビ）を用いた濃縮毒性試験[3]を実施し，河川の水生生物生息状況との関係を調査した結果を報告する．

6.1　濃縮毒性試験方法

　河川水を流心の表層から10 L採取し，1 μm ガラスフィルタで濾過した後，多孔

質ポリスチレン樹脂カートリッジ(Sep-Pak Plus PS-2)を用いて疎水性有機化合物を吸着分離する．樹脂カートリッジに吸着された物質はアセトンにより溶出させ，窒素気流下でアセトンを蒸発させた後，活性炭処理した水道水で所定濃縮率まで希釈して試験水とする．

ヒメダカ試験は，孵化後48〜72時間経過したヒメダカの仔魚10尾×2系列とし，25 mLの100倍濃縮試験水の入ったガラスシャーレに入れて，25℃，光照射時間16 h/日で48時間曝露を行う．対照区として活性炭処理水25 mLを用いて同様の操作を行い，対照区の死亡率が10％を超えた試験結果は採用しない．曝露開始から1，2，3，6，12，24，48時間後の死亡数，遊泳障害数を計数する．

ヌマエビ試験では，体長1.5〜2 cmのヌマエビを用い，7個体×2系列，25倍濃縮100 mLの試験水量でヒメダカと同様の試験を行う．

本試験の本来の評価法は，上記試験で死亡が確認された試験水について濃縮倍率を変えて試験を繰り返し，半数致死濃縮率や半数障害濃縮率を求めるというものである．しかし本研究では，できるだけ多くの河川で試験を実施しつつ，可能な限り定量的に河川間の相対比較を行うため，上記試験結果のみから算定可能な半数致死時間(LT_{50}：Median Lethal Time)，半数障害時間(ET_{50}；Median Effect Time)を用いた．LT_{50}，ET_{50}は毒性が低いほど大きな値をとり，毒性がない場合には無限大となる．毒性の表示としては値が大きいほど毒性が大きい方が理解しやすいため，以下の表示では，LT_{50}，ET_{50}の逆数をとり，これをLT_{50}^{-1}，ET_{50}^{-1}と表記した．

6.2　ヒメダカ仔魚とヌマエビの有害物質に対する感度の違い

ヌマエビは，魚類に比べ一部の農薬に対して感度が非常に鋭敏であるといわれ，ヒメダカ仔魚と併用することにより農薬の検出に有効な手段となると考えられる．実際にヒメダカ仔魚とヌマエビではどの程度の差があるのか，有機リン系殺虫剤のフェニトロチオンと市販されている洗濯用合成洗剤を用いてそれぞれ毒性試験を行った結果を表-6.1に示す．フェニトロチオンに対して，ヌマエビはヒメダカより濃縮倍率が小さいにも関わらず，ヒメダカ仔魚よりはるかに高いET_{50}^{-1}，LT_{50}^{-1}を示した．一方，洗濯用合成洗剤では，ヌマエビよりヒメダカ仔魚の方がはるかに高いET_{50}^{-1}，LT_{50}^{-1}を示しており，ヒメダカとヌマエビに対する毒性の違いを見ることで，汚染源をある程度推測することが可能だと考えられる．

表-6.1 ヌマエビとヒメダカ仔魚の化学物質に対する感度の違い

	ヒメダカ仔魚 ET_{50}^{-1}	ヒメダカ仔魚 LT_{50}^{-1}	ヌマエビ ET_{50}^{-1} (4倍希釈)	ヌマエビ LT_{50}^{-1} (4倍希釈)
フェニトロチオン	0.000	0.000	0.250	0.085
洗濯用合成洗剤	0.352	0.152	0.007	0.005

* フェニトロチオンは$100\mu g/L$,洗濯用合成洗剤は主成分の直鎖アルキルベンゼンスルホン酸塩(LAS)の濃度が0.1 mg/Lとなるよう調整したものを固層抽出で100倍濃縮し,ヒメダカにはそのまま,ヌマエビには4倍希釈して試験.

6.3 生物生息状況の評価方法

濃縮毒性試験の結果を水生生物生息状況と比較するにあたっては,水生生物の生息状況をなんらかの指標で表すことができれば便利である.ここでは,魚類生息状況の評価値としてIBI,大型底生動物生息状況の評価値としてASPT値の利用を試みた.

IBIは,表-6.2に示すA～Fの6つの概念からなる10項目を用いて総合的な魚類生息環境を評価する手法である[4].表-6.3にIBI算定に必要な魚種ごとの生態を例示する.項目ごとに実測値の最大と最小の範囲を3等分して,人為的環境改変による影響が小さく,自然状態に近い方から順に5, 3, 1点を与え,その合計を評価値とする.環境改変の影響が小さいほど大きな得点となるように,項目①～③と⑧～⑩は実測値が大きいほど,⑤～⑦は実測値が小さいほど,評点を大きくとる.

ASPT値は,自然状態で本来あるべき大型底生動物の分布状況をもとに底生動物の各科に対して1～10のスコアを設定し(表-6.4),採取された科の総スコア値を採取された科数で除す

表-6.2 IBIの調査項目

概念A:種の豊富さを表す
　項目① 在来魚種数
　項目② 遊泳魚種数
　項目③ 底生(半底生)魚種数
概念B:人為的環境改変に特異的反応を示す指標種
　項目④ 弱耐性種の有無
　項目⑤ 強耐性種の個体数組成(%)
概念C:移入種に関する概念
　項目⑥ 移入種の個体数組成(%)
概念D:魚類の健全性を表す
　項目⑦ 病魚,奇形魚,鰭破損魚等の個体数組成(%)
概念E:魚類を指標として餌の状態や植物生産性を評価する
　項目⑧ 昆虫食性種の個体数組成-100(%)
　項目⑨ 植物(藻類)食性種の個体数組成(%)
概念F:魚類生産性を表す
　項目⑩ 1投網当りの採集個体数

6章　河川の微量有害物質と水生生物生息状況

表-6.3　各地点の魚類

魚種名	アブラボテ	アユ	イトモロコ	オイカワ	オヤニラミ	カマツカ	カワムツ	ギギ	ギンブナ	コイ	ザリガニ	サワガニ	スジエビ	ズナガニゴイ	タイリクシマドジョウ
生態 在来/外来	在来	在来	在来	在来	在来	在来	在来	在来	在来	在来	外来	在来	在来	在来	在来
遊泳/底生	遊泳	遊泳	遊泳	遊泳	遊泳	底生	遊泳	底生	遊泳	遊泳	底生	底生	底生	底生	底生
耐性	弱耐								強耐	強耐	強耐				
食性	植物	植物	昆虫	雑食	昆虫	昆虫	昆虫	昆虫	雑食	雑食	雑食	雑食	雑食	昆虫	雑食
U3		1	2			5	9	1					9		
U6			1	4		5	29						20	2	
U7							41		1				1		
U9							21						2		
U10			1	12		6	27		2						
U11						2	114								1
U13			1	3	2		2			1					
U15	2					2	43		1						2
U16	13		3	7		3	2		1				3	3	
U17				3			1		49						
U18				3		3	3		1				11		4
U19	11			6	6	1	35					1			1
U23	9						11		5		1		4		
U24									2				33		
U25				9									12		
U27	4			1							2	1	2		
U28	38			2							7	7	2		
U29				18		1		1	62				2		
U31													83		
U32							19								
U35									4						
U38						1									
U40	36								1	2	1		7		
U41				8											
U42		1		7					10	2					
Y1				1	1	1	10						2		
Y3				12			53								
Y4			4	1		4	19		7				2	11	1
Y8					1	1						1			
Y10				2			49								
Y11				6		2	3						3		

6.3 生物生息状況の評価方法

捕獲数と各魚類の生態

タイリクバラタナゴ	タカハヤ	タモロコ	ドジョウ	ドンコ	ヌマエビ	ヌマチチブ	ブラックバス	ブルーギル	ボラ	ムギツク	メダカ	モクズガニ	ヤリタナゴ	ヨシノボリ	ワタカ	稚魚
外来	在来	在来	在来	在来	在来	在来	外来	外来	在来	在来	在来	在来	在来	在来	外来	在来
底生	遊泳	遊泳	底生	底生	底生	底生	遊泳	遊泳	遊泳	遊泳	遊泳	底生	底生	底生	遊泳	遊泳
弱耐			強耐				強耐	強耐			強耐		弱耐		強耐	
植物	雑食	雑食	雑食	肉食	雑食	雑食	肉食	雑食	植物	昆虫	植物	雑食	雑食	昆虫	植物	
		1		13	2					3				15		
			2	1						3				3		23
			2	1												2
			5	16												
			8							7	1					
		1	7							2				8		
					1					4		2		4		8
			4	9						9						2
			7	14						12	1					
				8						1			1	16		36
		1	11							8						10
			5	18				1		5		2		5		
			2									5	6	3		1
		3	9									9		8		6
		1	21	2								4		6		
			1	1					6			21	5			2
			2	2			2					2				1
			2	1				9	5					4		
			7											1		118
	2		3											6		
				18								16	4			
				2								13				2
				7				1				15		1		
1								1								
1								1						1		
				1										9	4	
				5						1				13		
				2						1				7		
				1						2				1		
	3		2	2	7					2				12	6	
	2		16	28			1			4				7		

143

6章　河川の微量有害物質と水生生物生息状況

表-6.4　各地点の大型底生動物出現表（全季節の累計）

分類群名	マダラカゲロウ科	ヒラタカゲロウ科	モンカゲロウ科	トビイロカゲロウ科	アミメカゲロウ科	カワゲロウ科	コカゲロウ科	カワゲラ科	オナシカワゲラ科	シマトビケラ科	エグリトビケラ科	カクツツトビケラ科	ヒゲナガトビケラ科	ナガレトビケラ科	ヤマトビケラ科	ヘビトンボ科	サナエトンボ科	ヒラタドロムシ科	ホタル科	ミズムシ科	ユスリカ科	ヒル網	ミミズ網	ドケッシア科	ガガンボ科	ヨコエビ科	モノアラガイ科	シジミ貝科
スコア値	9	9	9	9	8	8	6	9	6	7	10	9	8	9	9	9	7	8	6	2	1	2	1	7	8	9	3	5
U2	○	○	○	○		○		○		○			○							○	○							○
U3	○	○	○	○		○		○		○				○						○	○				○			
U4	○	○	○	○		○		○		○		○						○		○	○							○
U6	○	○				○												○		○	○							
U7	○	○		○									○					○		○		○						
U9	○	○	○	○									○	○				○		○	○							
U10	○	○		○		○												○		○	○							
U11	○	○		○									○					○		○	○	○						
U12	○	○		○									○					○		○	○							
U13	○	○	○	○						○			○					○		○	○							
U15	○	○		○									○					○		○	○							
U16																○		○		○								
U17	○																	○	○									
U18		○			○													○			○	○						
U19														○				○										
U23	○	○												○				○										
U24	○	○	○									○						○										
U25	○	○																○										
U27																		○										
U28																		○										
U29																												
U31		○												○				○										
U32	○	○		○		○		○					○					○										
U42																		○										
Y1		○				○							○			○		○										
Y2																○		○										
Y3																○		○										
Y4	○																											
Y5		○		○																								
Y6		○										○								○								
Y7																				○	○						○	
Y8																												
Y9									○																			
Y10	○	○				○		○																				
Y11	○				○					○																		
Y12		○			○			○						○							○	○						

ことで求められ，採取された科の個体数は必要としない．ASPT 値は，河川水質の汚濁状況だけではなく，河川周辺等を含めた水域環境の評価も可能で，調査者の個人差や季節変動が少ないとされ[5]，ポリューションインデックスや多様性指数等の既存の生物指標等とも有意な相関があると言われている[6]．ASPT 値は最大値が 10，最小値が 0 となり，ASPT 値が高いほど良好な環境となる．

6.4 濃縮毒性と水生生物生息状況の関係

宇部市厚東川水系で実施した魚類生息状況調査の各地点の IBI 得点と強耐性魚個体数が占める割合，大型底生動物の生息状況調査の各地点の ASPT 値と清冽な河川に生息する底生動物（スコア値 10 ～ 8），少し汚濁が進んだ河川に生息する底生動物（スコア値 7 ～ 5），汚濁が進んだ河川に生息する底生動物（スコア値 4 ～ 1）の各地点の生息科数を毒性試験結果と併せて**図-6.1** に示す．

まず**図-6.1** から毒性の出現状況を見ると，U38，U29，U40，U27，U41，U31，U28 等，下水道未整備の市街地，住宅地のヒメダカ濃縮毒性が高い．下水処理区域内でも数点調査を実施したが，ヒメダカ濃縮毒性はほとんど検出されなかった．ヒメダカ濃縮毒性と各地点で測定した一般的な水質項目の相関係数(**表-6.5**)を見ると，NH_4-N，BOD とヒメダカ濃縮毒性の間に高い相関が認められる．これらのことから，ヒメダカ濃縮毒性には生活排水に伴って排出される有害物質が大きく影響していると考えられる．一方，ヌマエビ濃縮毒性については，U16，U17，U11 等の中流の農業地域で毒性が検出されているのが目立つ．市街地で高いヒメダカ濃縮毒性が検出された地点のうち，U27，U42 等ではヌマエビ濃縮毒性は検出されず，U38，U29，U31 等でも，ヌマエビ濃縮毒性は農業地域である U16 より小さい値となって

表-6.5　濃縮毒性と各水質項目の相関係数

	$NO_{2,3}$-N (mg/L)	NO_4-N (mg/L)	PO_4-P (mg/L)	Ca^{2+}-N (mg/L)	BOD (mg/L)
ET_{50}^{-1} (1/h)	0.24	0.72	0.37	0.35	0.63
有意確率	0.0545	0.0000[*1]	0.0066[*2]	0.1000[*2]	0.0000[*1]
LT_{50}^{-1} (1/h)	0.21	0.76	0.33	0.32	0.61
有意確率	0.0860	0.0000[*1]	0.0138[*2]	0.0154[*2]	0.0000[*1]

*1　有意水準 1％で有意性あり．
*2　有意水準 5％で有意性あり．

6章 河川の微量有害物質と水生生物生息状況

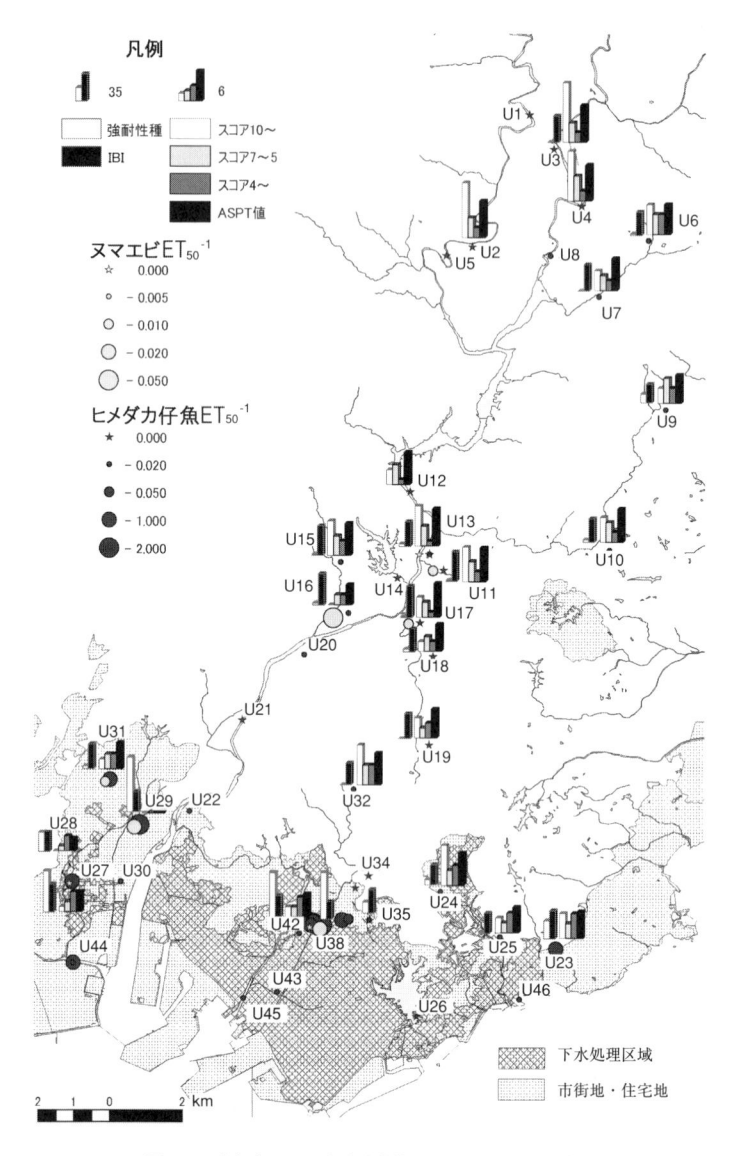

図-6.1 宇部市の河川水濃縮毒性とIBI, 底生動物生息状況

6.4 濃縮毒性と水生生物生息状況の関係

いる．また U16 のヒメダカ濃縮毒性は小さい．ヌマエビ濃縮毒性は，農薬等，生活排水とは異なった汚濁源の影響を反映していると思われる．

次に濃縮毒性と魚類生息状況との関係に注目すると，IBI は市街地で小さくなる傾向を示すものの，ヒメダカ濃縮毒性との間にさほど明確な関係は見出せない．これは IBI が物理的環境改変等の水質以外の影響も含めた総合的評価指標だからであると考えられる．ヒメダカの LT_{50}^{-1} を目的変数に，IBI を構成する各項目の評点を説明変数として重回帰分析を行う（図-6.2）と，LT_{50}^{-1} は強耐性種の個体数組成と強い負の相関が見られた．これはヒメダカ濃縮毒性が高くなると，強耐性種の個体数組成の項目における評点が低くなる，つまり強

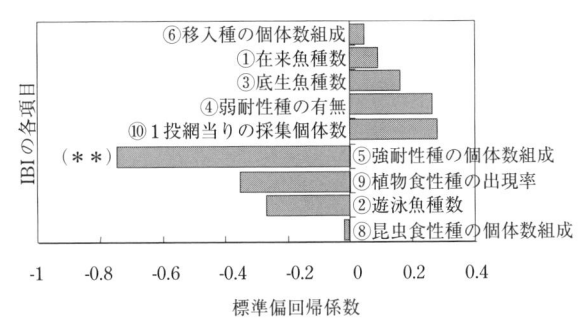

図-6.2 LT_{50}^{-1} を目的変数とし，IBI の各項目の評点を説明変数とした時の標準偏回帰係数，（＊＊）は有意水準１％で有意性あり

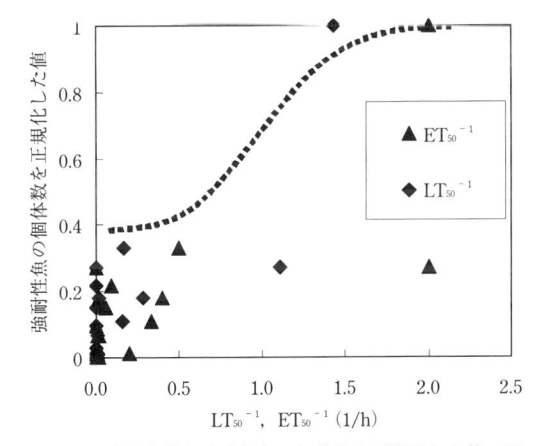

図-6.3 濃縮毒性と強耐性魚の個体数を正規化した値の関係（最大個体数73）

耐性種の個体数組成が高くなることを意味する．この傾向は，図-6.1 でも明確に現れている．強耐性魚個体数と濃縮毒性の関係（図-6.3）よりヒメダカの LT_{50}^{-1} 0.5～1.0 が強耐性魚が優占する閾値であると推測される．

次に，図-6.1 の濃縮毒性と底生動物生息状況との関係に注目すると，市街地および住宅地のヒメダカの毒性が高い地点では ASPT 値が低く，スコア値が低い底生動物が優占する傾向がある．一方，上・中流部ではスコア値が高い底生動物が優占する傾向がある．ヒメダカ仔魚，ヌマエビの毒性がともに低かった U11，U13，U17 は ASPT 値が高く，底生動物の生息環境は優れていると考えられる．しかし，ヌマ

エビの高い毒性が検出された U16 では，ASPT 値が低く，スコア値が高い底生動物は少ない．U16 では農薬によって底生動物の生息科数が減少していると推測され，ヌマエビの ET_{50}^{-1} が 0.04 程度の毒性が検出されると清冽な河川に生息する底生動物の科数が減少していくと考えられる．

ASPT 値とヒメダカ濃縮毒性の相関関係を図-6.4 に示す．ASPT 値とヒメダカの ET_{50}^{-1} および LT_{50}^{-1} の相関係数は，－0.773 と－0.742（有意水準 1％で有意性あり）と高い相関を示し，ヒメダカの濃縮毒性が高くなると，ASPT 値は低くなる傾向が得られた．大型底生動物の科を清冽な河川に生息する底生動物（スコア値 10～8），少し汚濁が進んだ河川に生息する底生動物（スコア値 7～5），汚濁が進んだ河川に生息する底生動物（スコア値 4～1）に分類し，それぞれの科数とヒメダカ濃縮毒性の関係を求める（**図-6.5**）と，いずれのグループも濃縮毒性が強くなると，科数が減少する傾向が見られ，スコア値が低いグループほど科数の減少傾向が緩やかになっていることがわかる．スコア値 10～8 のグループでは LT_{50}^{-1} が 0.5 前後，スコア値 7～5 のグループは LT_{50}^{-1} が 1.0 前後，スコア値 4～1 のグループは LT_{50}^{-1} が 1.5 前後において該当する科の生物が生息しなくなると推定される．

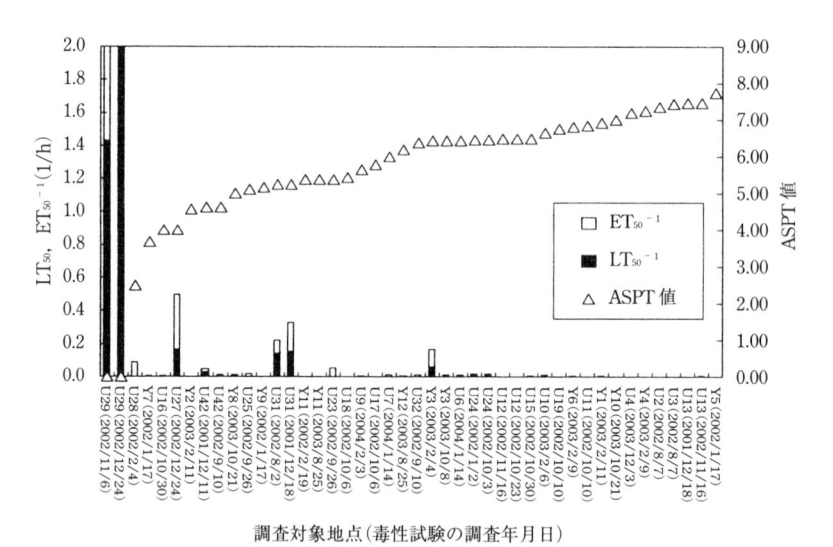

図-6.4　濃縮毒性と ASPT 値の関係

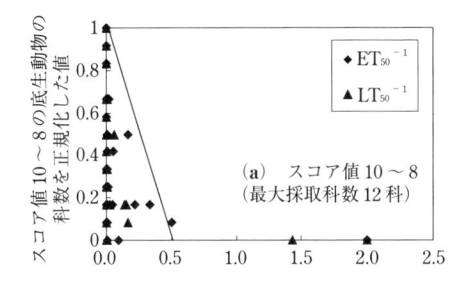

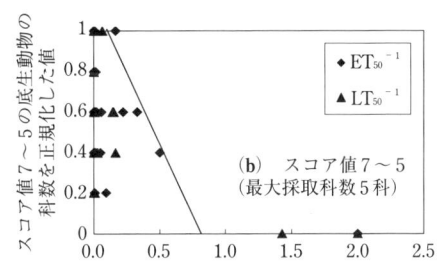

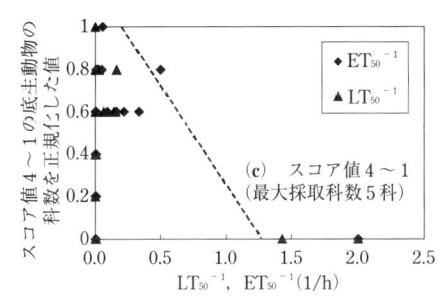

図-6.5 濃縮毒性とスコア値の底生動物の科数を正規化した値の関係. 底生動物の生息状況は水質だけでなく物理環境の影響も受けるため, 毒性と生息状況の間に単純な関数関係が成立するとは考えにくい. (a)〜(c)では, 毒性が生息科数の最大値を制限しているとの想定から, 目安としてプロット点の包絡線を描いてある

6.5 農薬流出モニタリング調査

　ヒメダカ仔魚とヌマエビを併用することで生活排水系と農薬系の汚濁を峻別することが可能かどうかを検証するため, 農業地域のU7に調査地点を設け, 毎日河川水を採水し, ヒメダカ仔魚とヌマエビを用いて濃縮毒性試験を行った. 調査は8月4日から29日までの25日間とし, 14時前後に1日1回採水した.

　この地域の農協が指導している基幹防除のための農薬は**表-6.6**に示すように11種類ある. このなかで特に有機リン系殺虫剤のフェンチオン, エディフェンホス, トリクロルホンとカーバメイト系殺虫剤のフェノブカルブ, XMCは甲殻類に対する毒性が魚類に比べ約10〜1 000倍高く, 河川に流出した場合, 甲殻類や大型底生動物に影響を与えると考えられる.

　連続調査結果をその間の降水量と併せて**図-6.6**に示す. 8月8日にヒメダカに対して非常に高い毒性ピークが検出され, 同時にヌマエビでも毒性ピークが検出された. 7, 8日の降雨に伴い農薬が流出したと考えられる. 9日にもヌマエビにピーク

6章 河川の微量有害物質と水生生物生息状況

表-6.6 調査期間中に使用されたと推定される農薬

農薬使用時期	使用されたと推定される農薬(分類名)
出穂前7日頃 (8月上旬)	エトフェンプロックス(ピレスロイド系殺虫剤)，カルカップ塩酸塩(ネライストキシン系殺虫剤)，トリシクラゾール(A類)，パリダマイシンA(抗生物質)，フサライド(有機塩素系殺菌剤)，フルトラニル(カルボキシアミド殺菌剤)
出穂後3日頃 (8月中旬)	フェンチオン(有機リン系殺虫剤)，XMC(カーバメート系殺虫剤)，エディフェンホス(カーバメート系殺虫剤)，フサライド(有機塩素系殺菌剤)
出穂後10日頃 (8月下旬)	フェンチオン(有機リン系殺虫剤)，トリクロルホン(有機リン系殺虫剤)，フェノブカルブ(カーバメート系殺虫剤)

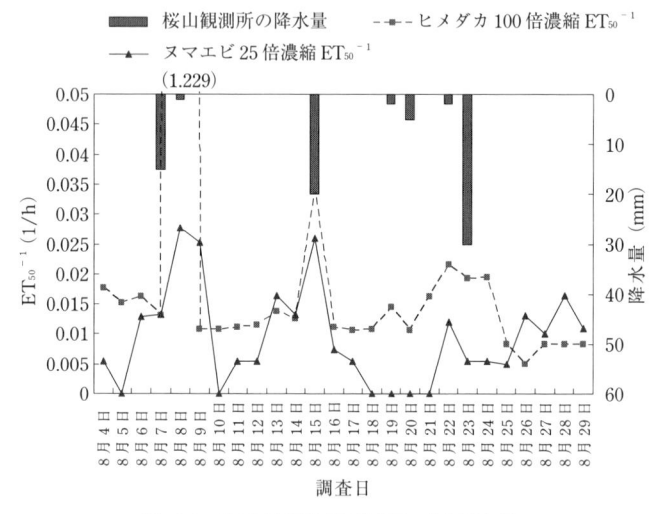

図-6.6 U7の毎日調査結果(ET_{50}^{-1})と降水量

が検出されが，ヒメダカの毒性は平常と変わらない．**表-6.6**によれば8月上旬にはいろいろな農薬が使用された可能性があり，8日と9日に検出された有害物質は異なっている可能性がある．15日の降雨時にもヒメダカ，ヌマエビともに毒性ピークが検出された．19日以降は降雨がちで，ヒメダカ，ヌマエビとも毒性の高まりが見られるが，その変動傾向は異なっている．全体を通して見ると，上旬，中旬，下旬に毒性の高まりが現れており，**表-6.6**の農薬の散布時期と一致する．また，ヒメダカの濃縮毒性は無降雨日にもわずかながら検出されており，生活排水による毒性を反映していると思われる．一方，ヌマエビでは毒性の有無がはっきりしており，農薬流出等の一時的なイベントを反映していると思われる．

有害物質そのものの分析を行っていないため完全な証明にはなっていないが，以上のように，ヒメダカとヌマエビを併用することで有害物質の起源についてある程度の推測が可能である．なお，U7地点ではヌマエビの毒性が最も高かった8日でも平水時に採水したU16の毒性より低く，12日の平水時のU7の毒性をU16を比べると，U7の方がはるかに低い毒性となる．U7や上流U6の水生生物生息状況は魚類，底生動物ともに良好であり，本連続調査結果程度の毒性が一時的に検出される程度であれば，魚類，底生動物ともにほとんど影響はない．つまり，本手法の感度は生物生息状況を判定するうえでは十分に高いといえる．考慮しなければならない有害物質が多数存在し，また低濃度レベルでの個々の有害物質の生物影響が明確でない現在，本濃縮毒性試験のようなバイオアッセイは生態系に対する水質の影響を判定するための有効なツールとなると考える．

参考文献

1) 浦野紘平：化学物質安全特性予測基盤の確立に関する研究(第1期)成果報告書，平成9-11年度，pp.202-217, 2000.
2) 小田臨，関根雅彦，浮田正夫，今井剛，樋口隆哉：河川の水生生物生息状況に対する濃縮毒性試験の指標性の検討，環境工学研究論文集，41, pp.419-427, 2005.11.
3) 小田臨，関根雅彦，浮田正夫，今井剛，樋口隆哉：ヒメダカとヌマエビを用いた濃縮毒性試験の水生生物生息状況に対する指標性の検討，第42回環境工学研究フォーラム講演集, pp.99-101, 2005.
4) 小出水規行，松宮義晴：Index of Biotic Integrityによる河川魚類の生息環境評価，水産海洋研究，第6巻，第2号, pp.144〜156, 1997.
5) 山崎正敏，野崎孝雄，藤澤明子，小川剛：河川の生物学的水域評価基準の設定に関する研究，全国公害研究誌，Vol.21, No.3, pp.114〜145, 1996.
6) 高島久美子，松本司，國弘節，亀井旦弘，石井国昭，坂井主動：底生動物による水質評価法の検討，広島県衛生研究所年報, 11号, pp.55・60, 1994.
7) 石井誠司，浦野紘平，亀谷隆志：多孔質ポリスチレンカートリッジによる水中微量有機化合物の濃縮条件の一般化，水環境学会誌，第23巻，第2号, pp.85〜92, 2000.
8) 建設省河川局監修，リバーフロント整備センター編：河川水辺の国勢調査年 河川版 鑑魚介類調査，底生動物調査編(平成10年度版)，山海堂, 2000.

7章
鉱山跡周辺の亜鉛等の汚染水路・渓流における底生動物相：兵庫県旧多田銀山跡

　亜鉛や銅等の重金属は，微量であれば人間にとって必須元素とされている．しかし，河川中に存在する亜鉛や銅といった重金属は，河川水生生物の生存や成長に大きな影響を与えていることが実験によって示されている[1]．また，2003年に環境省が水生生物の保全に関する水質環境基準を設定した．重金属としては，全亜鉛の環境基準濃度をすべての淡水域と一般海域において30 μg/Lと決定した．しかし，日本国内においては，鉱山周辺水域等に亜鉛濃度の高い河川水域は多い．

　兵庫県川辺郡猪名川町の多田銀山は，奈良時代から銅の産地として知られ，東大寺の大仏を建立する時に銅が献上されたといわれている．古くから開発されていた鉱山で多くの坑道が残っている．この坑道は間歩と呼ばれて，今でも一部は保存されている．1944年からは日本鉱業（株）によって操業されていたが，1973年に完全に廃鉱となった．

　本章は，鉱山廃水によって汚染があると思われる旧多田銀山周辺の河川における野外の水路，渓流における亜鉛濃度と底生動物相との関係を明らかにすることを主目的としている．また，これらの亜鉛濃度以外の水質とベントス相の季節変化も含めて，モニターした結果の一部を報告する．

　ちなみに，日本国内についても鉱山廃水の河川ベントス群集に及ぼす影響については，かなりの研究例があるが，重金属濃度が示されていない報告が多い．また，水質とベントス群集の季節変動まで解析した例は皆無である．なお本章は大阪府立大学大学院理学系研究科鈴木佳奈子(2005)の修士論文の一部である．

7.1　調査方法

　合計で7地点について水質と底生動物群集との調査を実施した．調査水域は猪名

7章 鉱山跡周辺の亜鉛等の汚染水路・渓流における底生動物相：兵庫県旧多田銀山跡

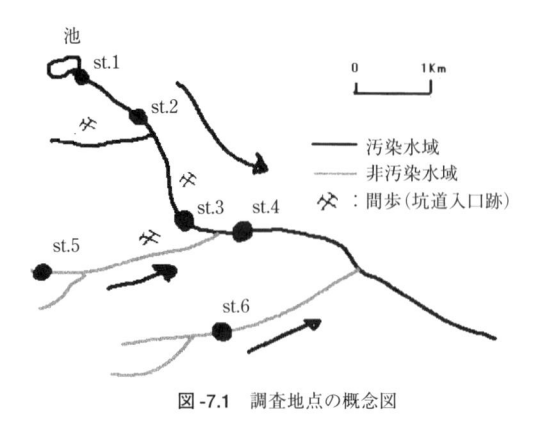

図-7.1 調査地点の概念図

表-7.1 各調査地点の緯度，経度，標高（国土地理院地形図データベースより）

St.	緯　　度 (度，分，秒)	経　　度 (度，分，秒)	標高 (m)
1	N34.53.35	E135.21.0	130
2	34.53.18	135.20.55	170
3	34.53.54	135.20.56	140
4	34.53.44	135.21.0	130
5	34.53.54	135.20.39	150
6	34.56.14	135.21.1	130

川水系の上流支流で，St.1 から St.4 は野尻川に，St.5 はその支流，St.6 はやはり野尻川の支流である猪渕川に設けた．各地点の位置を図-7.1に，緯度，経度，標高を表-7.1に示す．

① St.1：その直上に小溜池のある源流で，棚田の間に流入し，幅は 1 m 以下である．河床は風化花崗岩あるいは赤土で，ほとんど石礫がない．

② St.2：St.1 より約 1 km 下流の小流である．棚田と畑の間を流れる農業水路が自然的河川になった所であり，河床には石礫が卓越していた．

③ St.3：St.2 よりも約 1.5 km 下流の山地渓流域である．坑道跡の青木間歩のすぐ横で，やや掘込み河道で，河床には石礫が卓越していた．

④ St.4：St.3 よりもさらに約 1 km 下流の渓流で，2 本の支流が合流し，流れ幅は約 3m まで広がり，川底には石礫が卓越していた．

⑤ St.5：St.3 よりも約 2 km 上流の支流に位置し，河床は石礫が卓越していた．

⑥ St.6：掘込み河道で，河床には石礫が卓越していた．

2004 年 4，5，6，7，8，10，11，12 月，2005 年 1，2，3 月に各地点において採水し，水質の分析を行った．底生動物群集の調査は，2004 年 4 月（定量），5 月（定性），7 月（定量・定性），11 月（定量・定性），2005 年 3 月（定量・定性）に実施した．

流量については，2004 年 4，11 月にプロペラ式流速計 CR-7（コスモ理研）で計測した．

採水および底生動物調査時には，現地で水温（YSI-95 に内蔵の温度計），電気伝導

7.1 調査方法

St.1

St.2

St.3

St.4

St.5

St.6

図-7.2 格調査地点の景観(2004年3月撮影)

度(TWIN B-212, HORIBA), pH(TWIN B-173, HORIBA), 溶存酸素(YSI-95, YSI)を測定した.

河川水は酸洗い(1％塩酸)した250 mLのポリビンに採水し，氷冷保存し実験室に持ち帰った.

実験室においては，吸光度計(DR-2010, Hach)とパッケージ試薬(Hach)を用いて，亜鉛(ジンコン法)，銅(バイシンコニネート法)，硝酸態窒素(カドミウム還元法)(2004年5月～2005年3月)，アンモニア態窒素(インドフェノール法)(2004年5月～2005年3月)をそれぞれ測定した．また，2004年7, 11月の採水サンプルについては，電気加熱原子吸光法[測定者：いであ(株)，当時は国土環境(株)]によって亜鉛と銅の濃度測定を行った．測定結果を**表-7.2, 7.3**に示す.

底生動物は，15×15 cmのコードラートを設置し，サーバーネット(NGG38, 網目約0.5 mm)を用いて各地点3個の定量サンプルを採取した．また，同様のネットで定性的な採集も実施した．採取した標本は約5％のホルマリン溶液で固定して，実験室に持ち帰り検鏡に供した.

各々の個体は，実体顕微鏡(OLYMPUS SZ-ST)下においてできるだけ種レベルまで同定し，各々の種類(タクサ)ごとに個体数を計数した．分類には川合(編)[2]および川合・谷田(編)[3]を用いた．ユスリカについては，亜科までの分類にとどめ，その区別には谷田(編)[4]を用いた.

ベントスについては，今回は4月と7月のサンプルについてのみ報告することにする.

表-7.2 各調査地点の流量(m^3/s)

	4月	11月
St.1	0.39	1.16
St.2	0.64	4.74
St.3	0.70	12.55
St.4	22.93	59.11
St.5	5.66	51.24
St.6	11.20	88.27

表-7.3 各調査地点の重金属濃度(mg/L). 電気加熱原子吸光法

	亜鉛		銅	
	7月	11月	7月	11月
St.1	3.6	1.3	0.10	0.06
St.2	0.12	0.24	0.01	nd
St.3	0.12	0.14	0.02	0.01
St.4	0.04	0.062	nd	nd
St.5	nd	nd	nd	nd
St.6	nd	nd	nd	nd

7.2 結　果

7.2.1 水　質

　亜鉛濃度は，合流地点から汚染水域の上流ほど高い値となり，非汚染水域のSt.4，5は吸光度では検出限界値以下の値であった(0.04 mg/L，ブランクテストでは0.02〜0.06 mg/L)．St.1の濃度は，他の地点と比べて著しく大きな値となっているが，変動も大きい．吸光度による平均濃度で比べると，St.1が2.17 mg/L，St.2が0.24 mg/L，St.3が0.19 mg/L，St.4が0.10 mg/Lであった．また，下流側の支流のSt.5，6の亜鉛濃度については，吸光度法では検出限界以下であった．電気加熱原子吸光法では，St.1〜St.4は，3.6〜0.04 mg/Lの範囲で，吸光度法による測定値と似た値だった．また，St.5，6は，原子吸光法によっても検出限界以下だった．St.1〜St.4が汚染水域で，いずれの地点も環境省の定めた水生生物に対する環境基準値より高くなっていた．St.5，6は非汚染水域であった．

　銅濃度は，汚染水路の最上流の地点で高い値となり，その下流では低い値となり，しかし，全般に亜鉛濃度より低い．亜鉛，銅濃度ともに全体として見ると，季節による変動はそれほど大きくなかった．

　栄養塩については，アンモニア態窒素は，いずれの時期についてもほとんどの地点で検出されなかった．硝酸態窒素は，上流2地点が低い値となっていた．電気伝導度は，夏季には高い値を示し，冬に低い値を示した．溶存酸素量は，6月にの地点もやや低い値を示したが，それ以外の季節はどの地点も飽和濃度に近かった．pHには特徴的な傾向はなく，7前後であった．これらの測定値からは，対象水域には特に顕著な有機汚濁や農地からの汚濁負荷を認めることはできなかった．

7.2.2 ベントス

　ベントス全体の種類組成を見ると，4，7月の合計種類数(タクサ数：分類群数)は，St.1は34，St.2は54，St.3は49，St.4は46，St.5は49，St.6は54であった．種類数を見る限り，地点間に顕著な差はない．今回の水域よりも規模の大きな山地

渓流等と比べると種類数は少ないようだが，この規模の河川や水路としては，St.1を別にすれば，特に貧弱なベントス群集ではない．

底生動物のうち種あるいは属レベルまで分類できて，一定の傾向が認められたカゲロウ目，トビケラ目，カワゲラ目に注目した結果の概要を述べる．

(1) カゲロウ目

カゲロウ目については，シロハラコカゲロウ(*Baetis thermicus*)，フタモンコカゲロウ(*Baetis taiwanensis*)，シロタニガワカゲロウ(*Ecdyonurus yoshidae*)は，汚染，非汚染水路ともに比較的高密度であった．特にシロハラコカゲロウは，汚染水域のSt.2の密度が非汚染水域よりも高かった．それ以外の2種についても，汚染水域の密度の方がやや高い傾向が認められた．チラカゲロウ(*Isonychia japonica*)，フタスジモンカゲロウ(*Ephemera japonica*)，キブネタニガワカゲロウ(*Ecdyonurus kibunensis*)は非汚染水域のSt.5，6だけから採取された．また，トビイロカゲロウ属(*Paraleptophlebia* sp.)は4月に，ヒメトビイロカゲロウ属(*Choroterpes* sp.)は7月に，いずれも非汚染水路のみで採集された．同じタニガワカゲロウ属に属するシロタニガワカゲロウとキブネタニガワカゲロウでも，汚染に対する分布パターンが明白に異なっていたことは注目される．

(2) カワゲラ目

カワゲラ目は，オナシカワゲラ属(*Nemoura* sp.)，フサオナシカワゲラ属(*Amphinemura* sp.)が汚染水域，非汚染水域ともに分布していた．オナシカワゲラ属は7月に多く確認でき，フサオナシカワゲラ属は4月に確認できた．いずれも非汚染水域より汚染水域において密度が高くなる傾向があった．

(3) トビケラ目

トビケラ目は，コガタシマトビケラ(*Cheumatopsyche brevilineata*)，ナミコガタシマトビケラ(*Cheumatopsyche infascia*)，ニッポンナガレトビケラ(*Rhyacophila nipponica*)，ウエノマルツツトビケラ(*Micrasema uenoi*)の4種が汚染水域，非汚染水域のいずれにも分布していた．これらの種は，いずれの源流のSt.1を除く汚染水域(St.2～St.4)の密度が非汚染水域より高くなる傾向が認められた．ユスリカ類を除くすべての底生動物の中で，ウエノマルツツトビケラは，シロハラコカゲロウの次に多数の個体が採取され，これらの2種は，亜鉛の汚染に対して耐性があるよ

うである．コガタシマトビケラは，有機汚染水域にも耐性があるという報告があるが，亜鉛汚染にも強い種であると考えられる．

7.2.3 考　察

　以上の結果より，汚染水域にも非汚染水域と同様あるいはそれ以上の密度で生息している底生動物を亜鉛の耐性種とすると，それらはシロハラコカゲロウ，フタモンコカゲロウ，シロタニガワカゲロウ，コガタシマトビケラ，ナミコガタシマトビケラ，ニッポンナガレトビケラ，ウエノマルツツトビケラ，オナシカワゲラ属，フサオナシカワゲラ属が耐性種であった．いずれの種類も，濃度の比較的高い St.2 において密度が最も高くなっていた．サンプル数が多くないので，今後の検討が必要であるが，これらの耐性種については汚染水域の方が密度が大きくなる傾向も認められた．また，カゲロウ目には，非汚染水域の St.5，6 にのみ確認される種が比較的多い．これらには科レベルの違うものも含まれており，モンカゲロウ科，トビイロカゲロウ科，チラカゲロウ科，ヒラタカゲロウ科と多岐にわたっている．畠山[1]が報告しているようにエルモンヒラタカゲロウ(*Epeorus latifolium*)［現在は2種が混在し，この種以外にマツムラヒラタカゲロウ(*Epeorus l-nigrus*)が含まれているという］[6]は，ヒラタカゲロウ科に属する．今回，この科に属するタニガワカゲロウ属に属する2種で汚染に対する耐性が明瞭に異なることが発見されたことは注目に値する．

　シロハラコカゲロウについては，銅，カドミウム結合蛋白質の導入によって耐性が獲得されるという報告はあるが，亜鉛の誘導は特にないと報告されている[6]．この水域のシロハラコカゲロウの遺伝的，生理的な特性についても検討する必要があるかもしれない．

　シロハラコカゲロウ，フタモンコカゲロウ，シロタニガワカゲロウ，ウエノマルツツトビケラ，フサオナシカワゲラ属，オナシカワゲラ属は，グレーザーあるいは堆積物コレクターである．付着藻類や堆積有機物粒子(POM)に吸収・吸着されているであろうと考えられる亜鉛や銅等の重金属を餌とともに摂取しても生息することができ，かなり強い生理的な耐性や特異な代謝機構があるのではないかと考えられる．

　今回，亜鉛のかなり高い汚染水域が発見され，その水域に多くの種(あるいは種類)の底生動物が発見できたことは特筆される．今後は，亜鉛汚染に強いことが種

の特性なのか，汚染に長く曝露されていたと思われる個体群の特性なのかといった点の検討も含め曝露実験も検討したい．

参考文献
1) Hatakeyama, S.： Effects of copper and zinc on the growth and emergence of *Epeorus latifolium* (Ephemeroptera) in an indoor model strea, *Hydrobiologia*, 174, pp.17-27, 1989.
2) 川合禎次編：日本産水生昆虫検索図説，東海大学出版会，1985．
3) 川合禎次，谷田一三編：日本産水生昆虫：科・属・種への検索，東海大学出版会，2005．
4) 谷田一三編：河川性水生昆虫の分類・生態基礎情報の統合的研究，平成6年度科学研究費補助金研究成果報告書，1994．
5) Suzuki, K.T., Sunaga, H., Hatalkeyama, S., Sumi, Y. and Suzuki, T.： Differential binding of cadmium and copper to thesame protein in a heavy metal tolerant species of mayfly (*Baetis thermicus*) larvae, *Comparative Biochemistry and Physiology*, 94C, pp.99-103, 1989.

8章
河川水への農薬の影響

8.1 使用実態と課題となる農薬成分

8.1.1 我が国における農薬の使用実態

　法律（農薬取締法）でいう農薬には，殺虫剤，殺菌剤，除草剤で代表される外敵防除の薬剤のほか，作物の成長，開花等を制御する成長調整剤が含まれる．平成14年9月末現在，登録されている農薬（製剤）は，殺虫剤1 631件，殺菌剤1 123件，殺虫殺菌剤561件，除草剤1 360件，農薬肥料48件，殺そ剤37件，植物成長調整剤111件，その他188件，合計5 059件である．また平成14年に生産された農薬の有効成分（農薬原体）の種類数は，殺虫剤56種，殺菌剤54種，除草剤46種，植物成長調整剤13種，その他12種，合計181種となる．

　こうした情報は毎年出版されている『農薬要覧』[1]という統計書から得ることができる．河川環境の視点からの興味は，我が国においてどのような農薬がどの程度使用されたのか，ということにあるが，例えば2003年版『農薬要覧』では約3 500種の農薬製剤の出荷量が都道府県別に整理されている．各農薬製剤は，単種あるいは複数種の有効成分である化合物を粒剤や散薬として製剤化したものであり，農薬として取り扱いやすいようになっている．しかし，河川環境からの視点からの，どのような農薬がどのくらいということでは，農薬の有効成分ごとの使用量の把握が重要である．この数値を求めるためには各農薬製剤の有効成分含有量を参考とし，その有効成分を含有するすべての農薬製剤の使用量を合算しなければならない．この作業は実際にはかなり大変な作業である．

　しかしながら，このデータ整理がなされたものが国立環境研究所の国立環境研

所 HP 農薬データベース[2]で参照することができる．国立環境研究所 HP の資料には，日本国内の登録農薬が載っており，①出荷量，②農薬の急性毒性(LC_{50})，③構造式，等がわかるようになっている．また，原体名からその原体が使われている農薬名も検索できるようになっている．各有効成分の出荷量については，最近 10 年間(2004 年時点で 1991 〜 2000 年)の毎年データが整理されている．

8.1.2 課題となる農薬成分の抽出

農薬については，使用量のデータとともにその農薬成分が生物に対しどの程度の毒性の影響を及ぼすかの情報が一方で重要である．最近，水道の分野でこれに近い観点から課題となる農薬成分を絞り込む作業が行われた[3]．現行の水道水質基準では，平成 16 年度より農薬の各成分は農薬類として「水質管理目標設定項目」に位置づけられることとなり，次式で与えられる検出指標値が 1 を超えないこととする「総農薬方式」により監視が行われることとなった．

$$DI = \Sigma\ DV_i/GV_i$$

ここで，DI：検出指標値，DV_i：農薬 i の検出値，GV_i：農薬 i の目標値．

監視のため測定を行う候補となる農薬成分について 101 種がリストアップされている．これは，①水溶性，②人間に対する毒性，③使用量が多い，という 3 つの視点から選ばれたものである．

以上のようにリストアップされた水道水監視用農薬成分 101 種と，前記の国立環境研究所のデータベースより最近の 10 年間で年間 50 t 以上の使用量のあった農薬成分 184 種を検討対象とすることにした．この 2 つの抽出種の関係は**表-8.1**に示すとおりであるが，結果として 202 種の農薬成分を最初の検討母集団とした．

表-8.1 水道水監視用農薬成分および国立環境研究所 HP からリストアップした農薬数

項 目	農薬数
(1) 水道水監視用農薬成分	101
(2) 国立環境研究所 HP より出荷量 50 t 以上で抽出した農薬数	184
(3) (1)と(2)で重複している農薬数	83
(4) (1)と(2)のどちらかに掲載されている農薬数	202

8.1.3　毒性等からの課題農薬成分の絞込み

(1) 魚毒性による選定

『農薬要覧』に記載されている毒性分類は『農薬取締法』によって定められている魚毒性分類で，河川水中における生態系への毒性を見るために最初に見ておくべき項目と考えられる．コイおよびミジンコに対する急性毒性半数致死濃度(LC_{50})の値をもとにA，B，B-s，C のランク分類がなされている．そして各農薬成分に対する魚毒性のランクは，『農薬要覧』に一覧表として示されている．202種に対するランク分類結果は，**表-8.2**に示すとおりである．

備考に示す水質汚濁性農薬とは，『農薬取締法』第12条の2にあげられている用件，すなわち広範な地域においてまとまって使用され，その使用に伴う水産動植物の被害または人畜に被害を生ずるおそれがあるものを指し，近年ではシマジン，エンドスルファン，デリスが該当している．

表-8.2　202種農薬成分の魚毒性分類

	殺虫剤	殺菌剤	除草剤	その他	合計	備　考
A	13	28	38	3	82	除草剤のうちシマジンは水質汚濁性農薬に指定
B	31	21	32	2	86	
B-s	8	0	2	0	10	
C	8	7	1	0	16	殺虫剤のうちエンドスルファンは水質汚濁性農薬に指定
ランクなし	0	1	2	5	8	
計	60	57	75	10	202	

注)　魚毒性分類について
　　A類　コイ：> 10 ppm (LC_{50} 48 h)　　ミジンコ：> 0.5 ppm (LC_{50} 3 h)
　　B類　コイ：≦ 10 ppm ～ > 0.5 ppm　　ミジンコ：≦ 0.5 ppm
　　　　　B-s：B類中でも特に注意を要するもの．
　　C類　コイ：≦ 0.5 ppm

(2) 他の生物毒性データの活用

魚毒性分類はコイとミジンコに対する毒性から判断しているため，植物に対する毒性を反映せず，実際除草剤ではB-s，C ランクの毒性を示す農薬数は少ない．そこでより広範な生物毒性データをもとに検討の対象となる農薬成分を抽出する作業を試みた．

8章 河川水への農薬の影響

 国立環境研究所 HP 農薬データベースには農薬ごとに毒性が LC_{50} で掲載されている.毒性データが得られた農薬数を表-8.3 に示す.毒性データが掲載されていた農薬数は第一段の対象農薬 202 種のうち 6 割程度であった.

表-8.3 毒性データが得られた農薬数

	殺虫剤	殺菌剤	除草剤	その他	計
毒性データを得られた数/第一段階絞込み農薬数	40/60	29/57	57/75	0/10	126/202

 国立環境研究所 HP 農薬データベースには貝類からほ乳類まで様々な生物に対する毒性データが掲載されているが,このうち貝類,魚類,甲殻類,水生昆虫,藻類に対する毒性データ[LC_{50} 値および EC_{50} 値(生育阻害濃度)]について整理を行った.

 こうした整理を行っていく中で,以下のような問題点が明らかとなった.

・毒性データの得られなかった農薬は,実際の毒性の強弱に関わらず,調査対象農薬から除外されてしまうことになる.
・農薬データベースに掲載されている毒性データは,供試生物種,供試時間が多岐にわたっているため,すべての農薬を同一の基準で比較することが困難である.
・河川水質に対する農薬の影響を見るためには,農薬の使用量だけではなく,水中に存在しやすい性質をもっているかどうかも考慮する必要がある.

 以上の考察から,毒性データからの農薬種の選定については水中に存在しやすいかどうかも加味し,相対的に影響が高いとみられる農薬成分を抽出する作業を行うこととし,これらの選定を補完する視点から,出荷量の大きな農薬成分,水質基準の対象となった農薬成分も加えて,検討対象となる農薬種を選定することとした.これらの選定フローを図示すると,図-8.1 のようになる.

 図-8.1 にある② LC_{50},EC_{50} 値による選定については,以下のとおりの手順によった.

a. 水溶性による選定

 水中で毒性を発現するかどうかは,農薬の水溶性および水中に存在しやすいかどうかが影響するため,LC_{50} 値による選定を行う前に,国立環境研究所 HP 農薬データベースおよび『農薬ハンドブック』[4]から水溶性データと流出指数を検索した.このうち,流出指数が「小」の農薬原体を対象から除外した.次に流出指数データのない農薬原体について文献[4]で水溶性が「不溶」および「難溶」であった農薬原体を対象から除外した.データの得られなかった農薬原体に関しては,当面,調査対象農薬として残しておくこととした.

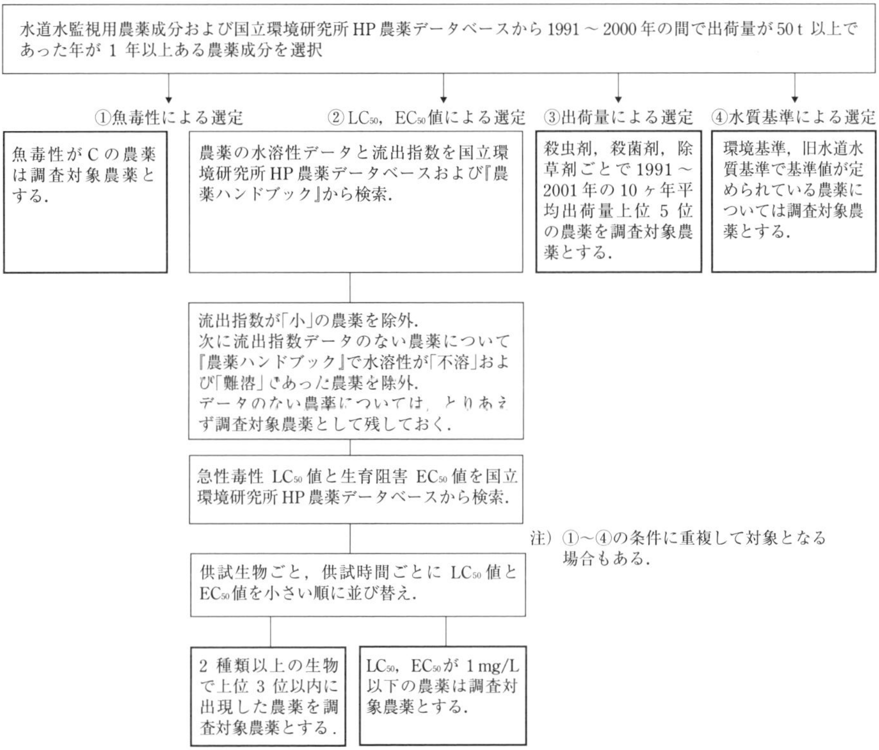

8.1 使用実態と課題となる農薬成分

```
┌─────────────────────────────────────────────────────────────────────────┐
│ 水道水監視用農薬成分および国立環境研究所HP農薬データベースから1991〜2000年の間で出荷量が50 t以上で │
│ あった年が1年以上ある農薬成分を選択                                     │
└─────────────────────────────────────────────────────────────────────────┘
```

① 魚毒性による選定　　② LC_{50}, EC_{50} 値による選定　　③ 出荷量による選定　　④ 水質基準による選定

- 魚毒性がCの農薬は調査対象農薬とする.
- 農薬の水溶性データと流出指数を国立環境研究所HP農薬データベースおよび『農薬ハンドブック』から検索.
- 殺虫剤, 殺菌剤, 除草剤ごとで1991〜2001年の10ヶ年平均出荷量上位5位の農薬を調査対象農薬とする.
- 環境基準, 旧水道水質基準で基準値が定められている農薬については調査対象農薬とする.

- 流出指数が「小」の農薬を除外.
次に流出指数データのない農薬について『農薬ハンドブック』で水溶性が「不溶」および「難溶」であった農薬を除外.
データのない農薬については, とりあえず調査対象農薬として残しておく.

- 急性毒性 LC_{50} 値と生育阻害 EC_{50} 値を国立環境研究所HP農薬データベースから検索.

- 供試生物ごと, 供試時間ごとに LC_{50} 値と EC_{50} 値を小さい順に並び替え.

- 2種類以上の生物で上位3位以内に出現した農薬を調査対象農薬とする.
- LC_{50}, EC_{50} が 1 mg/L 以下の農薬は調査対象農薬とする.

注) ①〜④の条件に重複して対象となる場合もある.

図-8.1　調査対象農薬の選定フロー

b. LC_{50} 値および EC_{50} 値による選定　　a.で選ばれた合計108種の農薬原体を対象に LC_{50} 値および EC_{50} 値を国立環境研究所HP農薬データベースから検索した. この結果得られた LC_{50} 値および EC_{50} 値を供試生物ごと, 供試時間ごとに小さい順に並べ替えを行い, 以下の条件で調査対象農薬の選定を行った.

① 2種類以上の生物で上位3位以内に出現した農薬を調査対象農薬とした. この際, LC_{50} 値が 10 mg/L 以上のものは4位以下に順位づけした. これは,
　・LC_{50} 値が>○○となっている場合の最小値が 10 mg/L である,
　・1 mg/L 以下を対象農薬とするならば, 安全係数を掛けた 10 mg/L を上限とすることが妥当と考えられる,
　といった理由からである.
② LC_{50} および EC_{50} 値が 1 mg/L 以下の原体は調査対象とした.

8.1.4　課題となる農薬成分の選定結果

a. 選定項目①魚毒性による選定　『農薬要覧』の「農薬の毒性および魚毒性一覧表」より魚毒性を調べ，魚毒性がCとなっているものは検討対象農薬とした．この結果，殺虫剤8種，殺菌剤8種，除草剤1種が選ばれた．

b. 選定項目② LC_{50}，EC_{50} による選定　2種類以上の生物で上位3位以内に出現した農薬は，殺菌剤8種，殺虫剤14種，除草剤11種であった．LC_{50} が1 mg/L以下の条件に該当したものは，殺菌剤5種，殺虫剤13種，除草剤9種であったが，これらは前者の条件で選ばれた農薬原体に含まれる．したがって，選定項目②によって選ばれた農薬は合計33種となった．

c. 選定項目③出荷量による選定　殺虫剤，殺菌剤，除草剤ごとで1991～2001年の10ヶ年平均出荷量上位5位の農薬を検討対象農薬とした．

d. 選定項目④水質基準による選定　環境基準，水道水質基準（旧基準）が定められいる農薬については，検討対象農薬とした．この結果，殺虫剤7種，殺菌剤5種，除草剤3種が選ばれた．このうち，最終的な検討対象農薬に選ばれた理由として水質基準が決まっていることのみが理由となった農薬は，殺虫剤5種，殺菌剤2種であった．

　以上の選定方法で選択された農薬を**表-8.4**にまとめて示す．殺虫剤30種，殺菌剤21種，除草剤16種，合計67種の農薬成分が河川生態系への影響を考えるうえで重要な検討対象として選ばれたこととなる．

8.1.5　主要な農薬成分の国内使用量の経年変化

　8.1.4で選定された農薬のうち，河川の水生植物への影響が顕著に現れると予測される除草剤に着目して課題となる農薬成分の国内使用量の経年変化を整理した．データ整理の対象としたものは，検討対象として選定された16種の除草剤のうち，使用量ならびに水質基準により選定されたエスプロカルブ，塩素酸塩，グリホサートイソプロピルアミン塩，クロロニトロフェン，シマジン，チオベンカルブ，メフェナセットの7種とした．使用量の経年変化の動向を見る期間は，1980年から2002年とした．この期間中，クロロニトロフェンは1996年に登録農薬から失効された．また，エスプロカルブは1988年に，メフェナセットは1987年に登録され

8.1 使用実態と課題となる農薬成分

た．

毎年出版されている『農薬要覧』では「農薬種類別会社別農薬生産・出荷数量表」に農薬製剤の種類別に出荷量がまとめられている．この製剤出荷量は，**図-8.2**に示すとおり国内への出荷量である．この国内出荷量を国内使用量と想定して経年変化をとらえることとした．

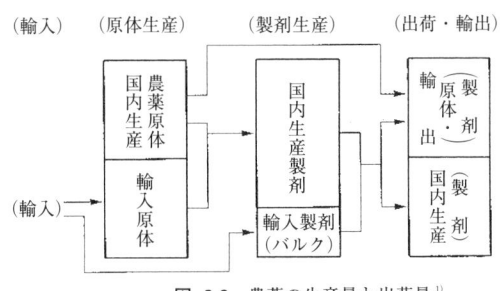

図-8.2 農薬の生産量と出荷量[1]

農薬の各有効成分の使用量は，次式によって算定した．すなわち，ある有効成分が使用されている製剤は複数種あるので，これを足し合わせていく作業が必要となる．例えば，有効成分エスプロカルプでは，これを含有する14種の製剤があるので，それぞれの使用量に成分含有量をかけてこれを合算し，有効成分使用量を算出することとなる．

農薬使用量
$= \Sigma [a(農薬種類別出荷数量) \times b(登録農薬の有効成分含有量)]$

ここで，a：『農薬要覧』の「農薬種類別会社別農薬生産・出荷数量表」より，b：『農薬要覧』の「登録農薬」より．

以上の作業を1980年から2002年の期間で行ったが，1991～2000年の農薬出荷量は国立環境研究所HPにまとめられているので，これを利用した．国立環境研究所HPのデータも『農薬要覧』をもとにしており，同じ計算方法で農薬使用量を算定していると考えられる．

表-8.5にその算定結果を示す．また，これをグラフ化したものが**図-1.22**である．この20年間においても，農薬有効成分の種類によって新たに使われ始めたもの，使用量が大きく減少したものなど多様であることが伺われる．そして，除草剤の使用量の総量としては減少しているが，殺虫剤，殺菌剤についても同様な傾向が認められる．

以上のような農薬使用量の算出は，農薬要覧のデータを用いて都道府県別に行うことができる．しかしながら，この場合，出荷量を使用量と想定した誤差がかなり出る地区があることがわかっており，例えば，農業活動がそれほど高くないと考えられる東京都での出荷量は，かなり大きなものとなっている．

8章　河川水への農薬の影響

表-8.4　課題となる

用途	原体名	(略称)	魚毒性[注1]	国環研 HP 水溶解度 (mg/L)	温度 (℃)[注2]	流出指数[注3]	農薬ハンドブック[注4] 水溶解度 (mg/L)	温度
殺虫剤	1.3-ジクロロプロペン	D-D	B	2 000	20	0.002	小	―	
	BT		A						
	BPPS		C					不溶	
	EPN		B-s	不溶				不溶	
	PHC		B	1 900	20	933	中	2 000	
	イソキサチオン		B	1.9	25	0.72	小	1.9	
	エンドスルファン	ベンゾエピン	C/指定	0.32	22	0.026	小	0.3	
	カーバム		A	832 000	25			溶	
	カルタップ		B-s	200 000	25			200 000	
	カルバリル	NAC	B	120	20	102	中	120	
	クロルピクリン		C	2 270	0	0.000011	小	0.2	
	クロルピリホス		C					2	
	酸化フェンブタスズ		C					0.005	
	ジクロルボス	DDVP	B	8 000	20	3.4	小	10	
	ジメチルビンホス		B	130	20	22 000	大	130	
	ジメトエート		B	25 000	21	28 000	大	2.5	
	臭化メチル		A					13 400	
	ダイアジノン		B-s	40	20	0.39	小	40	
	チオシクラム		B-s	84 000	23	60 000	大	84 000	
	トリクロルホン	DEP	B	120 000	20	110 000	大	15	
	ピラクロホス		C	33	20	2 030	大	330	
	ピリダフェンチオン		B	74	20	5 466	大	難溶	
	ピリダベン		C					0.012	
	フェニトロチオン	MEP	B	21	20	0.15	小	14	
	フェノブカルブ	BPMC	B-s	660	20	224	中	610	
	プロフェノホス		C					20	
	マシン油								
	メソミル		B	58 000	25	3 300	大	58 000	
	モノクロトホス		A	1 000 000	20	30 000 000	大	1 000 000	
	硫酸ニコチン		A	可溶				可溶	
殺菌剤	イソプロチオラン		B	48	20	2.26	小	50	
	イプロベンホス	IBP	B	430	20	869	中	1000	
	オキシン銅	有機銅	C					不溶	
	カスガマイシン		A	125 000	25	28 000 000 000	大	125 000	
	キャプタン		C	3.3	25	0.1	小	3.3	
	クロロタロニル	TPN	C	0.9	25	0.000014	小	0.6	
	ジラム		C	0.03	20			65	
	石灰硫黄		A					―	
	ダゾメット		B	3 000	20	890	中	3 000	
	チウラム		C					30	
	トリアジン		C					不溶	
	トリシクラゾール		A	1 600	25			700	
	トリフルミゾール		B	12 500	20	26 000	大	12.5	
	フルアジナム		C					1.7	
	プロペナゾール		B					150	
	ベノミル		B	4	25	159	中	4	
	ベンシクロン		B	0.3	20	1 400 000	大	0.4ppm	
	マンゼブ		B					不溶	
	メプロミル		B	12.7	20			12.7	
	硫酸銅		C					可溶	
除草剤	2.4-PA	2.4-D, 2,4-ジクロロフェノキシ酢酸	B	311	pH1.25	198	中	620	
	アイオキシニル		C	50	25	251	中	不溶	
	アトラジン		A	30	20	369	中	33	
	エスプロカルブ		B	4.9	20	0.06	小	4.9	
	塩素酸塩		A					800 000	
	グリホサートイソプロピルアミン塩		A						
	クロメトキシニル		B	0.3	15			0.3	15
	クロロニトロフェン	CNP	A	0.25	25	0.0045	小	0.25	
	シマジン	CAT	A/指定	6.2	20	950	中	5	
	シメトリン		A	450	RT	2 712	大	450	
	パラコート		A	700 000	20	5 385	大	易溶	
	ピペロホス		B	25	20	180	中	13.5	20
	フェンディメディファム		B	4.7	20	170 000	大	4.7	
	ベンスリド	SAP	B	25	20	139	中	25	
	チオベンカルブ	ベンチオカーブ	B	30	20	0.01	小	30	
	メフェナセット		B	4	20	220 000	大	4	

注 1) 魚毒性分類【文献 1)】
　　・魚毒性欄の「指定」とは，水質汚濁性農薬に指定されている農薬である．
注 2) 温度の欄の RT は室温を表す．(出典：農薬の環境特性と毒性データ　金澤純著)
注 3) 流出指数＝(水溶解度×水中半減期)/(蒸気圧×土壌有機炭素吸着定数)(出典：農薬の環境特性と毒性データ　金澤純著)
注 4) 文献 4)に情報が掲載されていなかったものについては空欄

8.1 使用実態と課題となる農薬成分

農薬選定結果（▨ は選定理由となった条件）

毒性データ		旧水道水質基準[注5]	環境基準[注6]（公共用水域）	10ヶ年[注7]平均出荷量(t)	1991年(t)	1995年(t)	2000年(t)	登録履歴	農薬製剤数	既存文献
毒性値が上位3位以内に2回以上出現	LC_{50}値 1 mg/L 以下									
		◆	▲	10 158.23	9 684.88	10 051.14	9 518.85		5	
				3 490.00	8.84	20.18	6 398.20		7	
				84.60	82.81	97.62	58.63		2	
				164.03	210.54	182.40	123.26		11	
○	○			64.80	128.48	67.39	21.63		47	
	△	□	△	194.85	195.20	200.77	183.26		34	
				102.00	156.41	113.66	49.51		9	
○	○			94.00	101.25	67.85	103.40		1	
○	○			625.30	680.92	743.81	439.77		81	
○	○			394.80	577.31	424.08	220.91		129	
				6 835.43	5 272.81	7 445.68	7 696.87		8	
				130.80	115.27	146.44	132.91		8	
				48.70	81.82	29.03	29.77		5	
	△	□	△	581.28	674.09	604.59	463.62		34	
	○			76.80	97.99	100.71	30.28		52	
	○			142.20	177.43	148.89	75.78		16	
				8 183.50	7 891.10	9 458.61	5 640.63		4	
			△	584.83	656.25	585.66	538.85		85	10, 12)
○	○			45.30	67.91	52.94	22.70		12	
○	○			413.90	431.81	350.70	319.48		27	
○	○			59.70	58.13	68.46	44.25		5	
○	○			131.60	178.28	145.08	68.54		53	
				32.80	39.38	38.82	13.30		3	
	△		△	1477.84	1 689.16	1 511.94	1 336.15		216	5, 9)
○	○		△	610.40	1 106.63	632.18	337.56		235	7)
				51.30	58.88	54.28	35.32		1	
				8 707.10	9 600.99	9 386.95	7 356.08		22	
○	○			310.30	382.46	344.50	240.11		6	
○	○			53.50	90.79	37.60	4.86		7	
○	○			116.60	161.24	109.64	73.12		1	
		□	△	669.59	744.89	802.96	401.05		57	
				169.02	753.38	531.19	209.23		110	
			△	470.10	566.09	462.77	407.67		28	
○	○			38.00	49.17	39.83	30.21		122	
				632.00	730.49	616.65	598.28		20	
			△	644.93	712.40	652.29	583.49		23	
○	○			340.70	338.99	324.21	332.37		12	
				2 469.20	2 995.04	2 386.23	2 223.39		3	
				1 679.60	794.00	1 522.45	2 886.87		2	
		◆	▲	369.00	365.98	388.34	347.42		36	
				56.50	65.22	54.84	37.99		4	
○	○			210.10	249.06	257.45	137.73		96	
				52.10	69.68	51.30	32.71		6	
				102.60	64.99	102.37	142.09		4	
				1 212.90	765.61	1 506.71	1 092.83		43	
○	○			203.20	263.80	192.07	172.82		9	
○	○			174.50	157.21	194.47	138.99		34	
				3 206.95	2 383.84	3 137.15	3 342.15		17	
				210.30	224.18	253.83	137.24		45	
				3 665.10	4 383.28	2 525.87	4 515.58		2	
○	○			141.90	161.56	112.37	117.75		23	
				43.80	50.94	41.61	34.89		2	
○	○			92.00	126.40	96.58	51.02		16	
				517.93	421.59	370.34	274.96		14	8, 11)
				2 275.40	2 319.68	2 347.68	2 188.06		4	
				1 207.70	1 100.04	1 301.41	603.28		4	
○				73.30	235.28	0.00	0.00	1997年失効	1	
		□*		347.48	1 146.44	0.00	0.00	1996年失効	9	6)
○	○	◆	▲	132.70	236.99	114.75	64.36		14	8)
○	○			120.20	175.98	130.52	81.67		24	8)
○	○			276.40	374.67	304.04	207.16		2	
○	○			28.70	53.38	33.58	11.08		4	
○	○			55.40	50.57	52.91	58.27		2	
				44.30	73.57	62.86	28.21		6	
		◆	▲	880.99	1 295.13	1 003.19	439.48		23	8)
○				814.00	782.60	1 110.98	419.52		32	8)

注5）□：監視項目　□*：暫定管理指針　◆：基準項目
注6）△：要監視項目　▲：基準項目
注7）1991〜2000年の農薬原体出荷量の平均値である。殺虫剤、殺菌剤、除草剤のそれぞれについて、10ヶ年平均出荷量が50 t 以上の農薬のうち上位5種に入ったものを太字で示した。

8章 河川水への農薬の影響

表-8.5 除草剤中の主要有効成分の国内使用量の経年変化

(t)

	エスプロカルブ	塩素酸塩	グリホサートイソプロピルアミン塩	クロロニトロフェン	シマジン	チオベンカルブ	メフェナセット	文献
1980	0.0	3 054.6	0.0	3 230.8	257.8	2 200.3	0.0	1)
1981	0.0	2 751.5	120.5	2 719.1	241.9	1 892.4	0.0	1)
1982	0.0	2 481.0	296.0	2 084.9	263.4	2 313.2	0.0	1)
1983	0.0	2 428.0	357.6	2 196.9	283.1	2 395.8	0.0	1)
1984	0.0	2 118.3	384.2	2 003.6	268.7	2 159.7	0.0	1)
1985	0.0	2 044.6	413.5	1 772.7	257.5	1 926.0	0.0	1)
1986	0.0	2 070.3	506.2	1 706.1	264.9	1 650.3	0.0	1)
1987	0.0	2 143.0	635.9	1 426.1	256.8	1 478.7	63.9	1)
1988	47.1	2 358.1	790.9	1 276.7	270.2	1 573.1	215.7	1)
1989	339.4	2 388.8	918.6	1 358.3	289.8	1 666.5	395.7	1)
1990	409.7	2 296.9	1 082.0	1 229.1	274.4	1 501.2	627.5	1)
1991	421.6	2 319.7	1 126.6	1 146.4	237.0	1 295.1	782.6	2)
1992	458.1	2 386.7	1 055.6	1 084.9	225.1	1 225.2	970.3	2)
1993	599.3	2 339.5	936.5	1 096.2	205.7	1 185.8	1 177.8	2)
1994	739.0	1 902.5	962.2	147.3	180.2	1 094.3	1 013.6	2)
1995	870.3	2 347.7	1 204.6	0.0	114.8	1 003.2	1 111.0	2)
1996	747.3	2 243.8	1 390.0	0.0	83.4	886.3	1 033.4	2)
1997	421.1	2 374.1	1 634.8	0.0	82.6	734.5	711.0	2)
1998	335.8	2 426.8	1 973.1	0.0	70.5	476.1	449.8	2)
1999	311.8	2 225.3	1 900.7	0.0	63.0	470.0	471.2	2)
2000	275.0	2 188.1	693.3	0.0	64.4	439.5	419.5	2)
2001	249.3	2 052.8	784.5	0.0	56.5	458.5	469.5	1)
2002	205.5	2 022.9	714.3	0.0	49.2	431.6	341.0	1)

8.2 水生生物への影響試験

8.2.1 登録保留要件および安全使用基準

昭和30年代,エンドリン,ディルドリン等の有機塩素系殺虫剤,PCP除草剤(ペンタクロロフェノール)により水生生物の大量斃死事故が起き,農薬による水質汚濁が社会問題として取り上げられるようになった.昭和38年の『農薬取締法』の一部改正が行われ,すべての農薬は登録に際し,水生生物に対する毒性を一律に検

査することになり，魚類への毒性の高い農薬の水田使用は禁止された．また，昭和40年にはコイを用いる魚類毒性の標準試験法が定められ，農薬は水生生物への毒性に応じてA，B，Cに分類されることとなった．昭和46年の『農薬取締法』の大幅改正に伴い，PCP除草剤等は水質汚濁性農薬として指定され，許可なしには使用できないこととなった．同様に毒性の比較的高い B 類（$0.5 \text{ ppm} < LC_{50} \leq 10 \text{ ppm}$），高い C 類（$LC_{50} \leq 0.5 \text{ ppm}$）および指定農薬については，必ず製剤容器ごとのラベル表示が義務づけられ，いっそうの安全使用の注意が喚起された．

登録保留要件については，農薬の残留性と並んで，水産動植物に対する毒性が基準を超える場合（コイ $LC_{50} \leq 0.1 \text{ ppm}$）登録が保留される．もう一つは水質汚濁に関する要件で，水田における水中の平均濃度が水質環境基準の10倍を超える場合，保留されることとなる．

また，農薬の安全かつ適正な使用を確保するという意味から，必要がある場合は各農薬について安全使用基準を定めこれを公表するものとされている．この範疇で水質汚濁の防止に関する安全使用基準が2000年9月現在，4農薬に設定されている（シマジン，1,3-ジクロロプロペン，チウラム，チオベンカルブ）．同じく水産動物の被害の防止という観点から49農薬に安全使用基準が設定されている．

8.2.2　新しい生態影響試験法

環境省環境管理局水環境部に設置した農薬生態影響評価検討会は，平成14年5月に我が国における農薬生態影響評価のあり方について第2次中間報告をとりまとめた[13]．

この報告書によれば，現行のリスク管理措置は次のようにまとめられている．
① 登録段階の登録保留措置：環境大臣が登録保留基準を定める（『農薬取締法』第3条）．コイに対する48時間の半致死濃度（LC_{50}）と水田への有効成分投下量の関係で登録保留が判断される．
② 一部の有効成分については，水質汚濁性農薬として指定し，一定地域における使用の許可制の措置がなされる．

そして，現行の問題点として次の項目が指摘されている．
・比較的感受性の低いコイの魚毒性のみに着目したものである．他の魚種，甲殻類や藻類への影響も考慮する必要がある．
・農薬種による毒性の強さを十分に反映していない一律基準の側面，および使用方

法や剤型による曝露量の違いを考慮していない．
・水田以外で使用される農薬は対象外である．

　以上の法的な問題点に加えて，実際の農薬散布後の河川水で，その農薬濃度がミジンコの EC_{50}（半数遊泳阻害濃度）を超えているケースがまま見られる．

　欧米の農薬毒性評価は，魚類に加えてミジンコ，藻類の急性毒性試験を必須としており，評価方法としても農薬の毒性値と農薬の使用で想定される環境中予測濃度（PEC ： Predicted Environmental Concentration）とを比較して評価する手法が一般化している．

　以上の状況から環境省は，新たな農薬登録保留基準を次項に示すような構成で定めるとしている[14]．

8.2.3　登録保留基準の改定の内容

(1) 基本的考え方

　少なくとも河川等の公共用水域の水質環境基準点のような地点において，水産動植物への影響が出ないように評価手法を改善することにより，農薬による水域生態系への影響を現状より小さくすることを当面の目標とする．

(2) 評価手法

　現行の『農薬取締法』第3条第1項第6号に基づく登録保留要件は，「水産動植物の被害が発生し，かつ，その被害が著しい」場合であることから，当面，現行の登録保留基準と同様，急性毒性に着目することとする．

　評価対象生物は，藻類，甲殻類および魚類それぞれの代表種とする．

　一定の環境モデルのもとで農薬を農地等に単回散布し，公共用水域に流出または飛散した場合の公共用水域中での当該農薬の環境中予測濃度（PEC）と，藻類，甲殻類および魚類の代表種の急性毒性試験から得られた急性影響濃度（AEC ： Acute Effect Concentration）とを比較することによりリスク評価を行うものとする．農薬の成分ごとの AEC を登録保留基準値とする．

　PEC の算定は，試験および評価コストの効率化を図るため，段階制を採用する．

　リスク評価の結果，PEC が AEC を上回る場合には登録を保留する．

　なお，PEC が AEC を下回る場合であっても，リスク評価の結果を踏まえて，使用方法や使用場所の制限といった注意事項のラベル表示への反映，環境モニタリン

グの実施等が必要である．

以上の評価スキームの体系を図に示すと，**図-8.3**のとおりとなる．

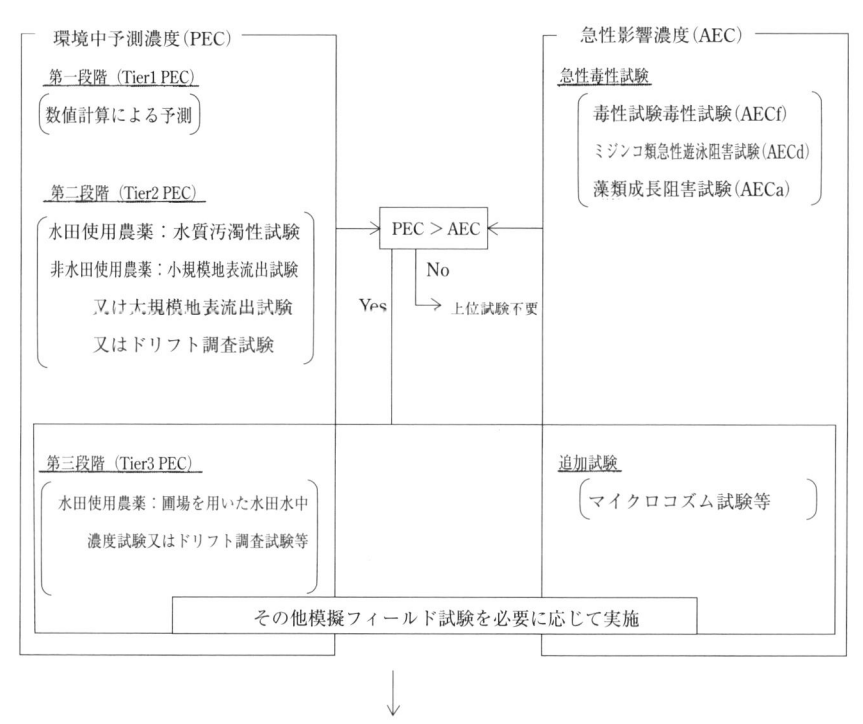

```
┌─ 環境中予測濃度 (PEC) ──────┐   ┌─ 急性影響濃度 (AEC) ─────────┐
│ 第一段階 (Tier1 PEC)        │   │ 急性毒性試験                 │
│   数値計算による予測         │   │   毒性試験毒性試験 (AECf)     │
│                             │   │   ミジンコ類急性遊泳阻害試験(AECd)│
│ 第二段階 (Tier2 PEC)        │   │   藻類成長阻害試験 (AECa)     │
│   水田使用農薬：水質汚濁性試験 │←PEC>AEC→                      │
│   非水田使用農薬：小規模地表流出試験│  No                       │
│     又は大規模地表流出試験   │ Yes ↓ 上位試験不要              │
│     又はドリフト調査試験     │                                │
│                             │                                │
│ 第三段階 (Tier3 PEC)        │   │ 追加試験                     │
│   水田使用農薬：圃場を用いた水田水中│   マイクロコズム試験等       │
│   濃度試験又はドリフト調査試験等│                               │
│                             │                                │
│        その他模擬フィールド試験を必要に応じて実施              │
└─────────────────────────────────────────────────────────────┘
                          ↓
           ・更なるリスク削減（適用対象の見直し等）
           ・登録保留

※魚類急性毒性試験        96 h-LC$_{20}$ (LC$_{50}$) × 1/10 (1〜1/10) = AECf
  ミジンコ類急性遊泳阻害試験 48 h-EC$_{20}$ (EC$_{50}$) × 1/10 (1〜1/10) = AECd
  藻類生長阻害試験        72 li-EC$_{20}$ (EC$_{50}$) × 1              = AECa
```

図-8.3 当面の農薬による水生生態影響評価システム概念図（環境省HP）

(3) PECの算定

PECの段階的算定について言及すると，第一段階では我が国における標準的な水田，農地の存在するモデル河川流域を想定し，水田，農地から流出あるいはドリフト（飛散）してくる農薬量を想定し，河川の基準点での農薬成分濃度を予測するも

のである．これらはすべて想定した仮定条件によっての計算予測である．第二段階では，田面水における農薬成分の実測値あるいは畑地からの降雨時流出試験値のデータを入れて予測計算を行うものである．また第三段階では水田圃場試験に基づく流出率，ドリフト率を用いてより実態に近い PEC の算定を行うものである．

第一段階で算出された PEC を用いたリスク評価の結果，登録保留基準に適合している場合には，第二段階の試験を要しない．第二段階試験についても同様である．

以上に示したスキームは基本的に新規農薬の登録についての手続きであるが，既登録農薬についても，同様なリスク評価を行うものとする．この場合，PEC の算定に代えて，使用現場周辺の公共用水域におけるモニタリング調査の結果を活用できることとする．

(4) 登録保留基準値としての AEC

AEC の試験生物は，具体的に次のとおりとする．
- 魚類：メダカ(*Oryzias latipes*)またはコイ(*Cyprinus carpio*)
- 甲殻類：オオミジンコ(*Daphnia magna*)
- 藻類：緑藻(*Selenastrum capricornutum*)

このほか，環境省，農林水産省で試験法の定められている試験生物の中から，上記より感受性の高い試験生物を選択することができる．

毒性試験方法は，環境省の協力のもとに農林水産省が作成した『農薬登録申請に係る試験成績について』(平成 12 年 11 月 24 日付け　12 農産第 8147 号農林水産省農産園芸局長通知)とする．この試験方法は，化学物質に関する OECD テストガイドラインに準拠したものである．急性影響濃度の導出に用いるエンドポイントとしては，魚類では LC_{50}，甲殻類，藻類では遊泳阻害，生長阻害に関する EC_{50} とする．

毒性試験に用いられる生物種は，必ずしも感受性の最も高い種であるとはいえないこと，また農薬が散布される時期は，繁殖期，孵化期，幼稚仔の生育期に当たる生物が多いことなどから，毒性評価試験から急性影響濃度を導出する際，不確実係数を適用しこれを補正する．魚類，甲殻類では 10 の不確実係数を一般的に与えるが，藻類では緑藻(*Selenastrum capricornutum*)は感受性が高い種として知られているため，当面不確実係数は 1 とする．急性影響濃度は，これらの魚類，甲殻類，藻類の急性毒性値を不確実係数で除した値の中で，最も低い値とし，これを当該農薬の登録保留基準値(案)とする．この登録保留基準値(案)は専門家による検討，中央

環境審議会土壌農薬部会への諮問・答申を経て決定される.

8.3 河川における農薬のモニタリング

8.3.1 河川における農薬濃度データ

　公共用水域の農薬濃度の測定については，環境基準項目および要監視項目に位置づけられている項目について，環境基準点を基本に測定が継続されてきている．これらの項目と基準値，指針値ならびに調査検体数を示すと**表-8.6**のとおりである．この調査検体数は一級河川を対象にした平成14年度の実績であるが，すべての検体について基準値，指針値以下と報告されている．また，これに加えてゴルフ場で使用される農薬についても追加調査がなされている．項目数は環境基準項目2項目，要監視項目7項目を含んで45項目である．平成14年度の調査実績では公共用水域69地点，ゴルフ場関連地点(排水口等)81地点，計150地点で，総検体数4877検体であった．これらの地点でもすべての地点で指針値を満足していたと報告されて

表-8.6　農薬の環境基準項目と要監視項目に関する一級河川の調査検体数 [15]

項目名	基準値または指針値	備考	14年度調査検体数
1,3-ジクロロプロペン	0.002 mg/L	健康項目	1 518
チウラム	0.006 mg/L	〃	1 389
シマジン	0.003 mg/L	〃	1 435
チオベンカルブ	0.02　mg/L	〃	1 434
イソキサチオン	0.008 mg/L	殺虫剤(ゴルフ場農薬)	524
ダイアジノン	0.005 mg/L	〃　(　〃　)	524
フェニトロチオン(MEP)	0.003 mg/L	〃　(　〃　)	532
イソプロチオラン	0.04　mg/L	殺菌剤(　〃　)	522
オキシン銅(有機銅)	0.04　mg/L	〃　(　〃　)	420
クロロタロニル(TPN)	0.05　mg/L	〃　(　〃　)	524
プロピザミド	0.008 mg/L	除草剤(　〃　)	519
EPN	0.006 mg/L	(　一般農薬　)	853
ジクロルボス(DDVP)	0.008 mg/L	(　〃　)	507
フェノブカルブ(BPMC)	0.03　mg/L	(　〃　)	514
イプロベンホス(IBP)	0.008 mg/L	(　〃　)	507
クロルニトロフェン(CNP)	－	(　〃　)	556

いる．このような状況が近年の実態であるので，公共用水域の測定データから，各農薬成分の濃度範囲を議論することは実質的にできない．

『水道統計』[16)]には，水道原水中の飲料水水質基準の各項目の基準値達成状況および検出濃度状況が報告されている．平成12年度の統計によれば，農薬で基準値が設けられていた1,3-ジクロロプロペン，シマジン，チウラム，チオベンカルブの4項目についてのデータが示されている．約5000箇所の浄水場に対して，基準値を上回ったのは，1,3-ジクロロプロペンの項目で1箇所であった．また，基準値の10分の1の濃度までで検出された農薬の項目，浄水場数は，1,3-ジクロロプロペンで3，シマジンで2，チウラムで2，チオベンカルブで1であった．このように限られた情報ではあるが，河川水の農薬濃度について『水道統計』より得ることができる．

8.3.2　農薬の河川への流出データ

以上に示した統計資料以外にも，公共用水域，農業用排水路，田面水に関して農薬濃度を計測した文献がいくつか見つかる．さらに農薬の水系における動態に関して試験田やライシメータを用いた研究結果が見られる．これらの文献からは，水系への農薬の流出に関しては，総じて稲作の水田からの負荷が卓越すること，水田農薬の流出は田植えの時期や降雨の期間と一致すること，農薬の水溶性が使用量より流出に大きな影響を与えることなどが明らかになっている．こうした農薬の水系における動態の特性を勘案し，農薬流出の影響を極力少なくする農薬の選択，施用，田面水管理が必要である．

北海道千歳川の調査例[17)]が，①地域農薬使用量，②河川の濃度，③田面水の濃度のデータより総合的な調査が行われており参考となる．この報告によると，千歳川における農薬の検出濃度，流出負荷量は，流域の50％以上の水田が分布する千歳川橋と江南橋の間で急増し，一部の農薬は数μg/Lのレベルで検出された．また，河川への農薬の流出率が10％を超える農薬は，シメトリン，ピロキロンのほか，初期除草剤（移植後土壌処理剤）プレチラクロールが30％以上，水溶性の高い中期除草剤モリネートが20〜30％と高い流出率を示した．

福井県北潟湖に流入する観音川を対象として，その流域の水田での農薬使用量と河川における農薬流出量を比較し，農薬流出率を求めた例がある[18)]．農薬使用量は当該流域のJAの出荷量を基本として集計した．また，河川における農薬濃度は4月下旬から10月まで週1回の頻度で計測された．対象農薬種は，殺虫剤8項目，

殺菌剤 11 項目，除草剤 17 項目，計 36 項目である．観音川において高い頻度で検出された水田除草剤についてその流出率は**表-8.7**のようにまとめられた．具体的な流出率の数値はモリネートは 11.12％，チオベンカルブ 4.32％，メフェナセット 12.06％等であるが，これらの流出率について他県の河川における流出率の報告値とも比較されている．

表-8.7 水田除草剤の流出負荷量および流出率 [18]

	モリネート	シメトリン	チオベンカルブ	プレチラクロール	ピリブチカルブ	メフェナセット
流出負荷量(kg/年)	13.5	5.9	5.2	11.0	0.2	1.5
使用農薬量(kg/年)	121.6	278	120.9	128.7	56.7	12.8
流出率(％)	11.12	21.39	4.32	8.52	0.38	12.06
沼辺他 [19]				9.78〜16.2		7.99〜12.5
飯塚 [20]		1.44〜4.23	1.7〜2.08			
丸 [21]	5.96, 11.3	5.65, 6.7	1.44, 2.2			
石塚他 [22]			3.9			
半川 [23]	3〜4					
水溶解度(mg/L)	900	450	30	50	<1	4

霞ヶ浦流入河川恋瀬川流域では，兼業農家が多く，田植え・移植作業が連休に集中し，除草剤の散布作業も移植後の 7〜10 日後の週末に集中する．本調査 [24] では，田面水，恋瀬川，霞ヶ浦のポイントで 2 ヶ月以上の農薬濃度の測定が行われている．除草剤のメフェナセットについては，田面水中濃度と河川水の濃度が同程度となることがあり，数 μg/L の濃度レベルが測定されている．また，殺菌剤の IBP（イプロベンホス）は数回に散布されることがあることから，湖水中に長期間残留する傾向が認められる．また，降雨時の流出に着目した調査結果から，2 ヶ月間の全流出量に対して降雨時の 1 日で 2 割近くの流出が認められる薬剤が存在した（ブタクロール，プレチラクロール，エスプロカルプ）．また，流出負荷量ピークの前後 2 週間で全期間流出量の 6 から 8 割を占める（ブタクロール，メフェナセット，エスプロカルプ）．これらのことから，散布後 10 mm を超える最初の降雨時流出を抑える必要がある．通常，水田等農地から河川中への農薬流出については，100 から 1 000 倍の希釈倍率が見積もられることがあるが，恋瀬川のケースについてはこの希釈率は期待できない．

その他，琵琶湖流域における田面水から河川への除草剤（クロロニトロフェン，オキシジアゾン，メフェナセット，エスプロカルプ，チオベンカルブ，プレチラク

ロール，シメトリン，モリネート）の流出についてデータが示されている[25]．また，こうした農薬の挙動予測モデルについても水田除草剤シメトリン[26]，ダイムロン[27]等を対象にした研究例がある．また，田面水の濃度測定データより農薬の流出率の議論をする時には，農薬施用量の把握が一方で重要となる．水田における農薬施用量推定法の研究例がある[28]．

河川においては，以上の農薬の使用実態，水系における動態を勘案して，水生生物に対する影響という観点から，より適切な方法でモニタリングを継続することが必要である．また河川流域で使用される農薬の種類，量についてデータベースを構築し，使用実態をより正確に把握していくといった方法による監視も求められている．

参考文献

1) 日本植物防疫協会：農薬要覧．
2) 国立環境研究所 HP：農薬データベース．http://w-chemdb.nies.go.jp/n_oyaku/n_start.asp
3) 厚生科学研究費補助金生活安全総合研究事業：WHO 飲料水水質ガイドライン改訂等に対応する水道における化学物質等に関する研究，平成 13 年度研究報告書，2002.
4) 日本植物防疫協会：農薬ハンドブック(2001 年版)，2001.
5) 伏脇祐一：殺虫剤フェニトロチオンによる環境汚染とその動態，水道協会雑誌，66-9(756)，pp.27-34，1997.
6) 伏脇祐一，浦野紘平：除草剤 CNP による環境汚染，水道協会雑誌，63-11(722)，pp.14-27，1994.
7) 多田満：室内実験水路を用いた殺虫剤フェノブカルブの河川底生動物に対する急性毒性影響，環境毒性学会誌，1(2)，pp.65-73，1998.
8) Hatakeyama, H., Inoue, T., Suzuki, K., Sugaya, Y. and Kasuga S.：Assessment of overall herbicide effects on grouth of duckweed in a flowthrough aquarium carrying pesicide polluted river water，環境毒性学会誌，2(1)，pp.65-75，1999.
9) 昆野安彦：水田に生息する巻貝類 3 種に及ぼす殺虫剤の影響，環境毒性学会誌，3(1)，pp.11-14，2000.
10) Tada, M.：Dynamics of Benthic Communities in the Upper Region of the River Hinuma in Relation to Residual Pesticides，環境毒性学会誌，5(1)，pp.1-12，2002.
11) Konno, Y.：Acute toxicity of the Herbicides for Paddy Field to the Tadpole, *Rana dybowskii*，環境毒性学会誌，6(1)，pp.21-24，2003.
12) 朴明玉，岡村秀雄，青山勲，須戸幹，大久保卓也，中村正久：ミジンコ致死試験による農業地帯を流下する河川水の毒性評価，環境毒性学会誌，7(1)，pp.23-33，2004.
13) 環境省水環境部：農薬生態影響評価検討会第 2 次中間報告―我が国における農薬生態影響評価の当面の在り方について―，2002.5．http://www.env.go.jp/water/nonaku/seitaiken02
14) 環境省 HP：水産動植物に対する毒性に係る登録保留基準値の改訂について，第 6 回農薬資材審議会農薬分科会資料，2003.1.30．http://www.env.go.jp/water/noyaku/15_dokusei/index.html
15) 国土交通省河川局編：平成 14 年度全国一級河川の水質現況，2003.7.
16) 日本水道協会：平成 12 年度 水道統計 水質編，第 83-2 号，2000.
17) 北海道農業試験会議成績書：水田に施用された農薬の環境動態と流出軽減対策(環境中における農薬の動態及び環境影響の逓減に関する研究)，農業土木文献情報 文献番号 010010301，2001.

参考文献

18) 西澤憲彰，次田啓二，山口慎一：福井県内河川における農薬汚染実態調査(第4報)—北潟湖流域における実態調査—，福井県環境科学センター年報，27，1997．
19) 沼辺昭博他：田園地河川における水稲移植後の農薬流出量の評価，水環境学会誌，10，pp.30-39，1992．
20) 飯塚宏栄他：水田除草剤の水系における動態，農業環境研究所報告，6，pp.1-18，1989．
21) 丸輪：千葉県内河川の農薬モニタリング，生体化学，3，pp.3-10，1985．
22) 石塚伸一他：ベンチオカーブの水田における挙動及び河川への流出状況，青森県環境保健センター研究報告，8，pp.27-33，1997．
23) 半川義行：田面水および河川水におけるモリネートの消長，農薬学会誌，10，pp.107-112，1985．
24) 海老瀬潜一，井上隆信：水環境中の農薬流出量評価のための調査研究，国立環境研究所報告，133，pp.7-15，1994．
25) 笹川容宏，松井三郎，山田晴美：琵琶湖南湖流域における水田除草剤の流出に関する調査，水環境学会誌，19(7)，pp.547-556，1996．
26) 岐部香織，高野浩至，亀屋隆至，浦野紘平：水田除草剤シメトリンの水環境への流出負荷のモデル予測，水環境学会誌，23(6)，pp.343-351，2000．
27) 永渕修，海老瀬潜一，浮田正夫，井上隆信：除草剤ダイムロンの水田からの流出特性，水環境学会誌，24(5)，pp.325-330，2001．
28) 沼辺明博，井上隆信，海老瀬潜一：水田に施用された農薬施用量推定法の検討，水環境学会誌，24(11)，pp.757-761，2001．

9章
水生植物相の変遷と水質：
兵庫県加古川の事例

　河川生態系の生物相は，近年，様々な人為的インパクトによって大きな影響を受けている．健全な河川環境の保全・復元を図っていくためには，生物相の変化とその原因を明らかにし，個々の河川が本来有すると考えられる生物多様性や生態系のあり方を知ることが重要である．ここでは，筆者が約15年にわたって調べてきた兵庫県加古川の水生植物（水草）の概要を紹介し，今，河川環境にどのような問題が起こっているのかを考えてみる．

　加古川は，兵庫県中央部の氷上郡青垣町（現丹波市）に水源を発し，南流して瀬戸内海播磨灘に注ぐ全長96 kmの一級河川である．筆者は，1987年に加古川本川の源流から河口にわたり23の定点を選んで1回目の水生植物調査を行った（図-9.1）[1]．調査は主に水中に生育する植物を中心としたものであり，沈水植物（水辺植物の沈水形含む）と浮葉植物15科24種を記録した．

　その後，年とともに変化する水生植物の様子を追跡

図-9.1 加古川水系と調査地点（●）．本文では支川の調査結果については触れていない

すべく，1998年と2003年にも同様の調査を行った．この3回の調査で加古川における水生植物群落の衰退や一部の種の最近の増加を確認することができた．その結果は何を物語るのであろうか．

9.1 調査の方法

各調査地点では，50 mの区間を調査区とし，方形枠（1 m × 1 m）を20箇所に，出現種が少なくとも1回は記録されるように配慮したうえで，ほぼランダムに置き，その中に生育する水生植物を記録した．それぞれの種の優占度は，20箇所の方形区のうちの何箇所に出現したか（出現頻度）で示される．このような調査法を採用した理由は，河川の水中においては様々な水生植物が入り乱れたパッチを形成しており，均一な植生単位を前提とする植物社会学的な調査法では実態を把握できないと考えたからである．

9.2 23定点における過去約15年間の水生植物相の変化

沈水・浮葉植物に限定すると，水生植物種数は1987年24種から1998年17種，2003年17種となっている．1998年と2003年では種類構成ではかなり変化している（表-9.1）．1987年から1998年にかけて絶滅危惧種のオグラコウホネ，デンジソウのほか，ミズハコベ，ヒシ，ウキアゼナ，ヤナギモ，セキショウモ等が消滅した．一方，1998年の調査ではアサザが，2003年の調査ではアカウキクサ属（*Azolla*）の1種とガガブタが新たに記録された．これらのうち，アサザとガガブタについては現場の状況から自然分布ではなく，人為的に移植された可能性が高いと思われた．アカウキクサ属植物も最近広がっているアゾラ農法で使われた植物が水田から流入してきたものであろう．

各調査地点における出現種数ならびに水生植物の生育量の変化（各水生植物の出現頻度の合計値で示す）を図-9.2，9.3に示した．また代表的な3種につき図-9.4に出現状況の経年変化を示した．1987年から1998年にかけてほとんどの地点で種数の減少が著しい．また，生育量は地点15以外では生育種数以上に極端な減少が見られた．2003年の調査では地点15（この場所には豊富な湧水が流入している）を唯

9.2 23定点における過去約15年間の水生植物相の変化

表-9.1 3回の調査で本川から記録された水生植物と出現地点数

種　名	学　名	出現地点数		
		1987	1998	2003
沈水植物				
オオカナダモ	*Egeria densa* Planch.	17	16	11
クロモ	*Hydrilla verticillata* (L.f.) Royle	15	5	5
エビモ	*Potamogeton crispus* L.	14	7	5
ホザキノフサモ	*Myriophyllum spicatum* L.	14	10	9
ササバモ	*Potamogeton malaianus* Miq.	12	4	2
コカナダモ	*Elodea nuttallii* (Planch.) St. John	10	5	5
ホソバミズヒキモ(沈水形)	*Potamogeton octandrus* Poir.	4	4	0
ヤナギモ	*Potamogeton oxyphyllus* Miq.	4	0	2
センニンモ	*Potamogeton maackianus* A. Benn.	3	1	1
セキショウモ	*Vallisneria asiatica* Miki	2	0	0
マツモ	*Ceratophyllum demersum* L.	2	1	1
バイカモ	*Ranunculus nipponicus* Nakai var. *submersus* Hara	1	1	1
セ　リ(沈水形)	*Oenanthe javanica* (Blume) DC.	1	0	0
オオカワヂシャ(沈水形)	*Veronica undulata* Wall.	1	2	0
オオバタネツケバナ(沈水形)	*Cardamine scutata* Thunb.	1	1	0
オランダガラシ(沈水形)	*Nastrutium officinale* R. Br.	0	1	2
イネ科 sp.(沈水形)	*Graminea* sp.	1	1	1
浮葉植物				
ヒ　シ	*Trapa japonica* Flerov	4	0	0
ミズハコベ	*Callitriche verna* L.	3	0	0
ウキアゼナ	*Bacopa rotundifolia* (Michx.) Wettst.	2	0	0
オグラコウホネ	*Nuphar oguraense* Miki	1	0	0
デンジソウ	*Marsilea quadrifolia* L.	1	0	0
アサザ	*Nymphoides peltata* O. Kuntze	0	1	0
ガガブタ	*Nymphoides indica* O. Kuntze	0	0	1
浮遊植物				
ウキクサ	*Spirodela polyrhiza* L.	6	6	1
アオウキクサ	*Lemna aoukikusa* Beppu et Murata	3	5	1
ホテイアオイ	*Eichhornia crassipes* Solms-Laub.	1	0	1
アカウキクサ属 sp.	*Azolla* sp.	0	0	2
合計種数		24	17	17

一の例外として1987年の調査時に比べれば大半の場所で種数は減少しているが，1998年と比べれば微増傾向が認められる．このことは生育量を見ればより明らかで，一部の地点では1987年を超えている所もある．

　最も著しい増加を見せたのはオオカナダモで，出現地点そのものは17箇所から11箇所に減少したが，生育が記録された場所では大量に繁茂し，このことがこれ

9章　水生植物相の変遷と水質：兵庫県加古川の事例

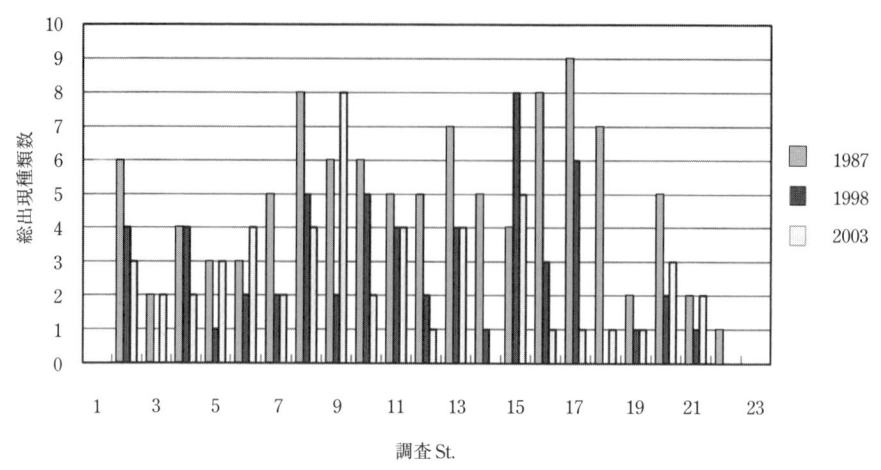

図-9.2　1987年から2003年にかけての総出現種数の変化

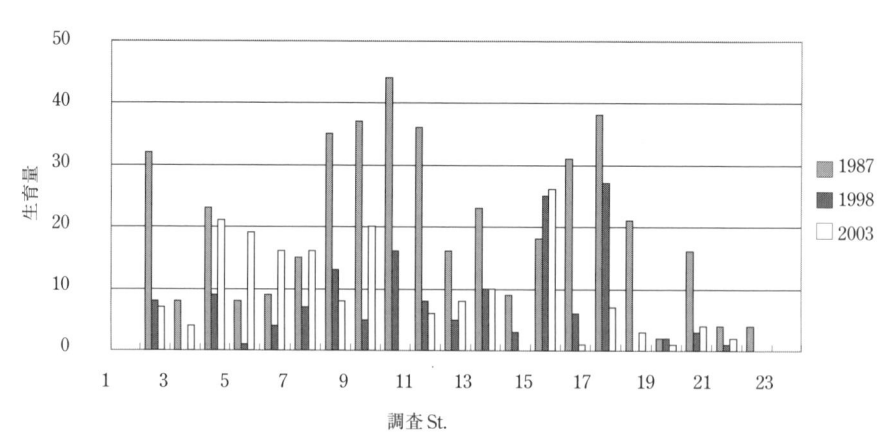

図-9.3　1987年から2003年にかけての水生植物の生育量の変化．生育量は出現頻度の合計値で示した

らの地点における水生植物全体の生育量の増加をもたらす結果になった．

9.2 23定点における過去約15年間の水生植物相の変化

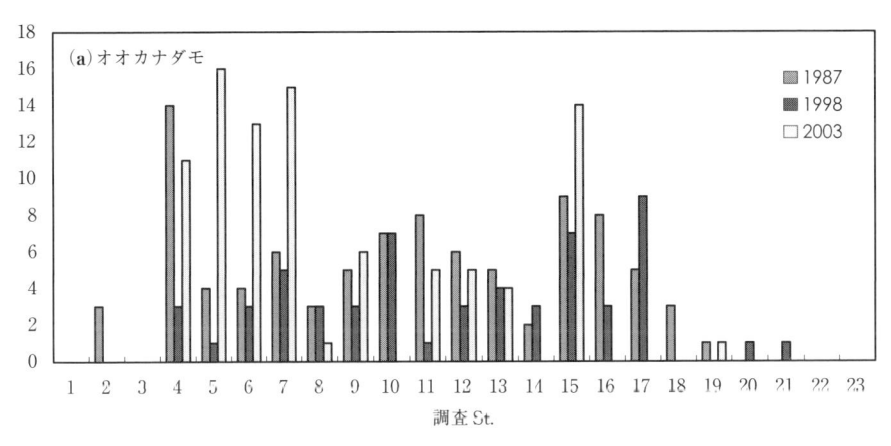

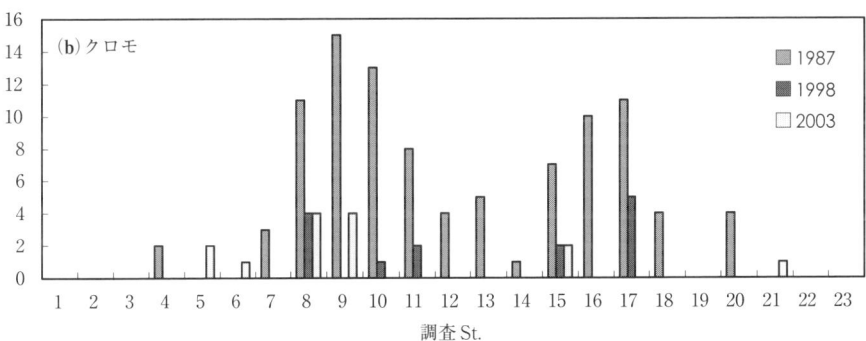

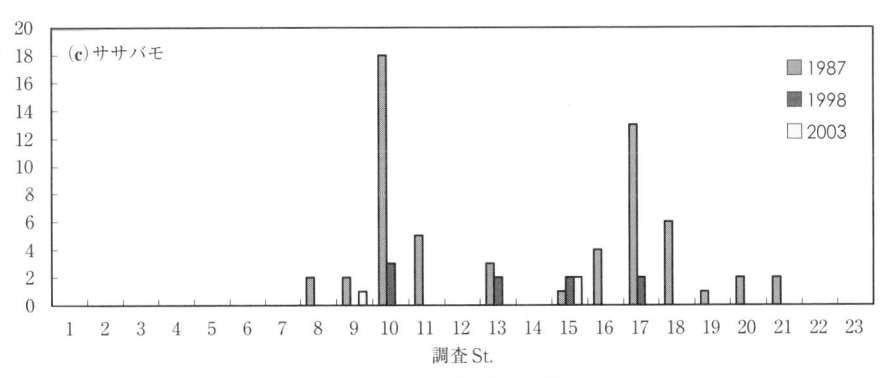

(a) オオカナダモ

(b) クロモ

(c) ササバモ

図-9.4 分布状況の変遷

9.3　近年の水質の変化

3回の調査時に測定した本川21地点(感潮域の地点22, 23は除く)の電気伝導度を図-9.5に示す．電気伝導度は，水中に溶存する電解質の総量の指標であり，特定の水質項目の変化を示すものではないが，人為的な水質汚濁等の簡便な指標としては有効である．

1987年と1998年の測定値はほぼ同様のパターンを示し，人為汚濁のない源流部から居住人口が増える地点7付近までは徐々に上昇し，その後，急激に上昇して調査地点13～15付近で最大値に達する．これは西脇市の染色工場群をはじめとする産業排水によるところが大きいと推測された．その後，流れを下るに従って河川の自浄作用により徐々に電気伝導度の値は下がり，200～300 μS/cmの値を維持している．ところが，2003年にはかつて高い電気伝導度の値を示した中流部でも値の急激な上昇は見られなかった．電気伝導度のこの変化は，一般水質がかなり改善されたことを示している．

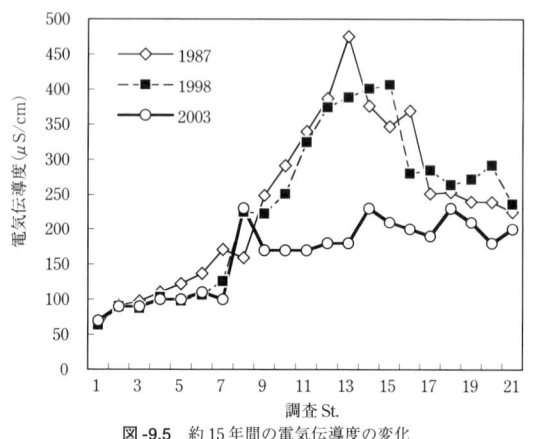

図-9.5　約15年間の電気伝導度の変化

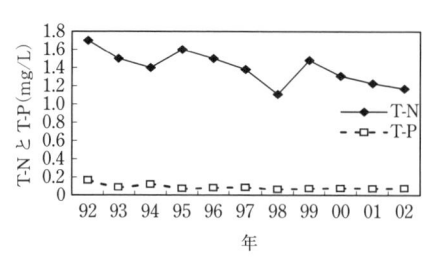

図-9.6　加古川大住橋(小野市)における全窒素(T-N)と全リン(T-P)の経年変化(国土交通省姫路河川国道事務所資料より作図)

このことは，窒素やリン濃度の近年の変化によっても裏付けられる(図-9.6)(国土交通省測定データによる)．BODについても同様の傾向である．産業排水の規制や下水道の普及が確実に効果をあげ，従来から生活環境の保全に関する項目とされてきた水質については改善しているのである．

9.4　水生植物相の変化とその原因

9.4.1　物理的要因

　今回の調査を通じて明らかになったように，加古川の水生植物群落は，1980年代から1990年代にかけていったん著しく衰退した．しかしそれ以降，この衰退期に消滅をまぬがれた種は徐々にではあるが回復傾向にあり，特に外来種のオオカナダモは場所によっては1980年代には見られなかった優占状態を示している．ここではその理由を考察する．

　河川はそれぞれの年の降雨状況によって様々な規模の出水を繰り返す．大規模な出水は水生植物にも大きな影響を与え，一定区間の水生植物がほとんど流失することも珍しくない．小規模な出水であっても流失と再定着を繰り返し，年によって水生植物の生育する場所が移り変わる．この現象は河川の水生植物の"Shifting nature"と呼ばれている[2]．

　そこで近年における加古川の出水状況を最大流量の経年変化で図-9.7に示した．

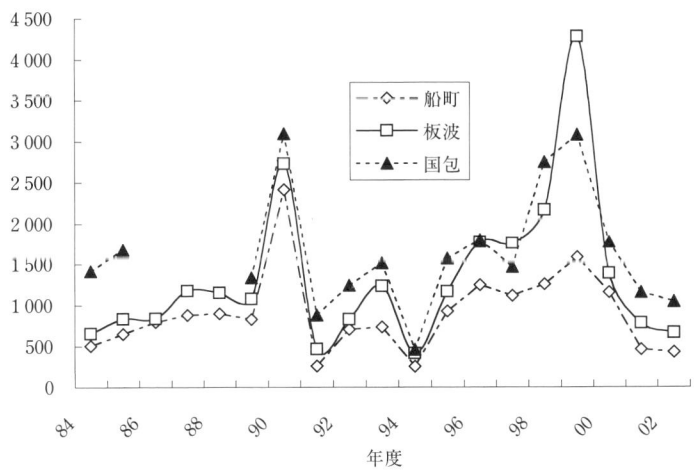

図-9.7　加古川本川の3定点における最大水量の経年変化
（国土交通省姫路河川国道事務所資料より作図）

1990年に大規模な出水が見られ，この出水が与えた影響は小さくなかった．例えば，地点5では，1987年の調査時に水生植物が群生していた平瀬が浸食によって淵と化し，ほとんどの場所が水生植物の生育に適さない状況となった．また，地点21には寄洲の中にワンドがあり，ヒシやマツモのような止水性の水生植物が生育していたが，このワンドが埋まって水生植物は消滅した．しかし，このような出水は今までも何年かに一度は繰り返されてきたであろう．しかし，河川に生育する水生植物は，巧みな再生能力や河川内の逃げ場（レフュージア）において生き延び，比較的短期間で元の状態に戻る特性を持っている．さもなければ，河川の水生植物は早晩消え失せる運命にあったはずである．したがって，1987年から1998年にかけて起こった水生植物群落の衰退を単純に出水のみで説明することはできない．

　この期間の衰退に関して，原因をかなりの確度で推定できる地点もある．例えば地点18は，加古川大堰の稼動によって完全な湛水域となった．また，その下流の地点19は，大堰における取水のために夏季には水量が減少し，かつて水生植物群落が成立していた場所が干上がる瀬切れの状況が頻繁に起こるようになった．また，地点4，6，9においては，河川整備事業（護岸工事）が行われた．工事に伴い河道の状況も変化しており，一時的にせよ，水生植物群落が衰退する直接的原因になったであろう．工事そのものによって消滅しないまでも，河道形状が単調になることで，出水時の逃げ場（レフュージア）がなくなり，流失する可能性が増大したことも考えられる．

　しかし，上述したような物理的環境の変化が認められなかった地点においても水生植物群落の衰退が進行した．周囲の様子は全く変わらないにも関わらず，水生植物だけが衰退する，まるで『沈黙の春』のような地点がいくつもあった．これは物理的な環境変化以外の要因によっても水生植物の衰退が起こっていることを示唆している．

9.4.2　水質の影響

　物理的環境の変化以外に水生植物群落の衰退の原因を求めるとすれば，水質の悪化であろう．しかし，窒素，リン，BODについて特に上昇していないことは先に述べたとおりである．電気伝導度の測定結果も含めて考えると，一般水質はむしろ改善傾向にある．

　では水生植物が壊滅的打撃を受けた要因は何なのであろうか．ひとつの可能性と

して，ここにあげた水質項目以外の有害物質の可能性を検討してみる．1970年代以降に農薬や界面活性剤等の濃度が日本各地の水域で上昇したことは様々な報告によって指摘されている．加古川水系においては農地（田畑）が流域面積に占める割合が約17％であり，特に注目したいのはこれらの地域から流入する農業排水である．特に除草剤の流入は，水生植物の生育に大きな影響を与えると予想される．また，多数のゴルフ場が存在するために，そこで使用される農薬の流入も無視できない．

農薬については昭和23年(1948)に県下で初めて除草剤が利用されたという記録があるが，1960年代からは2-4D等の水中に散布される農薬が普及し，現在まで広く用いられている[3]．時代とともに農薬の種類は変化し，近年，その毒性や残留性は徐々に低下してきているが，現在も田植え時期を中心に多量の除草剤が用いられているのが現状である．その5％あまりが河川に流出する[4]．加古川においては，具体的な測定データがないために断定はできないが，他の地域の湖沼や沿海域では底泥の分析から1970年以降，急速に農薬やいわゆる環境ホルモン物質が水底に堆積していることが明らかにされている[5]．農薬を使用する季節にはそこに棲む生物にとって非常に有害なレベルの農薬汚染が生じていることが指摘されており[6]，河川に流入する除草剤の量も無視できない[7]．これは加古川水系においても例外ではないであろう．これらの物質が耐性のない種から水生植物の衰退をもたらしたというのが現段階で考え得る有力な仮説である．

最近，一部の水生植物の種が増加あるいは回復傾向にある理由は，過去に行われた河川改修工事後の物理的環境の安定化に加えて，農薬の低毒化や一般的な水質改善の結果であろう．しかし，現在は生物にどのような影響を及ぼすかも明らかでない化学物質が氾濫している．過去15年間の水生植物群落の変遷は，このような微量ながら毒性を持つ物質の監視を含めて健全な河川生態系を護っていくことの必要性を示しているのではなかろうか．

参考文献
1) 角野康郎：加古川（兵庫県）の水生植物，日生態誌，40, pp.151-159, 1990.
2) Hynes, H.B.N.： The Ecology of Running Waters, Liverpool Univ., Press, 1970.
3) 兵庫県農林水産部：平成16年度農作物害虫・雑草防除指導指針，兵庫県農林水産部，2004.
4) 兵庫県植物防疫協会：兵庫県における植物防疫のあゆみ（第四集），兵庫県植物防疫協会，2001.
5) Okamura, H., Aoyama, I., Ono, Y. and Nishida, T.： Antifouling herbicides in the coastal waters of western Japan, *Marine Pollution Bulletin*, 47, pp. 59-67, 2003.
6) 若林明子：わが国での生態系保全に向けた新たな動き，水環境学会誌，26, pp.183-187, 2003.
7) 海老瀬潜一，福島勝英，尾池宣佳：淀川本支川の農薬の流出特性と流出リスクの評価，水環境学会誌，26, pp.699-706, 2003.

10章
河川における底生生物と水質の関係

底生生物を用いた水質判定法は，20世紀の初頭に欧州において開発され，その後様々な改良が加えられ広く適用されてきている．我が国においては，ベック・津田法として本格的に導入され，多くの調査に適用されてきている．これらについては，1.4.3に詳しいが，ここでは，全国河川において実施されている「河川水辺の国勢調査」による底生生物の調査結果と近傍の水質調査地点の調査結果を用い，底生生物を用いた水質判定法による評価値と水質の相互関係を検討した．

10.1 検討対象データ

10.1.1 底生生物データ

底生生物データについては，『河川水辺の国勢調査年鑑（魚介類調査，底生生物調査編）』[1]をもとに，全国河川の底生生物の調査データを検討対象として，以下の整理を行った．

① 対象データ：「河川水辺の国勢調査」の底生生物調査は，各河川においてほぼ5年に1回の割合で調査が実施されている．ここでは，この調査結果のうち，近年の平成6～11年度における調査を対象とした．対象とした調査地点は，全国で977箇所である．

② 調査データの集計方法：調査結果をもとに以下の4種類の方法でデータを集計した．
　[A] 全種類数；調査地点において出現したすべての底生生物の種類数．
　[B] カゲロウ，カワゲラ，トビケラ（EPT）の全出現種数．

[B-1] カゲロウ，カワゲラ，トビケラ(EPT)の出現種数；水生生物の主要グループであり比較的きれいな所に生息するカゲロウ目，カワゲラ目，トビケラ目に含まれるすべての種類の出現種数．

[B-2] 全出現種に対するカゲロウ，カワゲラ，トビケラ(EPT)の出現割合；カゲロウ目，カワゲラ目，トビケラ目の出現種数と全種類数の比．

[C] ASPT値[大型底生生物による河川水域環境評価マニュアル(案)[2]（スコア法)]；スコア法は，あらかじめ決められた62科の指標生物を10段階のスコアに分類し，出現科からその地点の合計スコアを算出し，その合計スコアを出現科数で割って対象地点のASPT値を算出する方法である．この数値が10に近いほど人為影響が少ない河川環境ということができるとされている．

10.1.2 水質データ

水質データは，『水質年表』[3]にもとに，以下の整理を行った．

① 調査データの整理地点：各河川において，底生生物調査年を対象に，底生生物の調査地点近傍の水質調査地点の水質測定データを対象とした．

② 対象とする調査データ：BOD, COD, T-N, T-P, NH_4-N について年間の平均値，中央値(BODは75％値)を算出した．

10.1.3 底生生物調査地点と水質調査地点の整合

上記で整理した底生生物調査地点と水質調査地点の河口または合流点からの距離および地図情報に基づき，以下のような観点で底生生物調査地点と水質調査地点が同一，または同一とみなせる地点(以下，底生生物調査地点と水質調査地点の整合地点)を抽出した．

・底生生物調査地点と水質調査地点の河口または合流点からの距離が同一である，
・両地点の距離が近傍にあり，両地点間に支川の流入や下水処理場からの放流等がない．

抽出の結果，底生生物調査地点と水質調査地点の整合地点は，**表-10.1** に示すとおり452地点であった．

なお，ここでは主に淡水域を対象とし，整合した452地点から「感潮域」，「汽水域」，「湛水域」，河川形態がBcの区間(淡水の順流部ではない可能性が高く，他の

10.1 検討対象データ

区間と底生生物の相が異なる）の地点を除き，255地点を検討対象地点とした．これらの地点の河川形態別地点数を**表-10.2**に示す．なお，河川形態の分類は，**図-10.1**に示す可児の方法に拠っている．

表-10.1 底生生物調査地点と水質調査地点の整合している地点数

地方	底生生物の調査地点数	水質調査地点と整合した地点		
		全体	淡水域の地点	感潮，汽水域または湛水部の地点
北海道	78	38	28	10
東北	118	55	48	7
関東	157	72	40	32
北陸	80	41	29	12
中部	107	43	37	6
近畿	127	52	41	11
中国	127	51	41	10
四国	48	27	17	10
九州	135	73	45	28
全国	977	452	326	126

表-10.2 検討対象地点（淡水の順流部地点）の河川形態別地点数

河川形態	底生生物と水質調査地点の整合地点数（淡水域順流部地点）
Aa	3
Aa-Bb	12
Bb	159
Bb-Bc	81
合計	255

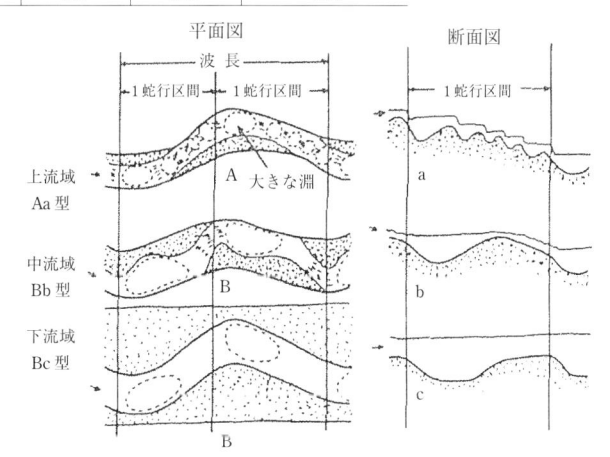

〔1単位形態における・淵の存在状況〕　A…1蛇行区間に瀬・淵が複数存在
　　　　　　　　　　　　　　　　　　B…1蛇行区間に瀬・淵が1つずつ存在

〔瀬から淵への移行の行方〕　a…段差を持って淵に落ち込む
　　　　　　　　　　　　　b…波立ちながら，淵に流れ込む
　　　　　　　　　　　　　c…波立たずに，淵に移行する

凡例　　…早瀬　　…淵

※　可児藤吉が提唱した，河川を蛇行区間における瀬や淵の状態と，瀬から淵への流込み方から

図-10.1 河川形態[4]

10章　河川における底生生物と水質の関係

10.2　検討対象地点の底生生物と水質の状況

10.2.1　底生生物の状況

　検討対象地点における底生生物の全種類数，EPTの出現種数，全出現種に対するEPTの出現割合，ASPT値の状況を図-10.2に示した．
　全種類数は40〜100種の地点が多く，その中央値は72種となった．中央値が最も小さいのは北海道地方であり，39種，最も大きいのは中国地方であり，95種であった．種類数が120種以上の地点は，東北地方，関東地方，北陸地方で各1地点，中部地方で2地点，近畿地方，中国地方で各4地点である．
　EPTの出現種数は20〜40種の地点が多く，その中央値は35種となった．中央値が最も小さいのは，北海道と近畿であり，28種，最も大きいのは中国であり，

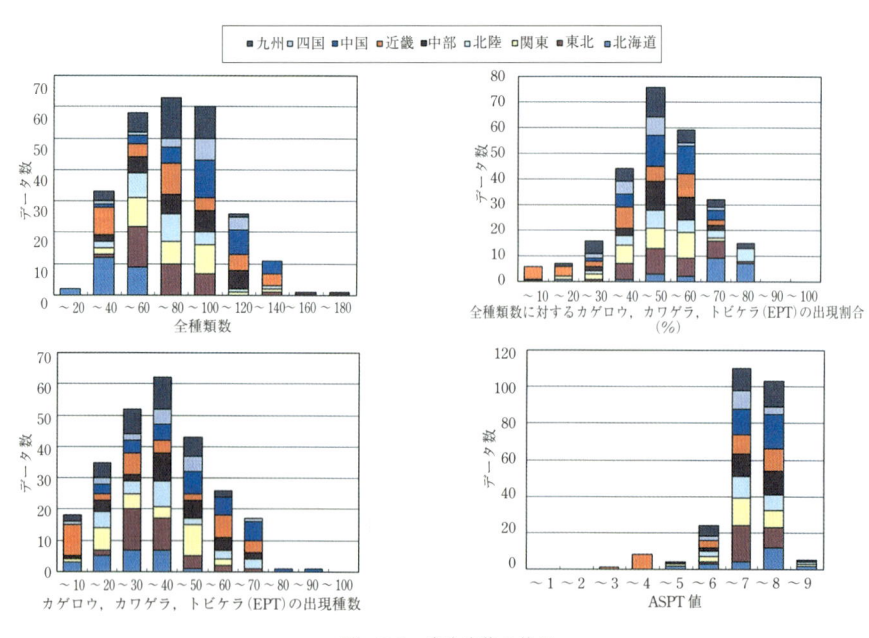

図-10.2　底生生物の状況

46種であった．一方，EPTの出現割合は，全国の中央値は48.2％であるのに対し，北海道が65.9％と最も高く，近畿が39.2％と最も低かった．

ASPT値は6.1～8.0の地点が多く，中央値は7.0となった．5.0以下の地点があるのは，北海道2地点，関東，中部各1地点，近畿9地点である．逆に8.0を超える地点があるのは北海道2地点，関東，北陸1地点である．各地方別の中央値を求めると，6.7～7.3の間にあり，大きなばらつきはないが，その中でも北海道が7.3と最も大きく，近畿が6.7と最も小さくなった．

地方別では，北海道地方が，生息している底生生物の種類数，カゲロウ，カワゲラ，トビケラの出現数とも低いが，全体に対するEPTの出現率が高く，また，ASPT値も高い値となっている．このように，北海道では，全体として確認される種類数は少なくとも，水のきれいな所に生息する種が多く，それがASPT値等に反映されているものと考えられる．一方，近畿地方では，全種類数は全国の中央値と同等の71種となったが，EPTの出現種数が北海道と同じ値となっており，ASPT値も6.7と全国で最も低く，確認されている種の多くは，比較的汚い川に生息する種が多いものと考えられる．

このように，全国のデータで比較すると確認された種類数が多いことと，その川がきれいな川であることがあまり関係しておらず，EPTの種類数，割合，ASPT値等により評価していく必要があることが示唆された．また，ASPT値の中央値で見ると，比較的きれいな川でのデータの多い北海道と，汚い川のデータも多く含まれる近畿の状況が明確に異なる値として現れており，ASPT値の指標性が高いことが伺える．

10.2.2 水質の状況

検討対象地点の水質の状況を図-10.3に示した．
BOD（75％値）は2 mg/L以下の地点が全体の約85％を占めている．中央値は1.1 mg/Lである．BOD 5 mg/L以上の地点は，関東3地点，中部1地点，近畿9地点，四国1地点である．また，その最高値は，近畿で18.7 mg/L，関東で10.5 mg/L，中部で9.5 mg/L，四国で8.5 mg/Lとなっており，近畿，関東等では，他の地域よりBODの高い地点で，生物調査が実施されていることがわかる．

T-N（年平均値）は0.6～1.4 mg/Lの範囲の地点が多く，この範囲の地点で全体の約64％を占めている．中央値は1.0 mg/Lである．T-N 4 mg/L以上の地点は関東3

10章　河川における底生生物と水質の関係

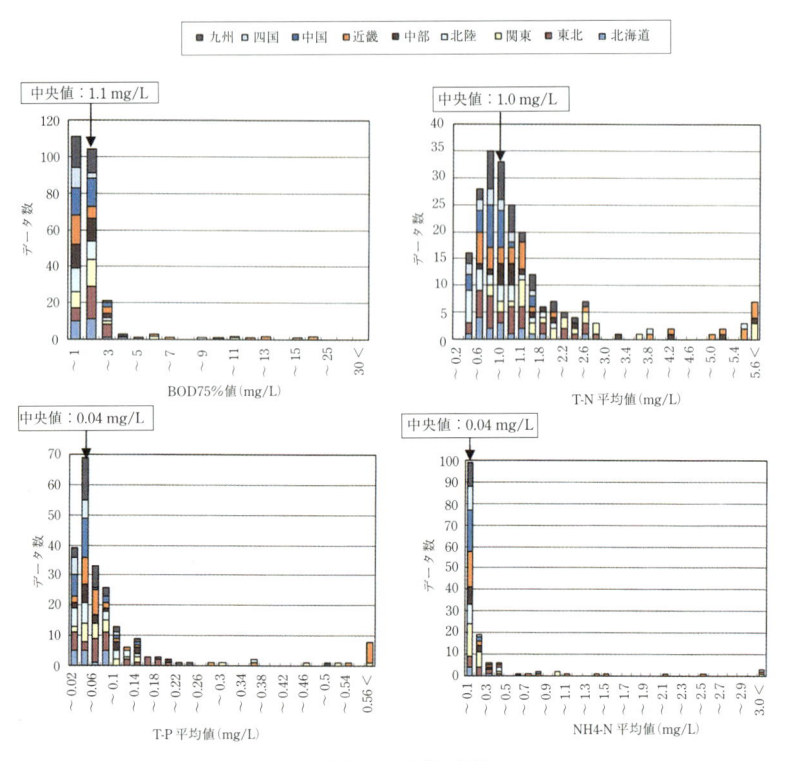

図-10.3　水質の状況

地点,中部 3 地点,近畿 8 地点,四国 1 地点である.また,その最高値は,中部で 10.7 mg/L,関東で 10.6 mg/L,近畿で 8.9 mg/L,四国で 5.4 mg/L となっている.

T-P(年平均値)は 0.02～0.04 mg/L の地点が多く,0.1 mg/L 以下で全体の約 81％を占めている.中央値は 0.04 mg/L である.T-P 0.5 mg/L 以上の地点は関東で 2 地点,中部 1 地点,近畿 8 地点である.北海道の T-P は低い地点が多く,最高でも 0.08 mg/L となっている.

NH_4-N(年平均値)は 0.2 mg/L 以下の地点で全体の約 82％を占めている.中央値は 0.04 mg/L である.NH_4-N 0.5 mg/L 以上の地点は,関東,近畿,中国,四国,九州で見られ,近畿では 5.4 mg/L,関東で 4.3 mg/L,四国で 4.0 mg/L という高い値を示している地点がある.それ以外の地方では,1.0 mg/L 以下となっている.

10.2.3 底生生物の種類と水質値

全国河川の検討対象地点におけるEPT値，ASPT値について，**図-10.4，10.5**のようにランクごとに色分けして図化すると，底生生物を用いた水質判定値の地域や河川，地点等による違いがわかる．EPT値，ASPT値とも，河川の上流域で比較的高い値を示しており，都市部のある下流域ほど低い値となっている．

また，このうち，関東地方について，BOD，COD，NH_4-Nの水質濃度によるランク分けと合わせてみてみると，**図-10.6**のようになる．EPT値，ASPT値の分布と水質濃度の分布は比較的整合しており，特にASPT値とCOD濃度の分布との整合性が高いとみられる．ただし，上流域を見ると，水質濃度によるランク分けでは，水質の相違を見ることはできないが，EPT値，ASPT値では，ランクが異なっており，水環境の相違の確認が可能である．

10.3 底生生物と水質項目との相関

底生生物には，比較的水質の良い所を好む種と，多少悪い水質でも生息が可能な種があるように，底生生物の生息は，流れの状況や河床材料等と同様に水質によっても規定されるといわれている．そこで，ここでは底生生物の生息と水質項目の関係性について検討した．検討は，底生生物の種数と水質項目の関係との散布図を作成し，近似式をあてはめその決定係数から評価する方法で行った．なお，決定係数（R^2）は，2変数の関係性を示す指標で，相関係数（R）の2乗で表し，aの変動をbで説明できる割合を示したものである．

10.3.1 近似式による検討

2つ数値の相関を検討する場合，2変数の関係は直線関係だけとは限らないため，様々な曲線をあてはめることにより，より相関性の高い関係を見出す必要がある．ここでは，底生生物の種数と水質項目の散布図の近似式について決定係数の高い関数式を用いることとした．

EPT値およびASPT値と水質項目との散布図に，直線，分数，ルート，対数，

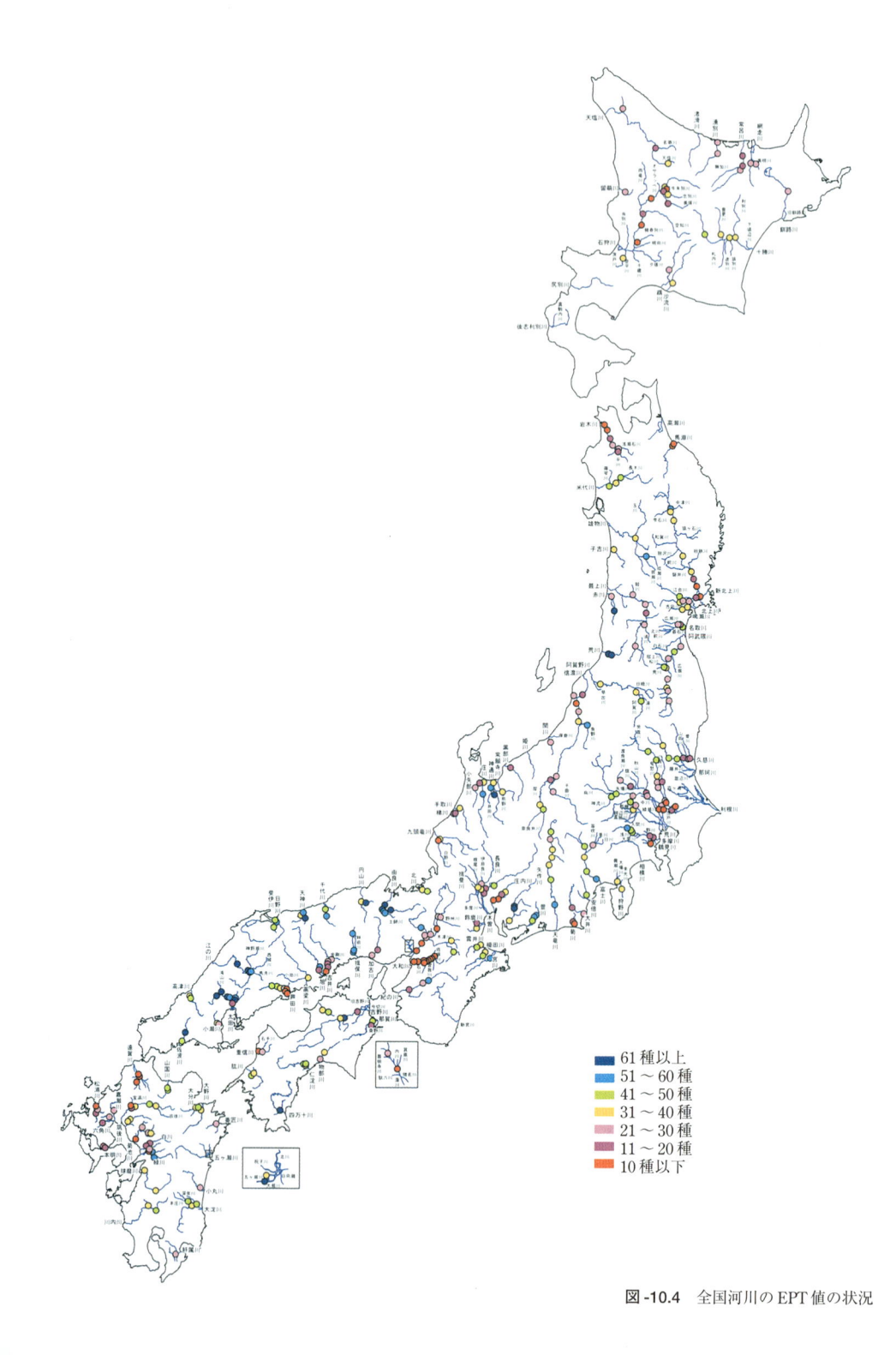

図-10.4 全国河川のEPT値の状況

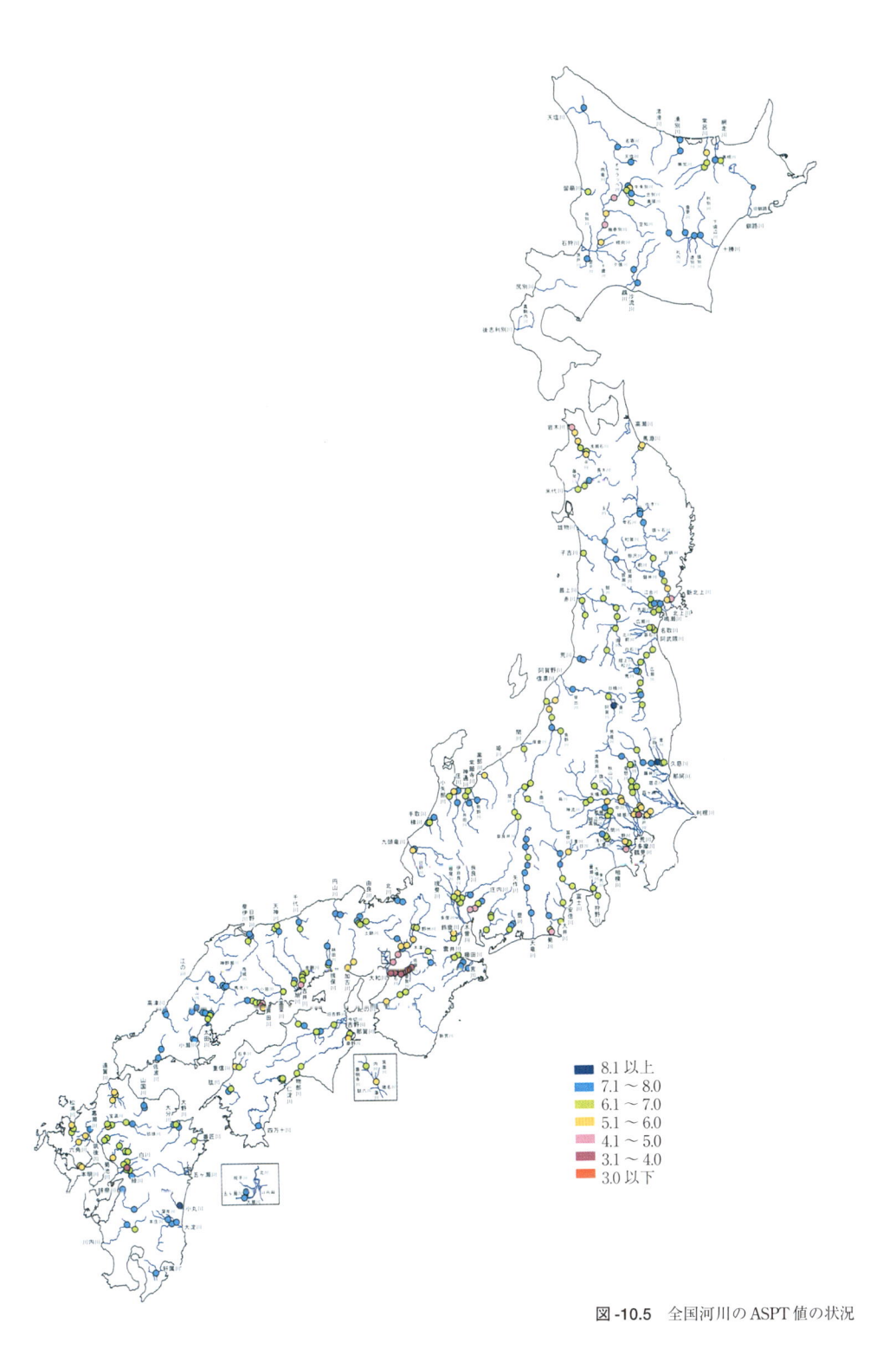

図-10.5 全国河川のASPT値の状況

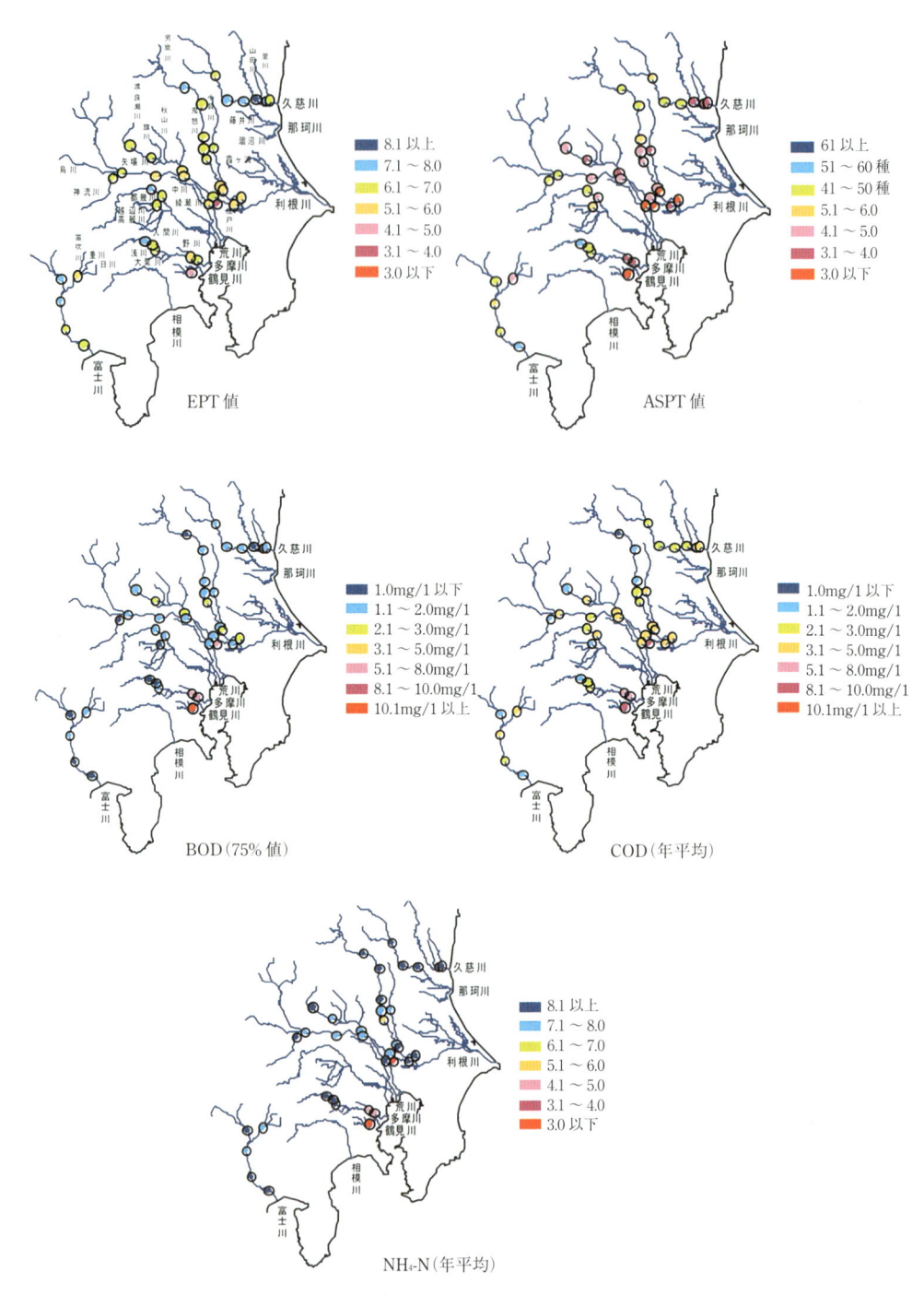

図-10.6　全国河川のASPT値（平均値）の状況

10.3 底生生物と水質項目との相関

べき乗，指数，ロジスティック，ゴンペルツの関数をあてはめると，**図-10.7** および**表-10.3，10.4** のようになった．

いずれの水質項目も，水質値の低いデータが多く，高いデータが少なくばらつきが多い傾向となっているため，全体的に，決定係数は低い値となっている．しかし，ASPT の NH_4-N を除いて，EPT 値，ASPT 値とも指数関数による近似が最も関係性が高い結果となった．

そこで，指数関数を用いて底生生物と水質項目の関係を検討した．

全国の検討対象地点の調査データから，底生生物の全種類数，EPT の出現種数，EPT の出現割合，ASPT 値と水質の BOD（75％値），COD（平均値），T-N（平均値），T-P（平均値），NH_4-N（平均値）との相関を指数関数によって近似し，その決定係数を算定した．ASPT 値と COD および T-P の関係図は**図-10.8**，各項目の決定係数は

表-10.3 EPT 値の決定係数

関数式	決定係数(R^2)				
	BOD(75%)	COD	T-N	T-P	NH_4-N
直　線	0.22	0.32	0.25	0.25	0.20
分　数	0.08	0.08	0.18	0.14	0.17
ルート	0.27	0.34	0.28	0.28	0.30
対　数	0.26	0.29	0.28	0.27	0.33
べき乗	0.46	0.45	0.23	0.21	0.26
指　数	0.54	0.64	0.39	0.54	0.37
ロジスティック	0.27	0.37	0.29	0.28	0.28
ゴンペルツ	0.26	0.36	0.28	0.27	0.25

* 網掛け部分は決定係数が最も高い項目を示す

表-10.4 ASPT 値の決定係数

関数式	決定係数(R^2)				
	BOD(75%)	COD	T-N	T-P	NH_4-N
直　線	0.40	0.62	0.44	0.61	0.40
分　数	0.06	0.15	0.21	0.18	0.19
ルート	0.37	0.58	0.46	0.59	0.56
対　数	0.29	0.46	0.40	0.48	0.53
べき乗	0.26	0.40	0.37	0.44	0.49
指　数	0.68	0.70	0.46	0.69	0.42
ロジスティック	0.40	0.62	0.44	0.59	0.37
ゴンペルツ	0.40	0.62	0.41	0.59	0.34

* 網掛け部分は決定係数が最も高い項目を示す

10 章　河川における底生生物と水質の関係

(a) EPT 値と COD の関係

(b) ASPT 値と COD の関係

図-10.7　ASPT 値と COD の関係

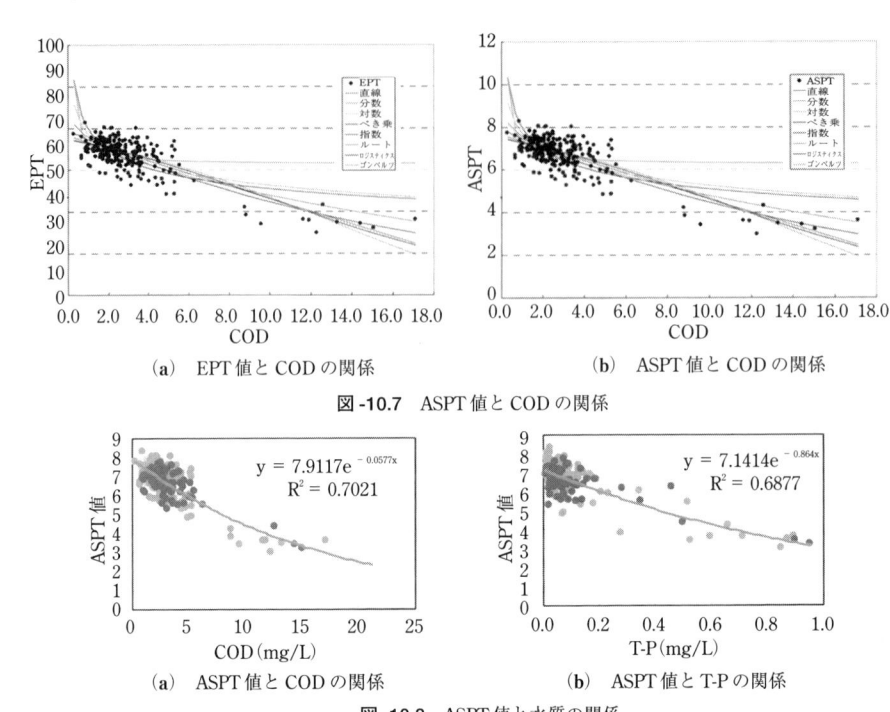

(a) ASPT 値と COD の関係
$y = 7.9117e^{-0.0577x}$
$R^2 = 0.7021$

(b) ASPT 値と T-P の関係
$y = 7.1414e^{-0.864x}$
$R^2 = 0.6877$

図-10.8　ASPT 値と水質の関係

表-10.5　底生生物の水質との相関

底生生物 評価法 水質項目	全体種類数	カゲロウ，カワゲラ，トビケラの全出現数	カゲロウ，カワゲラ，トビケラの全出現割合	スコア法（ASPT 値）
BOD（75％）	0.1601	0.5374	0.5811	0.6787
COD（平均値）	0.2596	0.6431	0.6021	0.7021
T-N（平均値）	0.1055	0.3851	0.4444	0.4606
NH₄-N（平均値）	0.1573	0.3695	0.4033	0.4196
T-P（平均値）	0.1639	0.5416	0.5986	0.6877

決定係数：　0.5 以上　　0.65 以上

表-10.5 に示すとおりである．

水質項目では，底生生物の全種類数，EPT 値，EPT 値の出現割合，ASPT 値とも，COD との相関が高く，次いで T-P，BOD の相関が高い結果となった．また，底生生物の評価方法としては，ASPT 値と水質項目との相関が最も高く，次いで EPT の出現種数および出現割合との相関が高い結果となった．

このように，底生生物の種類や種数は，BOD 等の水質との関係があるといわれているが，全国河川において算定した EPT 値，ASPT 値を用いて水質との関係を検討した結果，EPT 値と ASPT 値は，COD 等とある程度高い関係性があるといえる．

10.3.2 底生生物の生息に関わる水質

水質と EPT 値，ASPT 値の関係を散布図に示すと，同じ水質値に対して EPT 値や ASPT 値は低い値から高い値までばらついている．底生生物の生息は，水質だけがその種数を規定しているわけではなく，河床材料，水温など様々な河川特性も関係していると考えられる．

ここでは，水質以外の河川特性が良好な状態で，各水質濃度に対して，どの程度の EPT 値，ASPT 値を期待することができるかを，検討対象地点のデータから推測した．

検討は，水質濃度をランク分けし，そのランクごとの EPT 値および ASPT 値のデータの中から 95％値を算出し，算定された 95％と水質濃度ランクとの関係を近似式で表現した．ここで用いたデータは実河川での実測値であり，ある程度の誤差を含んでいると考えられることから，各水質濃度のランク内の最高の EPT 値および ASPT 値を採用せず，95％値によって検討することとした．また，水質濃度のランクは，対数で表現し $10^{0.25}$ の間隔でランク分けをした．さらに，各ランクの EPT 値 69 および ASPT 値の 95％は，各ランク内の水質データの平均値に対応するものと考えた．

以上の方法により，EPT 値および ASPT 値と水質濃度の関係を図化すると，**図-10.9** のようになる．

図によれば，EPT 値は，おおむねロジスティック曲線で表現することが可能であり，ある値を超えると，急激に EPT 値が下がっている．これは，EPT 値が水質の比較的良好な所を好む種を対象とした指標であり，それを裏づける結果となっていると考えられる．図によれば，COD が 3 mg/L 程度以下では，河川特性が底生生物にとって良好であれば，EPT 値は 70 程度を期待することができるが，約 5 mg/L を超えると 30 程度以下の期待値となるといえる．

一方，ASPT 値は，指数曲線で表現することが可能である．ASPT 値は，河川環境の状況を示す値であるが，図によれば，ASPT 値は水質値が高くなると，指数関数的に低下するとみられる．また，ASPT 値の最高の期待値は，水質が良好な場合

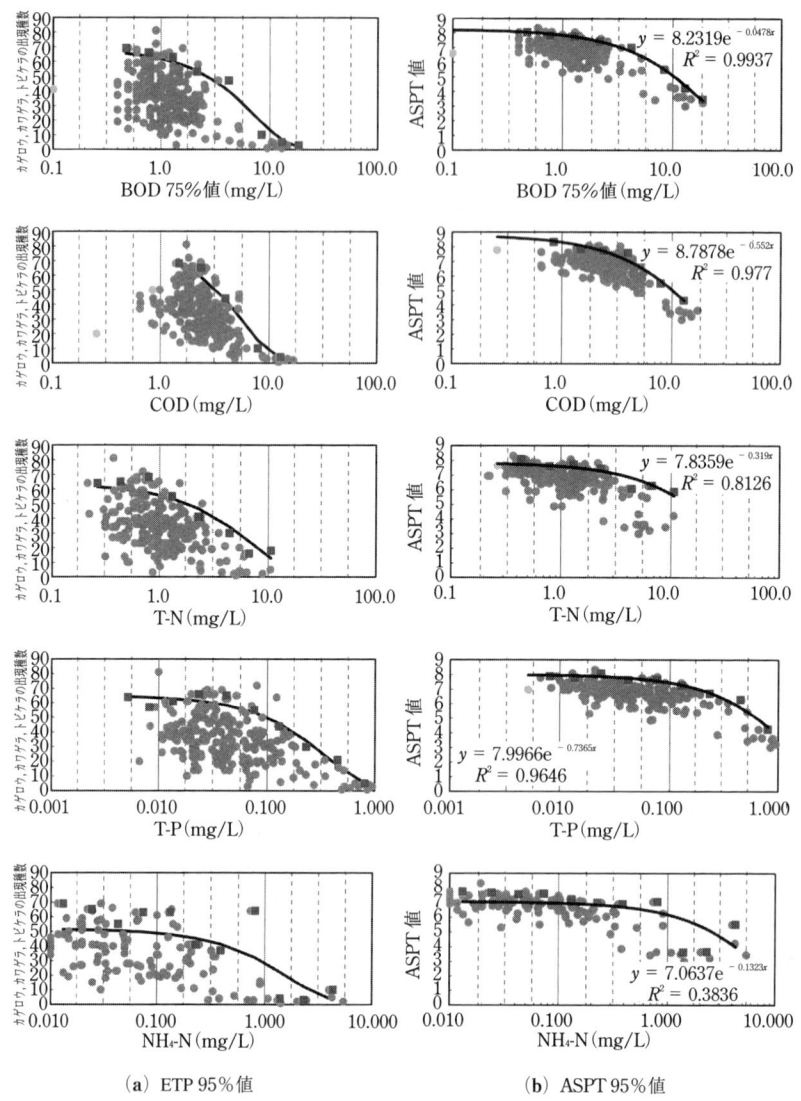

10章 河川における底生生物と水質の関係

(a) ETP 95%値

(b) ASPT 95%値

図-10.9 EPT95%値，ASPT95%値と水質濃度の関係．■：各ランクの95%値

でも 8 程度である．COD との関係で見れば，COD が 1 mg/L を超えると，ASPT 値は低下する傾向となり，COD が 10 mg/L では，河川特性が望ましい状態であっても ASPT 値が 5 程度の期待値となるということが読み取れる．NH_4-N については，

高い値でデータ数が少なく若干ばらつきが認められるが，CODが1 mg/Lまでは，ほぼASPT値が7程度の値となっている．

このような方法で，EPT値とASPT値と水質の関係を見ると，ASPT値は，水質の濃度が比較的高い所で低下する傾向を示している．一方，EPT値は，比較的低い濃度で，ある水質値より低くなると明確に増加する傾向が見られる．これらから，EPT値は比較的きれいな河川に生息する底生生物を指標とした値であり水質濃度の低い部分で敏感に反応していることから水質が低濃度の地点での指標として用いることができ，ASPT値はその特性から比較的広い水質濃度の範囲で指標として用いることができるといえると考えられる．

近年，全国河川においてはBODが改善されてきており，昭和30年代，40年代に比べて一般的に言われるきれいな川が大幅に増えているのは確かである．このように水質が改善されてきており，水環境を従来のBOD等の指標では表しきれなくなっている我が国においては，従来の水質項目のほかに，生物学的な水環境評価項目を追加し，河川の水環境を総合的に管理していくことが，今後は必要であると考えられる．

また，12章に示すように，EU各国では，底生生物以外の大型水生植物，藻類や魚類等といった水生生物を指標とした水環境の評価手法も用いられてきている．我が国においてもこれらの評価手法を十分参考にし，河川の水環境をより的確に評価する手法を見出す必要がある．

参考文献
1) 国土交通省河川局河川環境課監修，(財)リバーフロント整備センター編集：平成6年度～平成11年度 河川水辺の国勢調査年鑑　魚介類調査，底生生物調査編．
2) 環境庁水質保全局編：大型底生生物による河川水域環境評価のための調査マニュアル(案)，1992．
3) 建設省河川局編：第36回 平成7年～第40回 平成11年　水質年表．
4) 可児藤吉：渓流棲昆虫の生態，1944．
5) 東京都環境局環境評価部：水生生物調査結果報告書(昭和58　平成10年度，平成12年度，平成13年度)．

11章
停滞水域での生態系と水質の関わり

1.1 白樺湖でのバイオマニピュレーション

　日本の湖沼では，これまでバイオマニピュレーション(生態系操作)による水質改善の試みはなされてこなかった．これには，バイオマニピュレーションという水質浄化手法が広く知られていなかったことが一因と考えられる．さらに，「魚がたくさん棲めるようなきれいな湖にしましょう」といった言葉が水質浄化のキャッチフレーズとして頻繁に使われていることからわかるように，魚の存在が水質汚濁に関わっていることを人々が認識していなかったことも重要な要因であっただろう．

　そこで，筆者らは，魚の存在と湖沼の水質の間には強い関係があることを市民に理解してもらうこと，および日本の湖でバイオマニピュレーションが適応できるか否かを検証することを目的とし，水質汚濁問題を抱えている長野県白樺湖でバイオマニピュレーションを実行した．

　白樺湖は標高1416 mにあり，八ヶ岳中信高原国定公園内の霧ヶ峰と八ヶ岳の間に位置する．この湖は，1946年に農業用溜池としてつくられた湖面積36 ha，最大水深9.1 mの人造湖である．当地は風光明媚な所にあることから，その後は観光地として発展し，湖の周囲にはホテルや遊園地が建ち並ぶようになった．それに伴い湖に流入する汚濁負荷が大きくなり，1966年頃から湖の水質汚濁が目立つようになった．その結果，1980年にはアオコが大量に発生するに至った．その後，水質浄化対策が進められ，1981年から下水道の供用が開始され，湖の水質は改善された．しかし，1992年に再びアオコが見られるようになり，それ以後，水質が悪化して1996年にはアオコが大発生した．これを受け，1996年11月に地元住民，関係諸団体，行政機関が参画した「白樺湖浄化緊急対策協議会」が発足した．

　筆者らはこの協議会から相談を受け，白樺湖の水質と生態系の現状を把握するた

めに1997年より調査を開始した．その結果，湖水中の栄養塩類濃度は，全窒素が500 μg/L程度，全リンが約30 μg/Lであり，この値から考えると白樺湖はひどく富栄養化しているとは考えられなかった．植物プランクトン群集では，1年を通して珪藻のタルケイソウとホシガタケイソウが優占し，夏には藍藻のアナベナが増えた．動物プランクトンではダフニアの存在は認められず，ゾウミジンコやワムシ類（ネズミワムシ，ハネウデワムシ，カメノコウワムシ）等，小型動物プランクトンが優占していた．また，魚群集では，毎年放流されているワカサギが多く，他にモツゴ，コイ，ゲンゴロウブナ，オオクチバス，トウヨシノボリが潜水調査で多く観察された．

動物プランクトンの優占種はゾウミジンコで，この種は春に大きな個体群を作るが，夏には密度を低下させる．ところが，夏には成体が多くの卵を持っていたことから，餌不足で密度を下げたとは考えにくい．そのため，ゾウミジンコの夏の高い死亡率には捕食が原因したものと考えた．そこで，ワカサギの胃内容物の季節変化を調べたところ，ワカサギは夏に多くのゾウミジンコを食べていることがわかった．したがって，白樺湖の動物プランクトン群集に対してはワカサギをはじめとする魚が強い捕食圧をかけていたことが伺われた．このことから，この湖にダフニアが生息していなかったのは，魚による高い捕食圧が原因していたものと判断した．

以上の結果から，白樺湖でアオコが発生することには，この湖の生態系構造に一つの原因があると考えた．すなわち，プランクトン食魚が多く，ダフニアが増えられないためにアオコが発生しやすい状況にあったということである．

この考えを確かめるため，白樺湖に容量0.7 tのバッグ型隔離水界6基を設置し，湖水を水中ポンプで満たし，白樺湖の湖底泥約4 Lを入れた．この泥には動植物プランクトンの休眠胞子や耐久卵が含まれているため，バッグの中には白樺湖のプランクトン群集がつくられた．さらにそれぞれの隔離水界に栄養塩を投入し，アオコが発生しやすい条件をつくった．そして，3基の隔離水界はそのまま放置し（対照区），残りの3基には霞ヶ浦から採集した後に実験室内で継代培養してきたダフニアピュレックス（*Daphnia pulex*）を約1 400個体放流した（処理区）．その後，各隔離水界内の植物プランクトンと動物プランクトン群集の変化を観察した．その結果，対照区では植物プランクトンが急速に増え，実験開始時に5 μg/Lだったクロロフィル濃度は10日目には平均で46.7 μg/Lに達した（**図-11.1**）．一方，ダフニアを放流した処理区では，5日目にはクロロフィル濃度が10.3 μg/Lにまで上昇したが，その濃度は隔離水界内のダフニアの個体数の増加に伴って減少し，10日目には7.1 μg/Lに低下した．実験開始時には珪藻が植物プランクトン群集で優占していたが，

1.1 白樺湖でのバイオマニピュレーション

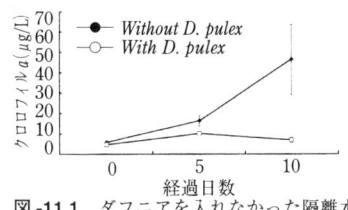

図-11.1 ダフニアを入れなかった隔離水界（●）と入れた隔離水界（○）におけるクロロフィル濃度の変化

対照区では5日目から藍藻が増え始め，10日目には肉眼で見ても藍藻の大きな群体が水面に多く浮いている様子が観察された．一方，ダフニアを入れた処理区では藍藻の出現は見られなかった．このことから，白樺湖でダフニアが増えれば藍藻の増加を抑えることができる可能性が示されたといえる．この実験の対照区では，増加した植物プランクトンによって実験開始後10日目には水が濁り，隔離水界の底が見えない状態になった．一方，処理区では底がはっきり見えるまで透明度が上がった．

これらの結果から，白樺湖ではプランクトン食魚を減らしてダフニアを増やすことができれば，水質の改善が見込まれるものと考えた．そこで，白樺湖の水質浄化にはバイオマニピュレーションが適していると判断し，このことを関係者に説明して了解を得たうえでバイオマニピュレーションに取り組んだ．この判断を下すには，次の3つの理由も重要な要因となった．①白樺湖は人造湖であるため，そこには在来の湖沼生態系はない．そのため，人為的に生態系構造を変えることに住民の抵抗感は大きくない．②白樺湖には漁業活動がない．漁業権が設定されて魚の放流がなされているが，それは漁業のためではなく，釣り客誘致が目的である．そのため，プランクトン食魚が減っても，魚食性のサケ科魚類で釣り客を誘致できれば大きな問題とはならないと考えられる．③白樺湖は高冷地にあるために水温が低く，冷水魚が生息できるものと考えられる．もしそうであるならば，魚食性の冷水魚をバイオマニピュレーションのために放流し，万一，この魚が白樺湖から逃げ出したとしても下流にある諏訪湖に分布を広げることはできないとみられる．なぜなら，諏訪湖は最大水深が約6mと浅いために冷水が保存される深水層が形成されず，20℃を超える水温を嫌う冷水魚が諏訪湖では生き残ることができないと考えられるためである．

そこで，実際にサケ科の魚食性冷水魚が白樺湖に生息できるか否かを確かめるため，エンビパイプでつくった1m×1m×1mの枠の全面を目あい4〜5mmの網で覆った生け簀をつくり，それを白樺湖に設置してその中に魚を投入した．投入した魚は，サクラマス，マスノスケ，ニジマス，カットスロートマスの稚魚である．実験では春に生け簀の中に稚魚を投入し，餌を与えず放置し，月に1度の頻度で体長と体重の変化を調べた．すなわち，試験個体は白樺湖の動物プランクトンを餌と

し(魚食魚も稚魚のうちは動物プランクトンを餌としている)白樺湖の水の中で育てられたことになる.その結果,ほとんどの魚種で水温が高くなる夏を生き抜き,体重が10～20倍に増加した.これらのことから,サケ科の魚食魚は白樺湖の水温,水質で問題なく生きていけることが明らかになった.

この結果を受け,白樺湖の関係者と協議し,バイオマニピュレーションを実行することにした.その方法は,既にこの湖で漁業権が設定されているニジマスを放流するというものである.ニジマスは繁殖の時期になると川を遡上して産卵する.白樺湖には4本の流入河川があるが,どれも水量が少なく,ニジマスの繁殖には適さない.そのため,ニジマスは白樺湖では自然繁殖はできないものと考えられる.したがって,もしバイオマニピュレーションがうまくいかなかった場合,放流をやめれば,数年後にはニジマスは白樺湖から姿を消すことになると考えられる.これもニジマスの利用を考えたひとつの理由である.

そこで,2000～2003年の4年間,毎年1回,春(4月または5月)に5 000～8 000尾の稚魚(体重1～5 g)を放流した.この稚魚は,在来型ニジマス卵を購入し,実験室で孵化させて育成させた個体である.放流に稚魚を用いたのは,人工餌を与えられて育った市販のニジマス成魚を用いるより,稚魚のうちから湖で育った個体の方が強い魚食性を持つと考えられたからである.

ただし,白樺湖でのバイオマニピュレーションには一つの懸念すべき課題があった.この湖にはダフニアが生息していないことである.ニジマスの放流でうまくプランクトン食魚を減らすことができたとしても,ダフニアが生息していなければそれを増やすことはできない.白樺湖の近くにはダフニアの生息する湖があり(例えば,八ヶ岳にある白駒池),長い期間プランクトン食魚が少ない状態が続けば,そのうちに自然にダフニアが侵入してくることが期待される.しかし,それを待っていては,それまでに「バイオマニピュレーションは失敗」という結論を与えられてしまうおそれがある.そこで,白樺湖にダフニアも放流することとし,2000年にカブトミジンコ(最大体長約2 mm)を放流した.このミジンコ種は,日本の多くの湖で一般的に見られるもので,放流した個体は霞ヶ浦から単離され実験室内で培養されてきたものである.

白樺湖のワカサギは2002年夏までは投網で採集されていたが,その後は全く採れなくなった.これとほぼ期を同じくして,2002年秋(9～10月)に多くのカブトミジンコが湖に現れ始めた(図-11.2).その時の最大個体群密度は約80×10^3個体/m^2であった.2003,2004年になると,ダフニアの出現期間は5～11月とより長

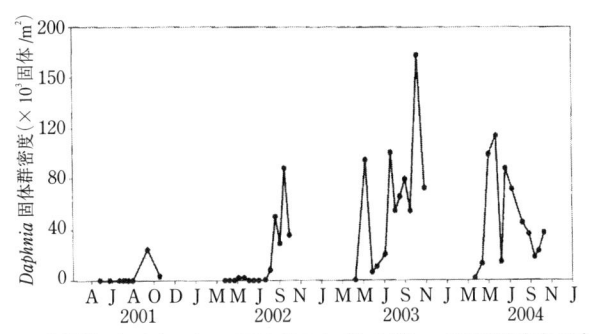

図-11.2 白樺湖における2001〜2004年のカブトミジンコの個体群密度の季節変化

くなり，出現個体数もさらに増えて $100 \sim 180 \times 10^3$ 個体/m² の最大密度を達成するに至った．

 このことから，白樺湖の動物プランクトン群集はワカサギを中心とするプランクトン食魚の捕食影響を強く受けており，そのためにダフニアが生息できなかったことが明らかにされたといえよう．

 ダフニアが増えると，それが動物プランクトン群集構造に影響を与えるようになった．すなわち，それまで湖で優占していたゾウミジンコ（体長 < 0.5 mm）やオナガミジンコ（体長 < 1 mm）等の小型ミジンコ，そして体長が 0.1 mm 以下のカメノコウワムシやハネウデワムシ等のワムシ類がダフニアの増加に伴って個体数を減らしたのである（図-11.3）．これは，ダフニアと小型動物プランクトン種の間には餌を介した競争関係があり，競争に強いダフニアが増えたことで小型動物プランクトンが餌不足となって密度を減らしたと理解できる．白樺湖では，ワカサギが減ることによって動物プランクトン群集が小型種優占からダフニアの優占に変わったことになる．これと同じ動物プランクトン群集構造の変化は，魚の密度が大きく低下した湖でよく観察されている[1,2]．

 さらに，白樺湖ではダフニアの増加に伴い湖の透明度が上昇した．1997年に調査を開始して以来，透明度はおよそ 2 m であった（図-11.4）．ところが，2003年9月にダフニアが増えると透明度は 354 cm に達し，翌 2004 年 7 月には 458 cm と，これまでの透明度の新記録を樹立した．これは植物プランクトン量が減少したのが原因である．白樺湖で行われたバイオマニピュレーションは，ワカサギを減らし，期待したようなプランクトン群集の変化が起き，そしてやはり期待どおりの透明度の上昇が観察された．したがって，この試みは一定の成果をあげたということがで

11章　停滞水域での生態系と水質の関わり

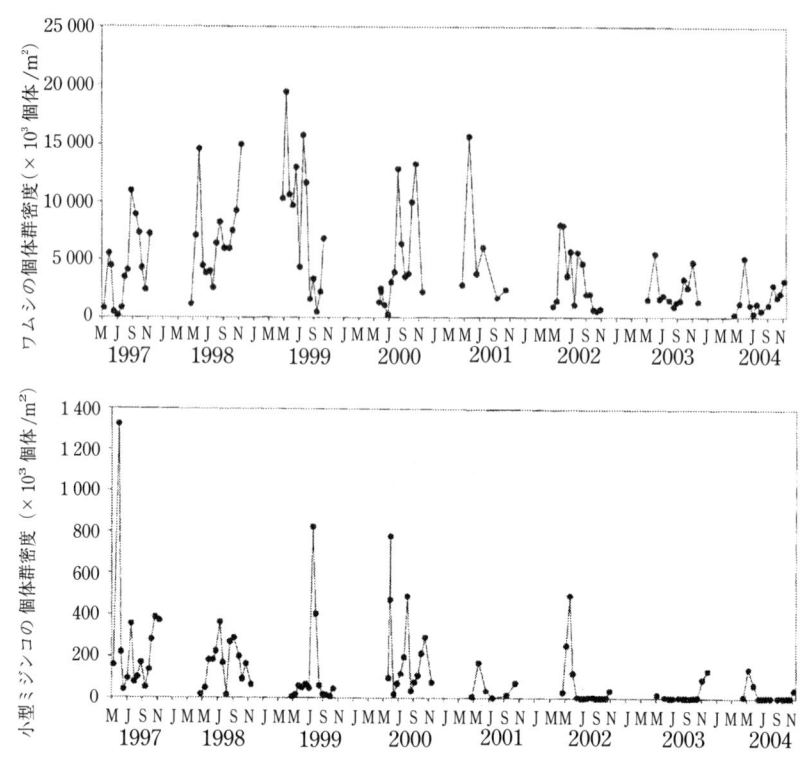

図-11.3　白樺湖における1997～2004年のワムシ類（上）とダフニアを除いたミジンコ類（小型ミジンコ類）（下）の固体群密度の変化

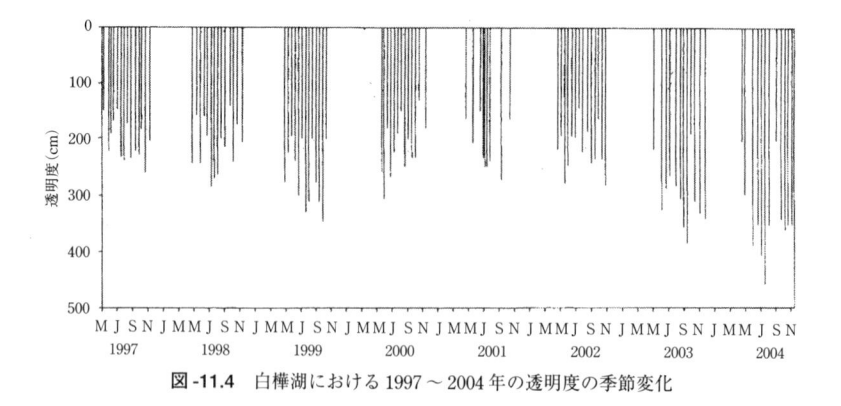

図-11.4　白樺湖における1997～2004年の透明度の季節変化

212

きるだろう．そして，停滞水域の水質には魚が生き物達の食う-食われる関係を介して大きな影響を与えることを，実際の湖で示したことになる．

なお，白樺湖でのバイオマニピュレーションは，信州大学理学部の戸田任重氏と朴虎東氏，帝京科学大学バイオサイエンス学科の実吉峯郎氏，長野県環境保全研究所の北野聡氏の協力によって行われてきたことを記しておく．

11.2　お堀でのバイオマニピュレーション

停滞水域の水質汚濁を助長するのは，ダフニアを食い尽くしてしまうプランクトン食魚だけでなく，コイやフナ等の底生魚も大きな役割を果たしていると考えられている．底生魚は底泥に生息する生物（イトミミズやユスリカ幼虫等）を食べるために泥をかき回し，排泄物を水中に放出することによって底泥中にあった栄養塩を水中に回帰させると考えられるからである．筆者らは底生魚によるこの働きを評価するために，長野県諏訪市にある高島城址公園のお堀を用いて実験を行った．

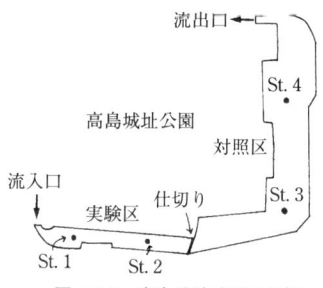

図-11.5　高島城址公園のお堀

高島城址公園のお堀の表面積は3 600 m²，容量3 120 トン，平均水深約90 cmである（**図-11.5**）．城址公園内には池があり，そこに近くの川から汲み上げた水を常時流し込んでいる．そして，池からあふれた水が導水管を通って流水口から10 L/s の流速でお堀に流れ込み，反対にある流出口から流れ出るようになっている．

実験ではお堀を2つに仕切って実験区と対照区とし，実験区の魚を除去してダフニアを放流することを計画した．

それぞれの区に2箇所ずつ調査地点を設け，2000年4月27日に水質とプランクトン群集の調査を始めた．

流入口からの流入量が10 L/s だと，実験区での水の滞留時間は約0.5日になる．これだと滞留時間が短すぎてダフニアを放流してもダフニアは増殖することができない．そこで，5月27日に流入口に貯水ますを取り付け，大半の水をますに開けた直径14.5 cmの穴に取りつけたホースを用いて対照区に流すようにした．ますにはこのほかにコックをつけた直径5.3 cmの穴があり，これにより実験区への流入

量を調節した．この結果，実験区での水の滞留時間を4.5日とした．7月26日にはさらに流量を減らし，滞留時間を9.5日になるようにした．しかし，実験を理解しない市民により無断で，また頻繁に流量調節コックが動かされたため，正確な流量値はわからない．

　実験区の魚の除去は，曳き網や定置網，そしてびんどうを用いて行った．曳き網による除去は6月15日と7月26日の2回行った．一方，定置網は6月15日から9月30日まで設置し，その間2回捕獲された魚の除去を行った．また，びんどうは6月15日に実験区に24個設置し，10月中旬まで週に1〜2回の頻度で捕獲された魚を除去した．除去された魚は，コイ，フナ，モツゴ，タイリクバラタナゴ，モロコ，ヨシノボリ等であった．この中で特に多かったのはモツゴであったが，堀には体長20〜30 cmを超えるコイが群をなして泳いでいる姿が見られ，少なくとも数百個体のコイがお堀に生息していたことは確認されている．6月15日の除去作業で多くのモツゴが捕獲されたが，その後，壁面に産みつけられていた卵から仔魚が孵化し，実験区内で再びモツゴ増えた．そこで，7月26日に2回目の曳き網による除去作業を行った．これにより，実験区では，すべての魚を除去することはできなかったが，対照区に比べて顕著に魚の現存量を下げることはできた．

　実験区へのダフニアの放流は6月15日，7月5日，7月13日，8月1日に行われた．ダフニアピュレックスとカブトミジンコで，1回に1 000〜3 000個体が放流された．しかし，結果として，お堀ではダフニアの生息は確認できなかった．これは，除去しきれずに残った魚がまだ多く，それらによってダフニアが食い尽くされてしまったものと思われる．2000年の調査は10月に終了させたが，実験区と対照区はそのまま維持し，2002年10月まで約3年間にわたって実験を続けた．その間，2001，2002年の4月に曳き網による魚除去作業を行い，その後は定置網とびんどうを用いて魚の除去を行った．

　お堀は浅いために透明度が測れず，手作りの透視度計を使い透視度を測定した．実験開始時(2000年4月)には透視度はどの調査地点も変わらず25〜30 cmあったが，次第に低下して魚の除去作業を行う時には10 cmを下回るまでに低下した(図-11.6)．実験区では魚除去を行った直後に透視度は25 cm程度にまで上昇したが，すぐにまた5 cm程度にまで低下し，対照区と変わらなくなった．これは除去作業の後に魚が回復したことが大きかったと考えられる．7月26日に2回目の魚除去を行ったところ，再び実験区の透視度が上昇し，その後は10月下旬まで実験区の透視度は対照区に比べ高い値が続いた．その後，実験を終了させた2002年まで，こ

1.1 白樺湖でのバイオマニピュレーション

の実験区の透視度は対照区の約3倍高い値が維持された．そして，実験区ではそれまで全く見えなかった堀の底が見えるようになった．

2001年には対照区と実験区で栄養塩濃度を測り比較した．図-11.7に各調査地点における年間の平均濃度を示す．これを見ると，実験区では流入水によって供給されるリン酸態リン量が多く，それが実験区内のSt.1からSt.2に流下するに従って低下したことがわかる．これは堀に存在した植物プランクトンによってリン酸態リンが吸収されたためと考えられる．リン酸態リン濃度は，対照区に入るとさらに低くなった．対照区ではクロロフィル濃度が実験区よりも高くなったことから，リン酸リンは植物プランクトンによって吸収され，植物プランクトンの増殖に貢献したと考えられる．一方，全リン濃度は実験区では水の流下に伴って低下した．これは，植物プランクトンの沈降によって水中のリンが底泥に移動したことが大きな原因であるとみられる．これとは対照的に，下流にある対照区では流下に伴って全リン濃度が上昇

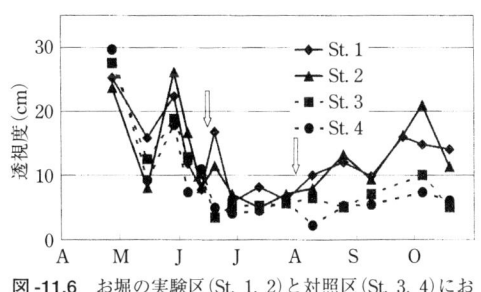

図-11.6 お堀の実験区(St.1, 2)と対照区(St.3, 4)における透視度の季節変化(2000年)

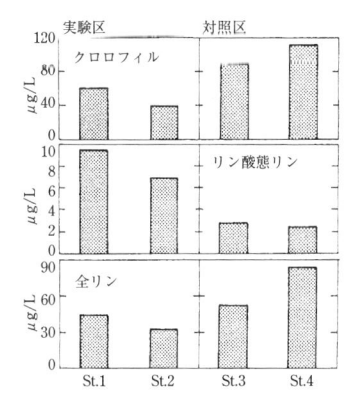

図-11.7 お掘の実験区(St.1,2)と対照区(St.3,4)における2001年のクロロフィル濃度，リン酸態リン濃度，および全リン濃度の年間平均値

した．この堀の水は実験区側から対照区へと流れているので，対照区での全リン濃度の上昇は，水の流れに伴って実験区から供給されたリンでは説明できない．対照区の中でどこかからリンの供給があったことになる．そして，その供給源としては底泥しか考えられない．堀にはコイやフナ等の底生魚が多く生息していた．これらの魚は，底泥中のイトミミズやユスリカ等の動物を好んで食べている．そして，水中に糞をすることで水中にリンや窒素といった栄養塩を放出することが知られている．そのため，お堀ではこれらの底生魚が捕食活動によって底泥中の栄養塩を水中に回帰させており，それが水質汚濁の原因になっていたと考えられる．したがって，

実験区で魚を除去しただけで水質改善が進んだのは，コイやフナを減らしたことによって底泥からの栄養塩回帰を抑えたことが大きな理由であっただろう．

これまで停滞水域の水質汚濁問題の対策を検討するため，その水域への集水域からの栄養塩の流入量(外部負荷量)と湖底からの栄養塩の溶出量(内部負荷量)が推定されてきた．ところが，内部負荷量の推定では，多くの場合，底泥をコアで採取し，実験室内で溶存酸素濃度を変えて栄養塩の溶出速度を測定している．当然のこと，このコアには魚は入れられていない．すなわち，底生魚による底泥からの栄養塩の溶出量は全く評価されていないのである．Brabrandら[3]は，ノルウェーの湖で底生魚roachによる底泥からのリンの溶出量を推定し，その湖への外部負荷量と比較した．そして，夏には底生魚による内部負荷量は外部負荷量の2倍に達するという結果を得た．また，DrennerとHambright[4]は，様々な湖沼で行われたバイオマニピュレーションの結果を整理しているが，その中で，バイオマニピュレーションが最も成功した湖沼は，コイ等の底生魚が多かった所で，その魚を減らすことができたことが成功に結びついたと述べている．

富栄養化問題を抱えている湖沼の多くは浅い湖であり，そこには湖底に多くの生物が生息し，それが底生魚の餌として利用されている．したがって，浅い湖ほど底生魚による底泥からの栄養塩の回帰量が多いと考えられる．この回帰量の推定は今後の重要な課題である．

11.3 水質浄化に伴う生態系の変化

上記のことは，停滞水域において魚群集が変わると，すなわち生態系構造が変わると，水質が変わる可能性を指摘している．一方，それとは逆に，水質が浄化されれば，それが生態系構造を変えることになると考えられる．停滞水域の富栄養化は，アオコの発生を促した．これは藍藻等の限られた植物プランクトン種の大量発生をうながし，沿岸植生を衰退させ，生態系を大きく変えた．現在では多くの水域で水質浄化のための取組みがなされているが，それにより水質が浄化されれば単にアオコが減るだけでなく，それに伴って様々な生物群集が変化するものと思われる．実際，最近になって顕著に水質浄化が進み始めた諏訪湖で，生態系の大きな変化が起き始めている[5]．ここでは，水質浄化が生態系に及ぼす影響について，諏訪湖で起きている現象を解析しながら考察する．

11.3 水質浄化に伴う生態系の変化

　日本の多くの停滞水域では，1960年代，1970年代に富栄養化が著しく進んでアオコが発生するようになり，水質汚濁が大きな環境問題となった．アオコは，異常発生したミクロキスティスやアナベナ等の藍藻が湖面に浮かび，緑色のペイントを流したように見える現象である．諏訪湖も例外ではなく，アオコの発生に悩まされてきた．また，毎年4～10月にかけて大発生するユスリカ成虫は，湖の近くにある家の建物や洗濯物を汚すことで迷惑害虫となっていた．藍藻やユスリカは諏訪湖の生態系の構成員であることから，これは，人間が大量の栄養塩を湖に流し込んで水質を変え，生態系を大きく変化させた結果である．つまり，水質が変化すると，生態系が変わるのである．

　このような湖の多くでは，水質汚濁対策として下水処理システムを普及させ，湖への栄養塩負荷量を減らす努力がなされている．諏訪湖では1979年に下水処理場の供用が開始され，その後，下水道の普及に努め，2004年には普及率が94％を超えるまでになった．また，諏訪湖の下水システムは，処理場からの排水が流出河川の入り口の近くで放出されており，ほとんどすべての処理排水が諏訪湖にとどまることがなく系外に排出されるという特徴がある．おそらくそれが効を奏したものと考えられるが，湖水中のリン濃度は着実に低下し，1999年になって突然アオコの発生が大きく減少した．その後もアオコの少ない状態が続き，目に見えて水質浄化が進み始めた．

　ところが，水質浄化に伴う諏訪湖生態系の変化はアオコの減少だけではなかった．まず，アオコの減少に伴い透明度が上昇した．それまで夏(7～9月)の平均透明度はおよそ70 cmの状態が続いていたが，1999年に100 cmに達し，その後はその値が維持されている(**図-11.8**)．透明度の上昇は沿岸域の湖底に光を届かせ，水草の生長を促した．その結果，浮葉植物のヒシの大群落が出現し，エビモ等の沈水植物も分布を広げ，現存量が増加していることがわかった[8]．

　興味深いことに，1999年を境に大きく変わった生物群はアオコと水草だけでなく，幼虫が湖底に生息しているオオユスリカとアカムシユスリカもこの年を境に現存量を大きく減らしたのである．これらのユスリカは迷惑害虫になっていたので，防除対策の検討の

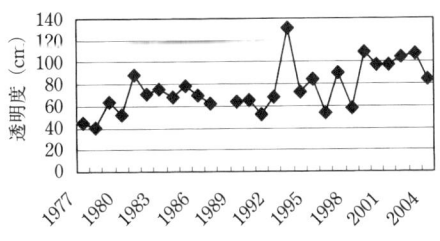

図-11.8 諏訪湖における1977～2004年の夏(7～9月)の平均透明度［文献6，7)より作図］

ために数年に1度の頻度で諏訪湖全域における幼虫の分布が調査されてきた．アカムシユスリカ幼虫の密度は，1985～1986年には数千個体/m^2に達していた[9,10]が，1991年には数百個体/m^2になり，2001年には数十個体/m^2程度にまで低下した[11]，一方，オオユスリカ幼虫は，1986～1991年には数百個体/m^2の密度であった[10,12]ものが，2001年の調査では多くの採集地点で全く採れないという状況になった[11]．これにより，1999年以前には毎年羽化期には迷惑害虫として嫌われてきたユスリカが，それ以後には人々の話題にのぼることがほとんどなくなった．

　湖底に生息するユスリカ幼虫は，水中から湖底に沈降してくる植物プランクトンを主な餌としていることから，水質浄化の進行に伴って減少した植物プランクトンの沈降量の減少が，ユスリカの現存量の低下につながった一つの要因と考えられるだろう．

　植物プランクトンは，停滞水域の最も重要な一次生産者であり，その生産が水域内のほとんどの動物の生産を支えている．したがって，水質浄化の進行によって植物プランクトンの生産量が減ると，多くの動物が減ることになる．これは魚も例外ではない．諏訪湖では戦後になって富栄養化が進んだが，それと同時に漁獲量が増えた[13]．そして，漁獲量が最大となったのは，湖の水質汚濁が最もひどかった1960～1970年代であった．ところが，諏訪湖に下水処理場がつくられ，浄化対策が進められるようになると，漁獲量が減り始めた．漁獲量は，漁法，対象魚種，漁業従事者人口等の影響を受けて変化するので，単純には魚の現存量を反映しないが，およその指標として利用することができる．したがって，近年では魚の現存量が減る傾向にあると考えられる．

　このように様々な生物グループがアオコが減った1999年から大きく変化したが，その中で動物プランクトンの変化は明瞭ではない．1996年から2003年にわたって諏訪湖の動物プランクトン群集の種組成と現存量の変動を調べたところ，種組成と全ミジンコ種の密度，および全ワムシ種の密度には目立った変化は観察されなかった．ところがよく調べてみると，ワムシ類のツボワムシとコシブトカメノコウワムシが2000年から現存量を減らしている様子が見られた（**図-11.9**）．一方で，大型の捕食性ミジンコ，ノロ（体長は最大10 mm）がほぼそれと期を同じくして密度を上げている様子が認められた．なぜこれらの種の個体群密度が変化したのか，その理由は明白ではない．ただし，ノロが増えたことには魚の減少に伴った捕食圧の低下が関わった可能性が考えられる．

　水質の浄化は生態系を攪乱させることであり，それによって生態系が大きく変わる

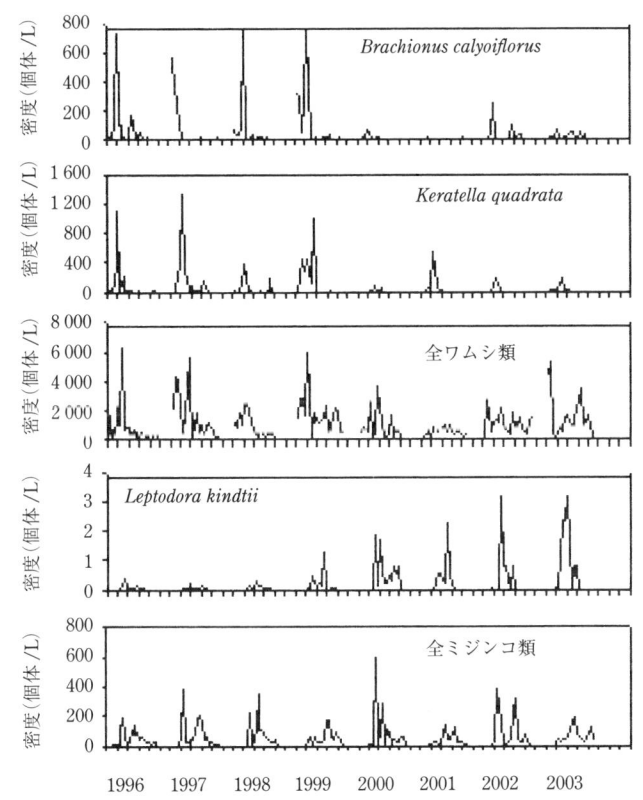

図-11.9 諏訪湖における1996～2003年ののツボワムシ（*Brachionus calyciflorus*）とコシブトカメノコウワムシ（*Keratella quadrata*），全ワムシ類，ノロ（*Leptodora kindtii*），および全ミジンコ類の密度の変化

ことになるが，その変化の過程はまだ明確ではない．今後の重要な研究課題であろう．

11.4　有害化学物質汚染が生態系に及ぼす間接影響

　水域が抱えている水質問題は水質汚濁（有機汚濁）だけではなく，有害化学物質による汚染も問題になっている．現在では，人類は実に様々な人工の化学物質をつくり出し，それを意図的，非意図的に環境中に放出している．環境中に出た化学物質の多くは，雨によって洗い流されて最終的に水系に入る．また，その化学物質の少

なからぬものは生物に対して毒性を持っているため，水域の生態系は，この汚染物質の影響を受けていると考えられる．そこで，その影響を評価することが重要な課題となった．ところがその評価では，一般的には，生態系の中のどの生物が汚染化学物質に弱いのか，どの程度の濃度で化学物質の毒性影響を受けるのか，について考えることが多い[14]．しかし，生態系に与えられる化学物質の毒性影響はこれほど単純ではなく，大変複雑である．なぜなら，生態系内のすべての生物は，競争関係や食う-食われる関係等の生物間相互作用を介して複雑な関わりを持って生態系を維持している．そのため，一部の感受性の高い生物種が汚染化学物質の毒性影響を受けて個体群を変化させると，その変化は，その生物種と関わりを持っていた他の生物種個体群に影響を与えることになり，ひいては生態系全体が変化することになると考えられるからである[15]．このような生物間相互作用を介した影響を化学物質の間接影響と呼んでいる．この間接影響を理解することが有害化学物質の生態系影響評価を行ううえで重要な課題となる．ここでは，水槽を用いてプランクトン群集に及ぼす殺虫剤影響を実験的に解析した結果[16]を報告し，考察する．

実験は温度を一定（20℃）に制御している室内で，20Lの水槽を用いたメソコスム実験を行った．12基の水槽を用意し，そこに諏訪湖の底泥を入れて動物プランクトン群集をつくらせた．6基の水槽には捕食者アサガオケンミジンコを各水槽40個体投入した（高捕食者水槽）．捕食者を入れない水槽でもケンミジンコは泥の中の耐久卵から孵化し，1〜3個体/L程度の密度で出現した．これは，2〜8個体/Lの密度となった高捕食者水槽よりも明らかに低かった．そこで，捕食者を投入しなかった水槽を低捕食者水槽とした．そして，それぞれの水槽の半分，3基ずつに殺虫剤カルバリルを0.5 mg/Lになるように投与し（処理区），残りの水槽にはカルバリルを投与しなかった（対照区）．すなわち，12基の水槽は3つの繰返しを持つ4つの処理区，低捕食者/対照区，低捕食者/処理区，高捕食者/対照区，高捕食者/処理区に分けられたことになる．

動物プランクトン群集は，小型ミジンコとワムシ類によって占められた．カルバリル投与はほとんどのミジンコを死滅させた．低捕食者水槽では，カルバリルが投与されないとミジンコが優占したが，高捕食者水槽では，ミジンコ個体群は，カルバリルが投与されなくてもケンミジンコの捕食によって増殖が強く抑えられていた．

多くのワムシ類は，低捕食者/対照区では，優占しているミジンコとの餌競争に敗れて数を増やすことができなかった（**図-11.10**．左カラム白丸）．しかし，ここにカルバリルが投与されると，競争者であるミジンコが減ったために大きく個体数を

11.4 有害化学物質汚染が生態系に及ぼす間接影響

増した(図-11.10. 左カラム黒丸). ところが, 高捕食者水槽では, カルバリルを投与した方がワムシの密度が低下した(図-11.10. 右カラム). これは, ケンミジンコがカルバリルに強く, カルバリルの投与の有無の関わらず比較的高い密度を維持した結果, ワムシ類にカルバリルの毒性影響とケンミジンコによる捕食影響が同時にワムシ個体群に及び, その増殖を強く抑えたためと考えられる.

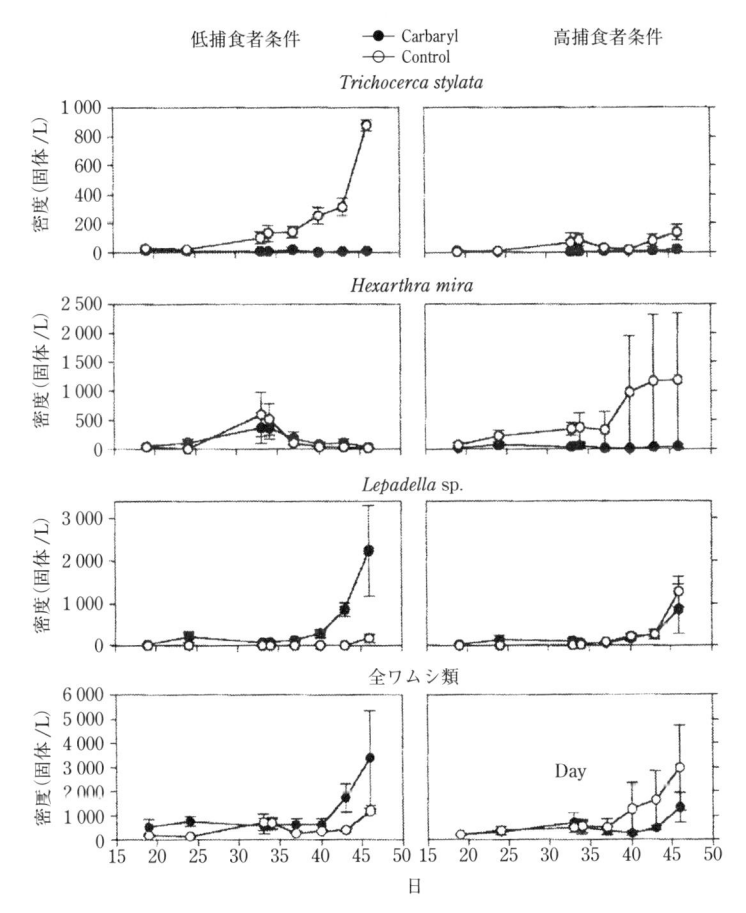

図-11.10 低捕食者条件(左)と高捕食者条件(右)においてカルバリルを投与しなかったタンク(○)と投与したタンク(●)におけるワムシ類〔ネズミワムシ(*Trichocerca*), ミジンコワムシ(*Hexarthra*), ウサギワムシ(*Lepadella*), 全ワムシ類(Total rotifers)〕の密度の変化(平均値±標準誤差) 〔文献 18)より〕

このことから，ワムシ類は，殺虫剤の直接影響を受けるだけでなく，競争者のミジンコの影響や捕食者のケンミジンコの影響を受け，複雑に個体群を変化させたことが理解できる．

生物群集・生態系への有害化学物質の影響を評価するためには，このような生物間相互作用と有害化学物質影響の複合的な影響を考慮する必要があることがこの実験によって示された．

参考文献

1) Jeppesen, E., Sondergaard, M., Mortensen, E., Kristensen, P., Riemann, B., Jensen, H.J., Nuller, J.P., Sortkjaer, O., Jensen, J.P., Christoffer- sen, K., Bosselmann, S. and Dall, E.： Fish manipulation as a lake restoration tool in shallow, eutrophic temperate lakes 1 ： cross- analysis of three Danish case-studies, *Hydrobiologia*, 200/201, pp.205-218, 1990.
2) Shapiro, J. and Wright, D.I.： Lake restoration by biomanipulation ： Round Lake, Minnesota, the first two years, *Freshwater Biology*, 14, pp.371-383, 1984.
3) Brabrand, A., Faafeng, B.A. and Nilssen, J.P.M.： Relative importance of phosphorus supply to phytoplankton production ： fish excretion versus external loading, *Canadian Journal of Fishcries and Apuatic Sciences*, 47, pp.364-372, 1990.
4) Drenner, R.W. and Hambricht, K.D.： Review ： Biomanipulation of fish assemblages as a lake restoration technique, *Archiv für Hydrobiologic*, 146, pp.129-165, 1999.
5) 沖野外輝夫，花里孝幸（編）：アオコが消えた諏訪湖—人と生き物のドラマ，信濃毎日新聞社，p.319, 2005.
6) 沖野外輝夫，花里孝幸：諏訪湖定期調査： 20 年間の結果，諏訪臨湖実験所報告，10，pp.7-249, 1997.
7) 花里孝幸，小河原誠，宮原裕一：諏訪湖定期調査(1997 〜 2001)の結果，山地水環境教育研究センター研究報告，1，pp.109-174，2003.
8) 武居薫：諏訪湖における沈水植物エビモ（*Potamogeton crispus* L.）分布の変遷，長野県水産試験場研究報告，6，pp.8-13，2001.
9) 平林公男：諏訪地域における"迷惑害虫"ユスリカの大発生とその防除対策，第 1 報：アカムシユスリカ（*Tokunagayusurika akamusi*）成虫の大量飛来，日本衛生学雑誌，46，pp.652-661，1991.
10) 平林公男，安田香，那須裕，鉢本完：水質指標としてのユスリカ（Ⅰ），日本衛生学雑誌，42，p.182, 1987.
11) Hirabayashi, K., Hanazato, T. and Nakamoto, N.： Population dynamics of *Propsilocerus akamusi* and *Chironomus plumosus*（Diptera ： Chironomidae）in Lake Suwa in relation to changes in the lake's environment, *Hydrobiologia*, 506-509, pp.381-388, 2003.
12) 近藤繁生，平林公男，岩熊敏夫，上野隆平（共編）：ユスリカの世界，培風館，p.306，2001.
13) 山本雅道，沖野外輝夫：諏訪湖の魚類群集：漁獲統計からみた変遷，陸水学雑誌，62，pp.249-259, 2001.
14) 若林明子：化学物質と生態毒性，社団法人産業環境管理協会，p.486, 2000.
15) Hanazato, T.： Pesticide effects on freshwater zooplankton ： an ecological perspective, *Environmental Pollution*, 112, pp.1-10, 2001.
16) Chang, K.-H., Sakamoto, M. and Hanazato, T.： Impact of pesticide application on zooplankton communities with different densities of invertebrate predators ： An experimental analysis using small-scale mesocosms, *Apuatic Toxicology*, 72, pp.373-382, 2005.

12章
EUにおける河川の水環境評価の手法

　我が国の河川の水環境等に関する調査は，BOD，COD，DO等の水質に関する調査や，水辺の国勢調査として河川内の動植物の調査が実施されている．

　我が国における河川の水環境評価の代表的なものは，『生活環境の保全に関する環境基準』による評価であり，各河川ごとに目標とするランクを設定し，そのランクごとのpH，BOD，DO，SS，大腸菌群数の基準値と，現時点の水質と対比し評価を行っている．そのほか，水質汚濁，水道法や水産用水等の基準値を満たしているかどうかにより評価を行っているが，基本的には，それぞれの使用目的，水質汚濁に対する規制等，水質を管理するための基準値を設定しているものである．

　また，動植物については，河川を"環境"という観点から捉えた基礎情報の収集整備を目的として「河川水辺の国勢調査」が実施されているが，これらの情報は，研究レベル以外では水環境の評価として使用されてはいないのが現状である．

　しかし，近年，我が国の水質は向上し，BODのみでは評価しきれない河川水質の評価を行い，河川水質のレベルを向上させるという目的から，平成17年3月に『今後の河川水質管理の指標について（案）』が国土交通省河川局河川環境課より提示され，人と河川の豊かなふれあいの確保，豊かな生態系の確保，利用しやすい水質の確保の観点から，それぞれ新規の水質項目のランクにより評価していくという方法が示された．

　一方，EU諸国では，古くから底生動物と水環境の関係に関する研究が行われており，その研究に基づき，底生動物を用いた水環境の評価が実施されている．底生動物は，河川の形状，水質，底質等の複合的な要因によって，生息する種が変わる．底生動物によって水環境を評価することで，これら河川の水環境全体の状況を評価することが可能である．

　EUでは，2000年に新たな『水枠組み指令』(WFD)を発効し，2015年までにすべての水域の水環境を良い状態にもっていくという統一的な目標を設定している．ま

12章　EUにおける河川の水環境評価の手法

た，これに伴い各国独自でつくられた評価手法をもとにした統一的な水環境の評価手法の検討として，AQEMやSTARプロジェクトが実行されてきている．

このように，我が国では主に水質項目を基準として水環境が評価されてきたが，新たな河川水質の評価指標も提案される中で，今後の評価方法の参考として，EUにおける，生物指標による水環境の評価や，統一的な河川の水環境評価手法である，AQEMおよびSTARを紹介する．

12.1　WFD

WFD(Water Framework Directive：水枠組み指令)は，それまでに出されていた自然水域(河川，湖沼，地下水，沿岸域)に関わる指令を包括する形で，新たに2000年12月に発効した指令である．

本指令は，次のような目的や特徴を有したものになっている．
① 協調した対策プログラムを伴う統合的な流域管理，
② 表流水，地下水等すべての水域を対象とし，質，量，生態系の保護を目指す，
③ 排出規制と水質基準の両者を連携させた手法による汚濁対策，
④ プライシング(市場価格政策)の導入，
⑤ 住民参加の強化．

流域管理を実施していくために，河川流域管理計画(River Basin Management Plan)を策定することになっており，流域における一連の目標・目的(生態系の状態，水量，水質，保護地域の目標等)が必要とされる期間内に達成されるような枠組みを示すもので，流域特性，人間活動に伴う影響の整理，既存の法律による対策効果の算定，新たな目標と現状との相違，必要とされる一連の対策手段を含むこととしている．

また，この指令においては，EU加盟国が限られた期間内に効率的な流域管理を実行し，すべての水域において健全な状態を保つことが義務づけられているが，この中で重要な視点は，生態系と水質のモニタリングである．

この流域管理を実現するために，EUでは次のような指針を示している．
・2004年末まで：流域の特徴分析と流域内での人為的インパクトの評価，
・2006年末まで：モニタリングプログラムの構築，
・2009年末まで：モニタリング結果の公表，流域管理計画の発表，
・2012年末まで：流域管理の進捗状況の報告，

・2015 年末まで：流域管理計画の改良，以後 6 年ごとの更新．

河川生態系の評価をする際に着目すべき要素は，以下のように分類され，それぞれの要素についての評価基準が WFD に示されている．

① 生物学的要素：植物プランクトン，水生植物，底生無脊椎動物，魚類等，
② 水文および地形学的要素：流量，河川の連続性，河川形態学的状態等，
③ 物理化学的要素：一般水質項目（温度，酸素収支，pH，塩分濃度，栄養塩類等），人為汚染物質，自然由来の汚染物質等．

12.2 EU における水環境の評価の現状と WFD の適用

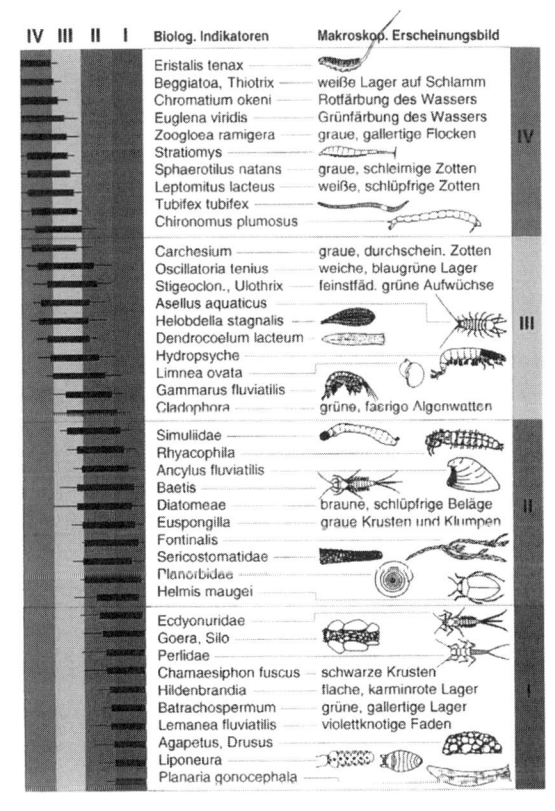

図-12.1 ドイツにおける底生動物指標

EU の諸国においては，水環境を評価するために，水質の他，底生生物調査を多くの地点で実施している．その底生生物の調査結果をもとに水環境の評価を実施している．

ドイツにおける底生動物を用いた生物指標（図-12.1）による水質階級評価（7 階級区分）によってルール川を評価すると，ルール川は I〜II 程度のランクとして評価され，比較的良好な水環境であると評価されていた．

しかし，WFD が適用されることにより，底生動物だけではなく，魚類，大型水生植物や藻類の生物指標が追加され，また，護岸の状況，水質等の河川特性も評価基準として加えられた．WFD では，

12章　EUにおける河川の水環境評価の手法

Bestandsaufnahme nach Europäischer Wasserrahmenrichtlinie
Erreichbarkeit des guten ökorogischen und chemischen Zustands bis 2015

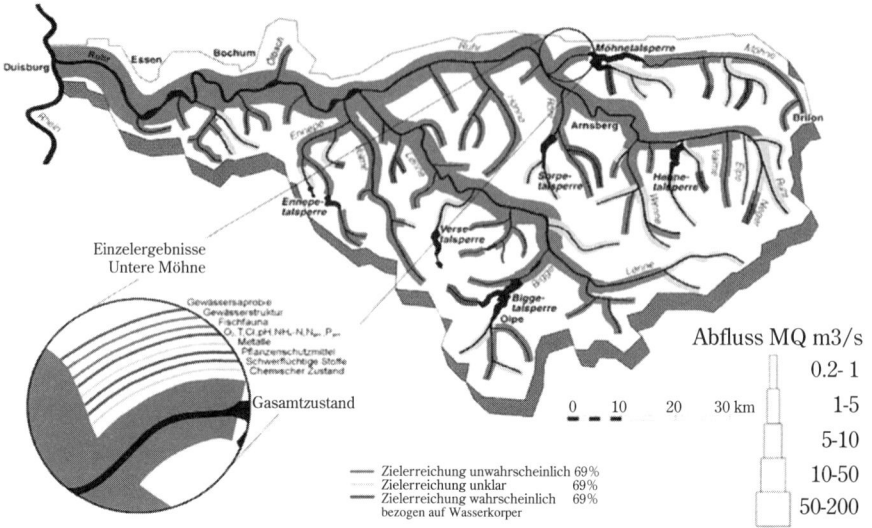

図-12.2　WFDの基準を適合させた場合のルール川の水環境の評価結果

　その指標のうち最も悪い評価をもってその水域の評価とするため，WFDを適用すると図-12.2のようにルール川のほとんどの区間で水環境は「悪い」という評価となる．

　また，ドイツ以外のデンマーク等においても，生物指標を用いた評価が実施されており，評価基準はドイツと異なるものの，デンマークでの研究成果等を基本として定められている．

　このように，EUの各国では，過去の研究成果を基礎として水質で水環境を評価するよりも，底生動物を用いた評価が主として実施されている．ただし，これらの評価手法は，各国によって異なっていることから，WFDを実施していくためには，EU諸国で使用できる統一的な手法の確立が望まれ，AQEMおよびSTARプロジェクトが実施された．

12.3 AQEM と STAR

AQEM*¹, STAR*² は,ともに生物を使って河川の生態学的クオリティを評価する仕組みである.特に後者は,2000年12月に公表されたEUのWFDを実現させるために開発されている.

AQEMは,底生動物を使って河川の生態学的クオリティを統合的に評価するシステムを開発および試行するプロジェクトであり,2000〜2002年に実施された.

表-12.1 AQEMとSTARの比較

プロジェクト名	AQEM	STAR
実施期間	2000〜2002年	2002〜2004年
関係国	8ヶ国 スウェーデン,ドイツ,オランダ,イタリア,ギリシャ,ポルトガル,チェコ,オーストリア	14ヶ国 AQEM + STAR関係国 　スウェーデン,ドイツ,オランダ,イタリア,ギリシャ,ポルトガル,チェコ,オーストリア, STAR関係国 　イギリス,フランス,デンマーク,ポーランド,スロバキア,ラトビア
	■: AQEM関係国	■: AQEM+STAR関係国　□: STAR関係国
対象となる生物分類群	底生動物	底生動物,魚類,大型水生植物,藻類

* 1　The Development and Testing of an Integrated Assessment Aystem for the Ecological Quality of Sreams and Rivers throughout Europe using Benthic Macroinvertebrates.
URL : http://www.aqem.de/start.htm
* 2　Standardisation of River Classihication : Framework method for calibrating different biological survey results against ecological quality classifications to be developed for the Water Framework Directive.
URL : http://www.eu-star.at/frameset.htm

STARは，生態的クオリティによって河川を等級づけるため，異なる生物群の調査結果を適用する方法であり，2002～2004年に実施された．

AQEMとSTARでは，水域の評価プロセスは基本的に同じであるが，評価する際に使用する生物群が異なる．AQEMは底生動物を対象とするのに対し，STARでは底生動物に加え，魚類，大型水生植物，藻類も対象としている．

AQEMが初めに開発されたが，その後計画されたSTARはさらに網羅的であり，STARの中にAQEMのデータベースや方法が取り込まれている．両者の比較について**表-12.1**に示す．

12.4 AQEMについて

12.4.1 目　　的

AQEMは，欧州の水管理者に対し，底生動物のデータを使って河川の生態学的クオリティを評価するシステムを提供するプロジェクトであり，8ヶ国16研究機関がこれに携わった．AQEMでは，当初8ヶ国の29の河川タイプが対象とされたが，STARへと引き継がれることによってその適用範囲が広がると考えられる．AQEMプロジェクトの目的は次の2点である．

・底生動物リストに基づいて，河川の生態的クオリティを5(優秀)から1(悪い)に等級づける．この場合，リストは統一された採集方法によって得られたものである．
・将来の河川管理に役立たせるため，生態学的クオリティを劣化させる可能性のある要因について情報を提供する．

異なるタイプの河川には異なる底生動物群集が生息する．したがって，AQEMでは，河川タイプごとに設計された等級づけのための計算手法が適用される．この時，それぞれの河川タイプの基準条件と比較にすることによって計算が行われるが，同じ評価軸に沿って計算させることによって河川タイプごとの計算方法は全体的な評価の枠組みに適合するのである．

12.4.2　AQEMの進め方

　AQEMの全般的なプロセスは，適切なサンプリング地点を選定した後，一般的なフィールド調査および室内作業へと続く．評価しようとする河川タイプ次第では，タイプに合わせた変更を行う必要がある．サンプリングの時期は，河川タイプごとに最も適した時期がある．

　河川および調査地点の基本的な特徴を「地点調査票」に従って記録する．これはその地点を的確な河川タイプにあてはめるために必要な作業である．底生動物のサンプリングを成功させる必須条件として，これらの生息環境の構造を丁寧に記録することが重要である．サンプリングは「マルチハビタット法」によって実施されなくてはならないが，ミクロな生息環境に応じた20程度のサンプリング地点が必要である．

　底生動物のサンプリングにはSieving（ふるい分け）やSorting（底生動物の選別作業）が含まれる．底生動物の同定は，河川タイプによってそのレベルは若干異なるが，一般的には種レベルまで判定する．野外サンプリングと室内作業を経て，調査地点ごとに底生動物リストが作成されるが，これらは分類学的に精査されなければならない．

　続いて，精査された底生動物リストをAQEMのソフトウェアに入力する．適切な河川タイプを選ぶと，ソフトウェアは生態学的クオリティの等級を算出し，河川評価にあたってのたくさんの情報を提供してくれる．なお，これらを読み解くためのガイドラインは，マニュアルに記載されている．

12.4.3　AQEMの河川タイプ分けについて

　AQEMのような大型プロジェクトでも欧州のすべての河川タイプをカバーすることは不可能である．そこで29の河川タイプが一般的な方法によって選定された．
　一般的に受け入れられている欧州の河川タイプ区分のない所は，多くの場合，WFDによって決められた次の基準が最初の選定に使われた．
・生態学的地域，
・流域面積に基づく区分，
・流域の地質，

表-12.2 システムBの分類項目

要素	分類に必要な項目
必須要素	標高,緯度,経度,地質,規模
任意に追加する要素	水源からの距離,流水エネルギー(流水と勾配の機能),平均川幅,平均水深,平均勾配,主要な河床の形態,洪水区分,谷の地形,土砂運搬,酸中和能力,平均河床材料,塩素,気温の範囲,平均気温,降水量

・標高区分.

河川タイプがよく知られている,または地域的な区分が既にある地域では,追加した基準が当てはめられた(オランダ,オーストリア,ドイツ等).その多くはWFDのシステムBに示された基準である.システムBは,**表-12.2**に示すような,5つの必須項目と15の追加項目が示されている.追加項目は,谷の形状や河床形態,水深,河川幅,河床材料,化学的要素等,詳細な地形学的,水文学的な項目から成っている.これら河川タイプのほとんどは流域面積が1 000km^{2}以下(小規模または中規模な河川)であった.

12.4.4 基準条件と劣化のクラス分けについて

WFDにおける河川評価の最終目的は,生態学的クオリティの等級づけ(high, good, moderate, poor, bad)である.それは,河川タイプに規定された基準条件(reference condition)からどのくらいかけ離れているか,によって決められる.

表-12.3のような5段階でクラス分けを行っている.

表-12.3 河川の劣化状態のクラス分け

優良な状態 high status	物理化学的,水理的形状的な質的要素から見て,人為的に改変された状態がない,あるいはほとんどない.この河川域の生物的な質的要素の数値は,改変されないタイプの河川に普通に見られないものと差がないか,あるいはほとんどない.
良い状態 good status	生物的な質的要素の数値は,人的インパクトによる変化状況が低いレベルであるが,平常状態でわずかに基準条件から外れている.
中くらいの状態 moderate status	平常状態で,生物的な質的要素の数値が,基準条件から中くらいに外れている.この数値は,人的活動による変化の兆候を示しており,「良い状態」よりもさらに介入が進んでいることを示している.
貧弱な状態 poor status	生物学的な質的要素の価値は,おおむね改変された形跡が見られ,生物群集は,平常状態で基準条件からかなりかけ離れている.
悪い状態 bad status	生物学的な質的要素の価値は,相当部分が改変されている形跡が見られ,生物群集は,平常状態でほとんど見られない.

12.4.5 河川の生態学的ステータスの評価について

(1) multimetric index について

　AQEM 河川評価手法は，多要素の計量指数法に基づいた方法である．多要素の計量指数（multimetric index）は，個々の計量指標（汚濁指数，採餌タイプの構成等）をいくつか組み合わせ，最終的には，それらの結果を組み合わせて一つの結果とするものである．多要素の計量指数は，河川の生物群集の多くの特性を総合化しており，調査地点の状態を表現し，かつ評価することができる．計量指標（Metric）は，「人的影響によって変化する生物学的なシステムの測定可能な部分またはプロセス」（KARR & CHU, 1999）と定義されている．言い換えれば，計量指標は，人間活動に対する具体的で予測可能な底生動物群集の反応を映し出すものであり，この場合，必ずしもそのインパクト要素は単独ではなく，当該水域での出来事や活動によって積み重ねられた影響であるかもしれない．人為的改変のごく少ない地点は，モニタリング地点に対する基準地点として使用される．

　多要素の計量指数法は，それ自体は時に複雑であるが，理解しやすく使用者にやさしい方法で適用できる．

(2) AQEM による評価方法

　AQEM で行われている多要素の計量指数法におけるカテゴリーと計量指数の例を**表-12.4** に示す．

　この項目ごとに各スコア値を求め，それらを総合することで評価が求まる（**図-12.3 参照**）．なお，**図-12.3** は，ある河川における評価の例であり，各河川タイプによって，metric として採用されるカテゴリーおよび指標の組合せは異なってくる．

・評価対象のサンプリング地点における種リストを作成する．
・種リストを用いて，多数の計量指標が計算される．
・一般に，各指標の結果は，河川タイプの基準条件と比較することによってスコア化される．
・すべての計量指標のスコアは，最終的に一つの計量指標に統合され（通常は平均値），調査河川の生態学的クオリティが決まる．

　以上により，使用者は，最終的な評価の結果（生態学的クオリティの等級）と，

12章　EUにおける河川の水環境評価の手法

表-12.4　測定カテゴリーと計量指数の例

カテゴリー	計量指数 (metric)
豊かさの測定	タクサ(種)の総数，EPT種の数
構成の測定	優占種，貧毛類の割合
多様性の測定	シャノン-ウィーナー[*1]の多様度指数
類似性/欠落の測定	種の欠損，欠落した種
耐性/非耐性の測定	汚濁指数，BMWP [*2]，ASPT
機能的/栄養的な測定(採餌方法)	濾過食者，栄養的完全性指数[*3]，RETI [*4]
ハビタット/生存状態の測定	付着性種の割合，固着性種の数
流水指向性の測定	止水性の割合，流水性の割合
分布に関する測定	分布指数，湖岸性の割合
世代交代の測定	二化性の割合，一化性の割合
個体の状態の測定	汚濁のレベル，疾病個体の割合

*1　シャノン-ウィーナー(Shannon-Wiener)の多様度指数：多様性を示す指数であり，値が高いほど生物相が豊であるといえる．
*2　BMWP：底生生物の科レベルでの有機汚濁に対する耐性をスコア化した指標．
*3　栄養的完全性指標：汚染源による生態系構造の変化を示す指標．
*4　RETI：採餌形式に着目して，掻取り型，木くず食型，切断型の種の割合で示される指標．

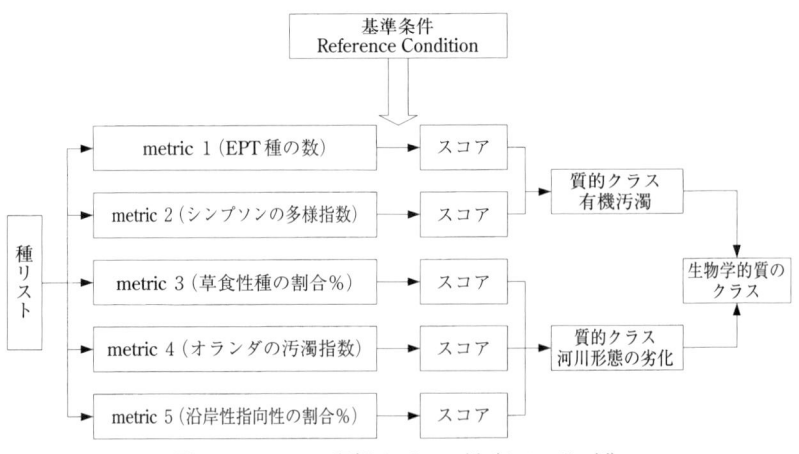

図-12.3　AQEMの評価プロセスの例（オランダの例）

個々の計量指標の数値を得ることができ，それによって将来の河川管理についての考察が可能になる．

12.4.6 AQEM による評価事例

ドイツの河川について，AQEM により評価した事例を 2 例示す．

(1) 評価の事例 1：砂底河川

図-12.4 のような，河床が砂泥で単調な線形の河川に対する評価例を示す．水質の汚濁指標から見ると，汚濁指数は 2.21 となり，判定は「good」である．一方，形態的指標で見ると，ドイツ動物相指数，沿岸帯の生物，流水性生物の指数での判定は，「bad」であり，形態的に見た判定は「bad」となる（**表-12.5** 参照）．おそらく，水質は良好であるが，単調で直線的な河川形態であるため，生物の多様性が低いという結果となっている．

図-12.4 砂泥河川の例

(2) 評価の事例 2：砂底の小河川

次に，**図-12.5** のような砂泥河床で自然河岸の小河川の例をあげる．

この河川は，1998 年時点での調査では，水質の汚濁指標は「good」，形態的指標は「mod」であった．しかし，その後に周辺で採鉱が行われ，おそらく水質，河川形態でも影響を受けたと考えられる．その結果，2001 年に調査した結果では，水質の汚濁指標が「mod」，形態的指標は多くの指標において「bad」という判定になり，生態学的クオリティが低下したという例である（**表-12.6** 参照）．

図-12.5 砂泥の小河川の例

12章 EUにおける河川の水環境評価の手法

表-12.5 砂底河川の評価例

汚濁指標		good
汚濁指数	2.21	good
形態的指標		bad
ドイツの動物相指数	− 1	bad
沿岸帯生物(湖岸性の割合)(%)	16.6	bad
収集性生物(濾過食者)(%)	38.0	poor
トビケラ目(EPT種の数)(%)	4.41	mod
流水性生物(流水性の割合)(%)	5.92	bad
Pelalの仲間(流水性の割合)(%)	5.37	poor

表-12.6 砂底の小河川の評価例

	1998(採鉱前)		2001(採鉱後)	
汚濁指標		good		mod
汚濁指数	2.21	good	2.38	mod
形態的指標		mod		bad
ドイツの動物相指数	− 0.1	mod	− 0.6	poor
沿岸帯生物(湖岸性の割合)(%)	8.9	mod	14.9	bad
収集性生物(濾過食者)(%)	38.0	poor	45.3	bad
トビケラ目(EPT種の数)(%)	4.41	mod	0.0	bad
流水性生物(流水性の割合)(%)	7.9	mod	27.0	poor
Pelalの仲間(流水性の割合)(%)	8.2	good	49.7	bad

12.5 STARについて

　STARは，WFDの運用にあたって，既往の各国の水環境評価方法を参考にして構築された方法である．以下のような視点で検討された．
・どの生物が早期変化の指標として適しているか．また，どの生物が長期的な変化の指標として適しているか．
・異なる生物群によって，評価結果がどのように異なるか．
・どの生物群が個々の因子を最もよく示すか．
・異なる生物群をどのように統合して使うのか．
　STARでは以下のような概念的なモデルが採用されている．
　水の劣化の要因を左から汚濁，富栄養化，酸性化，河川形態変化とした時，水質に関する汚濁，富栄養化，酸性化の影響をよく示すのは付着藻類であり，そのうち富栄養化については大型水生植物が最もよい指標生物になる．汚濁，酸性化，河川形態変化に対しては底生動物がわかりやすい．魚類は，河川形態変化にのみ適するということである(図-12.6)．
　また，対象とする空間的ス

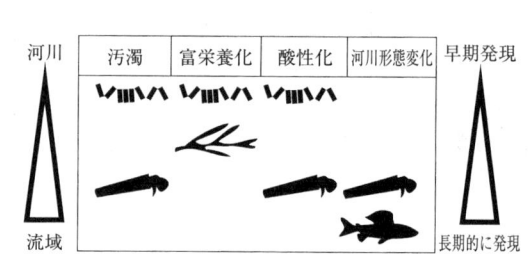

図-12.6 水環境分化の要因を評価するための生物群概念図

ケールでいえば，付着藻類のような小さな生物ほど，河川の小さな生息・生息環境を評価するのに適し，流域単位の評価は魚類が適切である．時間的スケールでいえば，魚類ほど長期的な評価に適するということである．

STARプロジェクトにおける河川評価の流れは，環境の変化の要因と，河川タイプの情報を前提にし，ここに，藻類，大型水生植物，魚類，底生動物の生息種の情報が加わることにより，その場所の生態学的クオリティがランク分けされる．河川タイプは様々な流域面積，標高，汚濁の状況の河川が19タイプ選定されている．

これら19の河川タイプの中から279箇所において，河川形態，生物等の調査が行われ，その結果がシステムの構築に使用されている．

12.6　おわりに

以上のように，ヨーロッパの各国においては，河川形態，水質や生物の種類数，個体数等により総合的な河川環境の質を評価している．その手法については，EUの諸国ではおおむね似ているとのことだが，各国の河川形態，研究の状況等によって異なる部分もある．WFDの実施により，EUの要請により，統一的な手法をとりまとめようと各国の研究者がワーキンググループをつくり，AQEMやSTARプロジェクトが実施されてきた．ただし，AQEMやSTARによってつくられたプログラムを各国において適応させるかどうかは，任意となっているとのことである．

STARプロジェクトについては，その調査研究成果はとりまとめられ，ホームページ等で公開されている．

我が国では，現在，水質調査結果や底生動物による簡易水質調査等に基づく評価が個々に行われている．

しかし，BODだけでは河川水質を適切に評価できないことや住民にわかりやすい河川水質指標が必要であるとの問題意識から，平成17年3月には，国土交通省河川局河川環境課より『今後の河川水質管理の指標について(案)』が策定され，スコア法が提示されている．しかし，EUで適用されようとしている手法は，ここに示したようにこれよりももっと総合的で科学的に精緻な手法が用いられようとしている．

今後は，日本においても，水質だけでなく河道形態，生息する生物，人とのふれあい等の多面的な観点による河川環境の評価指標が求められることとなると考えられる．

12章　EUにおける河川の水環境評価の手法

参考文献
1) AQEM PROJECT　　URL：http://www.aqem.de/start.htm
2) 巌佐庸，松本忠夫，菊沢喜八郎（日本生態学会編集）：(2003.6)：生態学事典，共立出版，2003.6.
3) 河川環境総合研究所：生態系と水質の相互的な関係に関する欧州事情調査，河川環境総合研究所資料，第13号，河川環境管理財団，2005.3.
4) 国土交通省河川局河川環境課：今後の河川水質管理の指標について(案)，2005.3.
5) STAR PROJECT　　URL：http://www.eu-star.at/frameset.htm
6) 大垣眞一郎，吉川秀夫監修：流域マネジメント，pp.39-40，技報堂出版，2002.
7) The International Journal of Aquatic Sciences, Hydrobiologia, Vol.516, 2004.3.
8) The European Union Water Framework Directive　　URL：http://www.wfdireland.ie/

略 語 表

略語	英語	日本語	参照箇所
AEC	Acute Effect Concentration	急性影響濃度	1.3.4, 8.2
AQEM	Integrated Assessment System for the Ecological Quality of Streams and Rivers throughout Europe using Benthic Macroinvertebrates	−	12章
ASPT	Average Score Per Taxon	平均スコア法	1.4.3
BCF	Bioconcentration Facter	生物濃縮係数	1.3.4
BMWP	Biological Monitoring Working Party	−	1.4.3
BOD	Biochemical Oxygen Demand	生物化学的酸素要求量	1.3.1
COD	Chemical Oxygen Demand	化学的酸素要求量	1.3.1
CPOM	Coarse Particulate Organic Matter	粗大粒状有機物	1.2.1, 1.3.3
CTQ	Critical to Quality	−	1.4.3
DO	Dissolved Oxygen	溶存酸素	1.3.1
DOC	Dissolved Organic Carbon	溶存有機炭素	1.2.2, 1.3.3
DOM	Dissolved Organic Matter	溶存有機物	1.2.2, 1.3.3
DON	Dissolved Organic Nitrogen	溶存有機窒素	1.2.4
EPT	Ephemeroptera, Plecoptera, Trichoptera	カゲロウ，カワゲラ，トビケラ	1.4.3
FFG	Functional Feeding Group	摂食機能群	1.4.3
FPC	Flood Pulse Concept	洪水パルス仮説	1.2.7
FPOM	Fine Particulate Organic Matter	微細粒状有機物	1.2.2, 1.3.3
IFIM	Instream Flow Incremental Methodology	−	1.3.1

LAS	Linear Allkylbenzene Sulfonates	直鎖型アルキルベンゼンスルホン酸塩	1.3.4
LOEC	Lowest Observed Effect Concentration	最小影響濃度	1.3.4
LWD	Large Woody Debris	倒流木	1.3.3
NOEL	No Observed Effect Level	無影響量	1.3.4
PEG	Predicted Environmental Concentration	環境中予測濃度	1.3.4, 8.2
PHABSIM	Physical Habitat Simulation system	−	1.3.1
POC	Particulate Organic Carbon	粒状有機炭素	1.3.3
POM	Particulate Organic Matter	粒状有機物	1.3.3
PON	Particulate Organic Nitrogen	粒状有機窒素	1.2.4
PRTR	Pollutant Release and Transfer Register	特定化学物質の環境への排出量の把握及び管理の改善の促進に関する法律	1.3.4
RCC	River Continuum Concept	河川連続体仮説(概念)	1.2.7
RPM	Riverine Productivity Model	河川内生産モデル	1.2.7
STAR	Standardisation of River Classification	−	12章
SS	Suspended Solids	浮遊物質	1.3.1, 1.3.3
TOC	Total Oxygen Demand	総有機態炭素	1.3.3
VSS	Volatile Suspended Solid	揮発性懸濁物質	1.3.3
WFD	The EU Water Framework Directive	EU水枠組み指令	12章

索　引

【あ】

亜鉛　35, 63, 153, 157
アオコ　24, 66, 90, 207, 217
亜急性　34
アジピン酸ジ-2-エチルヘキシル　50
亜硝酸酸化活性　110
アナベナ　208, 217
アニリン　35
アユ　18, 20
アレロパシー　89
アレロパシー物質　74
暗条件　109
安全使用基準，農薬の　43, 170
アンモニア　3, 22, 39, 79
アンモニア酸化活性　109
アンモニア態窒素　19, 22, 157

【い】

一次生産　1
一般毒性　34
イバラモ　94
EPT種類数　61

【え】

栄養塩[類]　2, 3, 10, 20, 55, 66, 71, 82, 89, 105, 216
　　──のスパイラル　10
　　──の動態　78
栄養塩[類]循環　71, 97, 100
栄養塩負荷　24
栄養塩変換機能　105
17β-エストラジオール　46
エストロン　46

【お】

オイカワ　17, 23

OECDテストガイドライン　35, 44, 174
大型植物[群落]　10, 71, 74, 89
4-t-オクチルフェノール　47
汚水系列　56
落込み　16

【か】

階級法　59
骸泥　91, 99, 100
界面活性剤　55
外来種　55
化学肥料　113
化学物質審査規制法　34
化学物質濃度　35
カゲロウ[目, 類]　3, 8, 22, 40, 61, 62, 64, 132, 158, 191
河床材料　203, 230
河床勾配　132
河床付着生物膜　105
河川形態　192, 234
河川生態系　20
　　──の枠組み　12
河川タイプ　228
　　──の基準条件　230
河川内生産モデル　12
河川水辺の国勢調査　223
河川連続体仮説　12
家庭雑排水　117
カドミウム　35, 63
刈取食者　3
カルバリル　220
カルシウム　24, 91, 98, 101
カワゲラ[目]　3, 22, 30, 61, 132, 158, 191
環境中予測濃度　44, 172
環境ホルモン　46

239

索　引

【き】
基準条件，河川タイプの　230
揮発性懸濁物質　28
急性　34
急性影響濃度　44, 172
急性毒性　33, 139, 162
強腐水性　52, 56, 60
魚食魚　77, 210
魚[類]毒性　44, 163, 171
魚類　174, 228
魚類急性毒性試験　35
魚類生息状況　141
魚類相　3

【く】
グレイザー　8
クロロフィル a　22, 105
クロロホルム　35
群集多様性指数　61

【け】
ケイ酸　24
珪藻[類]　8, 22, 69, 72, 209
下水処理水　105, 114, 132
懸濁態窒素　113
懸濁態有機炭素　105
懸濁物質　75

【こ】
甲殻類　174
鉱山廃水　153
高次捕食者　9
洪水攪乱　12
洪水時　2, 6
洪水パルス仮説　12
洪水氾濫原　122, 123
紅藻[類]　22
護岸工事　188
コケ類　2
個体数を使う指標　61

【さ】
催奇性　34
細粒土砂　2
サケ　23, 41
砂州　31
殺菌剤　42, 64, 161, 166
殺藻剤　64
殺虫剤　41, 161, 166
砂礫　2
産卵場　17

【し】
C/N比　8, 128
2,4-ジクロロフェノール　35
1,3-ジクロロプロペン　44, 171, 176
刺激性　34
糸状藍藻　8
糸状緑藻　8
自然のストレス　79
屎尿　114
指標種　52
シマジン　44, 166, 171, 176
車軸藻[類]　74, 75, 89, 93
　　——の生態的特性　99
重金属　63, 153
従属栄養　1
重炭酸イオン　54
出水時　189
出水時攪乱　54
樹林化　2
硝化　109
硝化細菌　109
硝酸　22
硝酸態窒素　24, 113, 157
食性の特性　8
植物着生藻類　72
植物プランクトン　17, 53, 66, 71, 89, 208, 218
食物連鎖　32, 121
女性ホルモン　46

索　引

除草剤　42, 55, 161, 166

【す】
水温　14, 19
水銀　63
水産用水基準　16, 19
水質
　——の影響　80
　——のモニタリング　80
水質階級　225
水質変換機能　105
水生植物　20, 53, 181, 228, 234
水生植物群落　187
水生植物相　182
水田農薬　176
水道水監視用農薬成分　162
水道水質基準　162
スクリーニング試験　35
スクレーパー　8
スコア法　56, 62, 192, 235
ストレス, 自然の　79
砂河床　31
スパイラリング　32

【せ】
瀬　31
生育阻害濃度　164
生態学的循環　32
生態系操作　70, 207
生態毒性　35
生態毒性学　53
成長調整剤　42, 161
生物化学的酸素要求量　14, 17, 28
生物学的水質判定法　52, 81
生物指標　60, 81, 145, 224
生物膜　7, 106, 111
生物膜量　109
生物モニタリング　51, 81
ヤストン　75
摂餌　9

摂食機能群指数　62
全有機炭素　28
ゼンリカ-マルバン法　60

【そ】
草食魚　77
増水時　31, 33, 121, 125, 135
総農薬方式　162
藻類　3, 228
藻類生長阻害試験　35
粗大粒状有機物　26, 29

【た】
堆積性粒状有機物　127
堆積物収集者　134
濁質　14, 17
濁度　2, 14
脱窒　109
ダフニア［属］　68, 74, 208
多様性の指標　60
多様性［度］指数　52, 61, 145
炭酸イオン　54
炭酸カルシウム　91, 101
炭素循環　121, 132

【ち】
地衣類　2
チウラム　44, 171, 176
チオベンカルブ　44, 166, 171, 176
畜産排泄物　114
窒素　10, 22, 24, 25, 113
窒素安定同位体比　24, 70, 113
抽水植物　3, 11, 72
α-中腐水性　52, 56, 59
β-中腐水性　52, 56, 59
沈水植物［群落］　3, 11, 54, 71, 74, 181, 217

【て】
底質　7, 14, 31, 75, 99
底生魚　71, 213, 216

241

索　引

底生生物　191
底生生物調査　225
底生動物　22，56，71，128，133，145，159，
　　228，234
底生動物生息状況　141
底生動物相　3，153
停滞水域　66，82，216
底泥　215
デトリタス　17，99
デトリタス食者　3，7
田面水　45，176

【と】

銅　64，153，157
動物プランクトン　68，71，74，89，208，218
透明度　2，67，69，75，89
倒流木　26，29
登録保留要件，農薬の　43，170
毒性
　——の試験方法　34
　——の発現形態　34
毒性試験のエンドポイント　35
毒性評価　139
毒性物質　33，79
　——の生物間相互作用を介した影響　37
　——の複合影響　36
独立栄養　2
トップダウン効果　71，89
トビケラ［目，類］　3，7，8，22，30，61，62，
　　65，121，132，158，191

【な】

内分泌攪乱化学物質　33，45
ナフタレン　35

【に】

ニジマス　40，210

【ぬ】

ヌマエビ　139

ヌマエビ濃縮毒性　145

【の】

農業排水　176
農耕地　118
濃縮毒性　145
濃縮毒性試験　139
農薬　41，79，149，161
　——の安全使用基準　43，170
　——の登録保留要件　43，170
　——のモニタリング　175
農薬原体　43，161，164
農薬使用量　167
農薬生態影響評価　171
農薬データベース　162
農薬取締法　41，161
農薬有効成分　161，167
農薬流出モニタリング　149
農薬流出率　176
4-ノニルフェノール　47

【は】

バイオアッセイ　37，139，151
バイオマニピュレーション　70，89，207
バクテリア　7
破砕食者　3，32
発ガン性　34
ハビタット　9
繁殖毒性　34
半数障害時間　140
半数致死時間　140
半数致死濃度　34，163
半数致死用量　34
パンテル-バック法　60

【ひ】

非イオン化アンモニア　39，80
フェニトロチオン　140
ビオトープ　75
光毒性　34

索　引

微細藻類　72
微細粒状有機物　26, 30, 121, 125
ビスフェノールA　47
微生物　6
ヒメダカ　139
ヒメダカ濃縮毒性　145
微量汚染物質　82
微量化学物質　80
貧栄養化　67
貧腐水性　52, 56, 59

【ふ】
富栄養化　2, 66, 77, 89, 216
富栄養湖　67
フェノール　35
伏流水　11
フサモ　94
腐食連鎖　132
腐水階級　52, 56
フタル酸ジ-2-エチルヘキシル　50
フタル酸ジ-n-ブチル　50
淵　31
付着生物膜　105
付着藻［類］　2, 3, 7, 10, 20, 53, 114
　　──の魚類への影響　23
　　──の底生動物への影響　23
付着藻類量　20
付着藻食　7
フミン質　5, 27
ブユ　30
浮遊性粒状有機物　122
浮遊土砂　75
浮葉植物　3, 72, 181, 217
プランクトン食魚　208

【へ】
平均スコア法　56, 62
ベック・津田法　60, 191
変異原性　34
ベントス　153, 157

【ほ】
捕食者　134
ボトムアップ効果　71
ボラ　40
ポリューションインデックス　145
ホルムアルデヒド　35

【ま】
マグネシウム　24
マクロ生息場　15
マイクロ生息場　15
慢性　34
慢性毒性　33, 139

【み】
ミクロキスティス　217
ミジンコ　40, 68, 208, 220
ミジンコ急性遊泳阻害試験　35
水枠組み指令　223, 224

【む】
無影響量　34
無機態窒素　11

【め】
明条件　106
メタン　3
免疫毒性　34

【ゆ】
有害化学物質　219
有機塩素系殺虫剤　42
有機態窒素　11
有機物　1, 5, 17, 121
　　──の挙動　79
　　──の動態　13, 78
有機物粒子　79
有機リン剤　42
遊離アンモニア　19
遊離炭酸　54

243

索　引

ユスリカ[類]　　3, 8, 30, 217

【よ】
溶存酸素　　14, 16, 28
溶存態窒素　　11, 25, 113
溶存炭酸　　54
溶存[態]有機炭素　　29, 105
溶存有機物　　122
ヨシ　　72

【ら】
落葉　　27, 29, 123, 131
藍藻[類]　　22, 66, 72, 217

【り】
リグニン含有量　　129
リター　　1, 6, 31
流域管理　　224
硫化水素　　3
流況係数　　122
粒子態窒素　　11
粒状有機炭素　　29
粒状有機物　　26, 32, 78, 121, 136
流量安定期　　122
緑藻[類]　　22, 72, 174
リン　　98, 101
リン酸　　10

【る】
類似度指数　　61

【れ】
礫　　29
レフュージ　　9

【ろ】
濾過摂食者　　3, 32

【わ】
ワカサギ　　210
ワムシ[類]　　68, 220

索　引

英語索引

AEC　44, 172
AFDM　122
AQEM　224, 227
ASPT　56, 141, 192, 201, 203

BMWP　56
BOD　14, 17, 28, 121

COD　17, 203
CPOM　5, 6, 26, 29, 131

DO　14, 16, 21, 28
DOC　29, 105
DOM　5, 7, 30, 122
DON　11

EC_{50}　35, 164, 165
EPT　191, 201, 203
ET_{50}　140
ET_{50}^{-1}　140

FPC　12
FPOM　5, 6, 26, 30, 121, 125

IBI　141
IFIM　15

LC_{50}　34, 163, 164, 165
LD_{50}　34
LT_{50}　140
LT_{50}^{-1}　140
LWD　26

NOEL　34

PEC　44, 172
pH　14, 19, 21
PHABSIM　15
POC　29, 105
POM　5, 12, 26, 30, 32, 78, 121, 136
PON　11

RCC　12
RPM　12

SS　14, 19, 28, 78
STAR　224, 227

TOC　28

VSS　28, 78

WFD　223, 224

245

河川の水質と生態系
－新しい河川環境創出に向けて－

2007年5月25日　1版1刷　発行

定価はカバーに表示してあります。

ISBN 978-4-7655-3418-5 C3051

監修者	大垣　眞一郎
編　者	財団法人 河川環境管理財団
発行者	長　　　滋　彦
発行所	技報堂出版株式会社

〒101-0051　東京都千代田区神田神保町
　　　　　　　1-2-5（和栗ハトヤビル）

日本書籍出版協会会員
自然科学書協会会員
工学書協会会員
土木・建築書協会会員

電話　営業（03）（5217）0885
　　　編集（03）（5217）0881
FAX　　　（03）（5217）0886
振替口座　　　　00140－4－10
http://www.gihodoshuppan.co.jp/

Printed in Japan

ⒸFoundation of River and Watershed Environment Management, 2007

装幀：セイビ　　印刷・製本：シナノ

落丁・乱丁はお取り替えいたします
本書の無断複写は，著作権法上での例外を除き，禁じられています

===== 優良図書のご案内 =====

流域マネジメント －新しい戦略のために

大垣眞一郎・吉川秀夫 監修　　（財）河川環境管理財団 編

定価4,620円（税込・2007年5月現在）　A5判・282頁　ISBN978-4-7655-3183-2 C3051

主要目次
1. 水質環境管理の現状と課題（日本の水質環境問題の変遷と現在／日本の水環境保全行政／諸外国の水質環境管理）
2. 水質環境保全のための管理および技術（生活系汚濁源からの負荷と対策／工場・事業場など汚濁源の対策／面源の対策／河川水の直接浄化対策／流域住民による対策／情報技術を活用した河川管理手法）
3. 理想的な水質環境創出にあたっての主要課題（水遊びのできる河川の創出／クリプトスポリジウムなどへの対策／多種多様な生物が生息できる河川の創出）

河川と栄養塩類 －管理に向けての提言

大垣眞一郎 監修　　（財）河川環境管理財団 編

定価3,990円（税込・2007年5月現在）　A5判・192頁　ISBN978-4-7655-3403-1 C3051

主要目次
1. 河川水質環における栄養塩類（栄養塩類問題に対する取組みの現状／河川の栄養塩類に関わる諸現象）
2. データから見る日本の河川中の栄養塩類の動向（全国河川の現況と水位／栄養塩類濃度に対する影響因子／日本における基準等／ケーススタディ）
3. 欧州の栄養塩類汚染の動向と欧米の将来対策（欧州の河川における富栄養化状況／欧州における栄養塩類の管理／米国における栄養塩類の管理）
4. 栄養塩類に関する減少と課題（河川中でのN, Pに関わる現象と解析／下水由来のN, Pの影響と解析／N, Pの流出・運搬機構／河川水におけるN, P管理の必要性）
5. 河川水質管理への提言

自然的攪乱・人為的インパクトと河川生態系

小倉紀雄・山本晃一 編著

定価5,670円（税込・2007年5月現在）　A5判・374頁　ISBN978-4-7655-3408-6 C3051

主要目次
1. 序論
2. 地球環境変化が河川環境に及ぼす影響
3. 河川流送物質の量・質と自然的攪乱・人為インパクト
4. 河川地形に及ぼす自然的攪乱・人為インパクトとその応答
5. 自然的攪乱・人為インパクトと河川固有植物・外来植物のハビタット
6. 自然的攪乱・人為インパクトに対する河川水質と基礎生産者の応答
7. 自然的攪乱・人為インパクトに対する河川水質と底生動物の応答特性
8. 魚類の生活に影響を与える自然的攪乱・人為インパクト
9. 自然的攪乱・人為インパクトから見た河川生態系の保全・復元の方向

技報堂出版 営業部　TEL 03(5217)0885　FAX 03(5217)0886　http://www.gihodoshuppan.co.jp/